城乡规划GIS技术应用指南
GIS方法与经典分析

GIS Application Guide for Urban and Rural Planning
GIS METHODS AND CLASSICAL SPATIAL ANALYSES

牛强 著

U0254231

中国建筑工业出版社

图书在版编目（CIP）数据

城乡规划GIS技术应用指南：GIS方法与经典分析 / 牛强著. —北京：中国建筑工业出版社，2018.1（2024.8重印）
ISBN 978-7-112-21564-5

Ⅰ.①城… Ⅱ.①牛… Ⅲ.①地理信息系统—应用—城乡规划—指南 Ⅳ.①TU984-62

中国版本图书馆CIP数据核字（2017）第292960号

本书是《城乡规划GIS技术应用指南》系列图书的第一部。本系列图书主要面向城乡规划设计、研究和管理的一线人员，系统地介绍GIS在城乡空间分析、数字规划设计、智慧规划分析、规划信息管理和使用等各个领域的应用方法，并详细地讲解分析思路、操作步骤和相关原理。

本书重点介绍了城乡规划中常用的空间分析，并结合实验穿插介绍了GIS的大部分原理、工具和具体操作，具体包括50余种经典的规划空间分析，和100多种GIS技术工具。这些技术方法涵盖了城乡规划GIS空间分析的主要方面，例如用地适宜性评价、三维场景模拟、地形分析、景观视域分析、设施服务区分析、设施优化布局分析、出行OD分析、交通可达性分析、空间句法、空间格局分析、空间关系分析、规划大数据分析等。这些技术方法的学习，能极大地提高规划师应用GIS工具的水平，以及开展城乡规划空间分析的能力。

本书适用于广大的城乡规划设计人员、研究分析城市的科研人员，亦适用于高等院校城乡规划专业本科生、研究生。

责任编辑：黄 翊
责任校对：刘梦然 王 烨

城乡规划 GIS 技术应用指南·GIS 方法与经典分析
牛 强 著
*
中国建筑工业出版社出版、发行（北京海淀三里河路9号）
各地新华书店、建筑书店经销
北京嘉泰利德公司制版
北京云浩印刷有限责任公司印刷
*
开本：880×1230毫米 1/16 印张：17¼ 字数：526千字
2017年11月第一版 2024年8月第十一次印刷
定价：68.00元（含光盘）
ISBN 978-7-112-21564-5
　　（31218）

出 版 说 明

　　我国的城乡规划处于向信息化、智慧化、科学化转型的时代，以定性分析、数字制图、图文传递为特征的传统规划方法越来越不适应时代的要求，而以智慧分析、智能制图、城市信息模型为特征的智慧城市规划将是未来的主流形态。繁重的规划制图工作将通过 GIS 自动或半自动地完成，规划师的主要精力则将由绘图变成分析思考。大量的分析工作将得到 GIS 或基于 GIS 开发的专用工具的支持，分析将变得轻松、快捷，实时得到的分析结果将马上用于方案的迭代优化或者实施决策，规划的智慧由此得以充分发挥。此外，城市信息模型将全面映射城市状态，形成与现实相对应的"虚拟城市"，其中的改变会得到实时监测，规划可得到及时评估，民众可以通过移动互联网广泛参与。

　　在这一变革过程中，GIS 会逐渐成为规划的主流平台，因此 GIS 在规划中的推广普及成为时代的要求。而这正是本系列图书的撰写目的，作者希望结合实验案例详细讲解规划 GIS 应用的方法、技术、技巧，帮助读者迅速地掌握 GIS 技能，并有效地应用到规划实践中去，进而推动规划的智慧化、科学化。

　　本系列图书是作者于 2012 年出版的《城市规划 GIS 技术应用指南》一书的扩展版。《城市规划 GIS 技术应用指南》自出版以来受到了广大规划师的喜爱，成为规划师自学 GIS、应用 GIS 的"红宝书"，有力地推动了我国规划 GIS 应用水平的提高和应用人群的扩展。但该书的内容主要集中在经典的规划空间分析上，未能全面涵盖规划 GIS 应用的方方面面，所以此次将其扩充为系列图书，从不同侧面全面介绍规划 GIS 应用。

　　本系列图书中，第 1 部《城乡规划 GIS 技术应用指南·经典空间分析》重点介绍经典的规划空间分析，同时讲解 GIS 的基本原理和主要技术，作为后续图书的基础；第 2 部《城乡规划 GIS 技术应用指南·智慧规划设计》主要介绍基于 GIS 的规划信息模型、智能规划设计方法、智慧规划分析方法，以及对城市经济、社会、生态、交通、城乡规划等领域经典模型的讲解和建模方法详细介绍；第 3 部《城乡规划 GIS 技术应用指南·规划信息管理》主要介绍"互联网＋"时代规划信息的采集、管理、共享、使用的方法，讲解如何使规划信息成为社会财富，如何通过互联网收集、传播规划信息。

　　本系列图书本着务实、求精、与时俱进的原则来组织编写。首先，以具体的规划应用来组织章节，以一个个实验为核心，不仅介绍怎么应用，更重视怎么实现，以期达到即学即用的目标。其次，按照工具书的风格来写作，力求内容精炼、分析精辟、思路清晰、重点突出、方法可靠，使读者能用最短的时间掌握分析方法。最后，力争涵盖最新的技术和应用，并会保持不断更新，例如本系列图书的第 1 部在前版的基础上增加了目前热门的规划大数据空间分析的内容，以及城市研究特别关注的空间回归分析的内容。

　　本系列图书是作者在规划中应用 GIS 的经验总结，由于作者的水平、经验有限，书中难免出现错漏，敬请读者批评指正。同时真诚希望读者将 GIS 规划应用中的经验教训反馈给作者，以帮助改进城市规划 GIS 应用方法，挖掘更多的城市规划 GIS 应用领域，使 GIS 更好地服务于城市规划。作者的邮箱地址是 niuqiang61@126.com。

牛强

2017 年 10 月

序

地理信息系统（Geographic Information System，GIS）萌发于 1960 年代的西方发达国家。在当时，城市规划及其相邻专业对 GIS 的早期发展也起到了重要作用。"文革"结束后，国内地理学界开始学习、吸收、研究 GIS，并在资源、环境领域和计算机制图领域探索该项技术的应用。但在当时，国内城市规划界对计算机的一般应用依然受到诸多条件的限制，因此，一般规划专业人员对 GIS 这个名词怀有神秘感，而且认为这项技术要在规划中得到应用可能是很遥远的事情。

进入 21 世纪，普通公众也能使用 GIS，他们在日常生活中使用这类信息系统，并不需要知道内在的技术原理。但在城市规划领域，GIS 作为一种工具，对自身业务，可以改进质量，提高效率，其他技术无法替代，GIS 还可以和其他技术、方法结合起来，实现优势互补，共同发挥作用。因此，不同于普通公众，城市规划专业人员应该知道 GIS 的基本原理，在信息化的浪潮中，从被动使用，变为主动应用，既为自身业务服务，也可推动自身专业的发展、拓展。

面对城市规划专业，除了在校学生学习 GIS，在职人员也可自学。本书正是为在职人员自学 GIS 提供了一个很好的途径。本书开始部分（第 1 篇、第 2 篇），以日常规划业务为背景，以 ArcGIS 中文版为软件平台，只要对着书本操作，就可初步入门。在入门的基础上，读者进一步阅读、操作（第 3 篇、第 4 篇），就会觉得 GIS 可以深入到多个专题领域，发挥独特的作用。本书的后半部分（第 5 篇），将 GIS 的应用引向了非传统领域，读者可以看到，和其他技术、其他方法结合起来，也是 GIS 的优势，在规划领域大有发展潜力。

和发达国家相比，国内规划界的 GIS 应用还比较狭窄，不够普及、深入，需要广大专业人士的共同努力。我相信，本书的出版，对改变这一局面，促进、推动这一事业的发展会起到有益的作用。

同济大学城市规划系教授、中国城市规划学会新技术应用委员会委员

宋小冬

2011 年 9 月

前　言

本书面向城市规划设计和研究的一线人员，介绍了城市规划中常用的空间分析，并结合实验穿插介绍了 GIS 的大部分知识和具体操作。这些技术方法涵盖了城市规划 GIS 空间分析的主要方面，例如用地适宜性评价、三维场景模拟、地形分析、景观视域分析、设施服务区分析、设施优化布局分析、出行 OD 分析、交通可达性分析、空间句法、空间格局分析、空间关系分析、规划大数据分析等。

本书根据城市规划业务需求，详细介绍了 50 余种经典的规划空间分析和 100 多种 GIS 技术工具。这些方法技术的使用，能极大地提高城市规划分析的技术水平。

作为 2012 年出版的《城市规划 GIS 技术应用指南》的扩展版，本书基本涵盖了前版的内容，并结合当前热点，增加了规划大数据空间分析和空间回归分析，此外将实验的 GIS 平台从初版的 ArcGIS 10.0 升级到 2017 年最新的 ArcGIS 10.5。

本书的特点

（1）使用本书不需要 GIS 基础

读者根据本书提供的操作步骤，可以一步步完成分析，解决实际规划问题。本书编写过程中努力降低 GIS 上手的难度，减少读者对庞大的 GIS 系统的畏惧感，增强读者使用 GIS 的兴趣和信心。

（2）由易到难、循序渐进地介绍 GIS 技术

本书也考虑了那些准备系统学习 GIS 的城市规划读者的需要。一些 GIS 基本功能（如数据编辑）将在多个章节反复使用到，从而提高读者的熟练程度。而每个章节将会利用多个 GIS 高级分析功能来解决规划问题，以逐步提高读者的 GIS 水平。学习完本书后，读者将可全面掌握 GIS 的主要技能。

（3）以规划应用来组织章节，涵盖城市规划 GIS 应用的主要方面

本书针对城市规划典型问题，一个章节解决一个问题，从浅到深穿插介绍 GIS 的功能和方法，例如第 3 章详细讲解了现状容积率的快速统计方法，第 4 章讲解了城市用地适宜性评价的技术方法等。同时本书涵盖了城市规划 GIS 应用的主要方面，可以帮助读者清晰地认识到 GIS 能应用在城市规划的哪些具体方面，以及如何应用。

（4）强调根据需求即学即用，无须通盘学习

本书各章内容相对独立，每章只针对一个城市规划实践中的典型问题，详细讲解基于 GIS 的解决方案和操作步骤。读者在学习完"第 2 章 ArcMap 绘图基础"后，就拥有了 ArcGIS 操作基础，接下来就可以根据规划分析需求，直接参考相应章节提供的方案和操作步骤，解决实际工作中的问题。

（5）训练读者利用 GIS 分析问题、解决问题的能力

本书提供了大量利用 GIS 解决规划问题的思路，训练读者综合利用 GIS 工具解决规划问题的能力。特别是针对城市研究，在利用 GIS 分析问题的过程中，研究者往往需要创造性地提出解决方案，甚至开发软件来完成。

本书使用的 GIS 软件

本书介绍的 GIS 技术方法主要基于 ESRI 公司 2017 年发布的 ArcGIS 10.5 中文版。ArcGIS 是由多套软件构成的大型 GIS 平台，本书主要使用了其中的 ArcMap、ArcScene 和 ArcCatalog。

本书介绍的大部分功能和方法也可以在 ArcGIS 9.X、ArcGIS10.X 中实现，但操作界面和 GIS 工具位置可能有所不同。另外，随书数据光盘中的地理数据库均是基于目前市面上通常使用的 ArcGIS 10.2 版本，它们不被 ArcGIS 9.X 所兼容。

本书为解决具体规划问题，还利用了空间句法软件 Depthmap、层次分析法软件 yaahp。

本书的使用方法

（1）没有接触过 ArcGIS10 的读者，需要首先学习本书的第 2 章 "ArcMap 绘图基础"。

（2）需要通过本书解决实际规划问题的读者，可以通过 "目录" 或者 "GIS 规划应用索引" 定位到相关章节。相关章节会对规划问题进行描述，提出解决方案，并给出具体操作步骤。读者可以参考这些步骤一步步完成分析。

（3）需要直接查阅 GIS 技术的读者，可以通过 "GIS 技术索引" 定位到具体页面，获取相关 GIS 技术的使用方法。

（4）每章起头处都有本章所需基础的提要，可根据需要预先掌握。

（5）随书光盘的使用方法：

安装随书数据。使用前，需要首先安装随书数据。请双击光盘中的安装文件 "随书数据安装文件 .exe"，会显示安装对话框；在对话框的【目标文件夹】栏输入合适的安装位置（例如 C：\study），然后点击【安装】按钮，开始安装。安装成功后，所有随书数据都被放置在【目标文件夹】中。

随书数据的内容。各章的随书数据存放在各自的文件夹中，文件夹被命名为【chp02】、【chp03】等，【chp】后面的数字对应章数，例如【chp02】对应第 2 章。各章的随书数据文件夹下包含两个子文件夹，其中【练习数据】子文件夹提供了本书 GIS 操作所需的数据，【练习结果示例】子文件夹提供了操作的最终结果数据。

致谢

GIS 在城市规划空间分析中有着非常广泛的适用性，本书内容只是作者初步探索的一些经验总结。在此感谢所有为本书提供 GIS 尝试探索机会的规划设计单位，指导 GIS 规划应用的老师，以及参与 GIS 试验的规划设计同仁和城市规划学生！感谢武汉大学城市设计学院的同学顾重泰、周燊，他们辅助了本书 13 章、14 章的写作！感谢本书的责任编辑黄翊女士，她为本书的出版付出了大量辛劳！特别感谢宋小冬教授，本书写作得到了宋先生的指导，宋先生为此书付出了大量的时间和精力，提出了许多宝贵意见！

牛强

2017 年 10 月

目 录

第1篇　GIS基础

第2篇　空间叠加分析

第3篇　三维分析

第4篇　交通网络分析

第5篇　空间研究分析

第1篇

GIS基础

GIS（地理信息系统）对于城乡规划是一项重要的技术。它可以在城乡规划的各个阶段发挥重要作用，包括制图、建模、空间分析、三维模拟、预测、管理等。

本篇以规划GIS绘图为例介绍ArcMap的基本操作，它是后续篇章的基础。此外学习GIS的绘图功能，可以大幅度地提高规划制图的效率、标准化水平以及图纸数据的后期利用程度。

第1章　GIS概论
第2章　ArcMap基础操作

第 1 章　GIS 概论

GIS（Geographic Information System，地理信息系统）起源于 20 世纪 60 年代，然后迅速掀起研究热潮；至 80 年代，GIS 商业化软件开始大批出现，如 ArcInfo、MapInfo 等，GIS 开始被大规模应用推广，它也正是在这一时期被引入到我国城市规划领域的；从 90 年代开始，GIS 逐渐成为一个产业，GIS 市场发展很快，已渗透到各行各业，如测绘、交通、农业、公安、环保、城建等，并且成为人们生产、生活、学习和工作中不可或缺的工具。例如，人们的出行日益依赖于网上电子地图（如 http：//map.baidu.com、http：//ditu.google.cn 等）。

1.1　GIS 的概念

GIS 是一个不断发展的概念。GIS 之父，Roger Tomlinson（1966）最早提出 GIS 是全方位分析和操作地理数据的数字系统。之后，许多学者从不同的角度对其进行了定义。

目前，国内许多学者更倾向于美国联邦数字地图协调委员会（FICCDC）关于 GIS 的定义："由计算机硬件、软件和不同方法组成的系统，该系统设计用来支持空间数据的采集、管理、处理、分析、建模和显示，以便解决复杂的规划和管理问题。"

在英美国家，许多学者提出 GIS 中的 "S" 不仅指 "System（系统）"，还包括 "Science（科学）"，直译过来即地理信息科学。意思是在地理信息的认识、应用领域不仅要有信息系统技术，还要有相应的学科。

1.2　GIS 的功能

1.2.1　数据采集、输入、编辑、存储

这是 GIS 的基本功能。城市规划可以利用这些功能完成规划制图，从其他领域获取数据（例如导入 CAD 数据、栅格影像图、人口分布数据等），规划审批管理，以及保存、分发和发布这些数据。

1.2.2　空间分析

GIS 空间分析是基于地理对象的位置和形态特征的空间数据分析技术，是 GIS 最具魅力的功能。常用的空间分析类型包括：

➤ 查询分析：从海量地理信息中查找到满足用户要求的目标信息，查看这些信息的各种空间和属性特征；

➤ 位置分析：分析研究对象的位置、周边环境以及相互关系，挖掘该位置所具有的各种特征（例如本书将介绍的容积率分析、用地适宜性分析、交通可达性分析等）；

➤ 趋势研究：分析地理事物的演变演化趋势（例如土地使用演变和本书将介绍的演变动画制作等）；

➤ 模式研究：研究地理事物的空间分布模式、集聚特征以及事物之间的相互关系（例如本书将介绍的游人分布模式分析、收入空间分布模式分析等）；

➤ 模拟分析：模拟地理现象，模拟某假设条件下，研究对象会发生哪些变化（例如城市用地扩张模拟、人口分布模拟以及本书将介绍的城市交通出行模拟等）。

1.2.3 专题制图和数据可视化

使用 GIS 可以根据地理数据迅速制作出城市规划的各类专题图纸，例如土地使用现状图、交通流量图、经济分布图、城镇体系图、道路等级图等，并且可以把这些信息叠加显示，综合查看。

利用 GIS 可以虚拟现实，模拟现实或规划的某一场景，并在其中漫游。还可以把一些晦涩繁杂的数据以二维或三维地图的方式直观显示出来，例如人口分布数据、交通流量数据等，这些被称为数据可视化，其目的是为了方便用户迅速捕捉到目标信息。

1.3 GIS 的构成

GIS 由硬件、软件、数据、应用环境（即方法和人员）等要素组成。

1.3.1 GIS 硬件

GIS 硬件包括计算机、输入与输出设备、网络通信设备。

运行 GIS 的计算机可以是个人电脑（台式机或笔记本电脑），也可以是大型的多用户超级计算机。运行 GIS 的计算机一般需要具有较强运算处理能力的 CPU、较大的内存，因为 GIS 数据处理量大，数据处理复杂。运行于网络环境的 GIS 还需要服务器、磁带库等。

输入设备包括键盘鼠标、扫描仪、数字化仪等。输出设备包括计算机屏幕、打印机、绘图仪、光盘、移动存储设备等。

网络通信设备将位于不同地点的多个计算机系统连接起来，实现数据的共享和交换，以及功能的互补。这些设备包括网线、光缆、集线器、路由器、交换机、防火墙等。

1.3.2 GIS 软件

目前，主流的 GIS 软件都以空间数据库为引擎，其系统结构通常有三层：界面层、工具层和数据管理层。界面层由图形用户界面和应用程序接口构成；工具层由数据输入输出以及数据处理分析软件构成；数据管理层用于数据存储和管理。

对于单用户的 GIS 系统，上述三层软件以及数据都安装在同一台计算机内。

对于多用户基于网络的 GIS 系统，界面层软件安装在用户的计算机内，数据管理层的软件以及数据则安装在网络上的服务器中，而工具层的软件则通常安装在服务器中（某些胖客户端系统也会把部分工具层软件安装在客户端）。客户端通过界面层软件向服务器索取数据，或请求解决某一问题（例如求两地之间的最短路径），服务器上工具层软件和数据管理层软件执行客户端的请求，然后把数据和问题的解决结果反馈给客户端。

如果客户端使用的是专业的 GIS 软件，这种架构被称为客户端 / 服务器（即 C/S）结构；如果客户端使用的是通用的 WWW 浏览器软件，如 Windows 系统自带的 Internet Explore，这种架构被称为浏览器 / 服务器（即 B/S）结构。

1.3.3 GIS 数据

GIS 数据是 GIS 系统的核心内容，整个 GIS 系统都是围绕 GIS 数据展开的。和城市规划密切相关的 GIS 数据包括地形图、遥感影像图、地质水文植被土壤等资源环境资料、行政区划、人口分布、规划编制成果、地籍、房产、市政和公共设施、规划审批数据、道路交通等。

GIS数据的采集和管理是GIS系统中成本最高的一项，需要引起建设单位的特别重视。按照国内外的一般经验，规模较大的实用GIS长期运营成本有着如下关系：

硬件成本 < 软件成本 < 应用开发投入 < 初期数据采集成本 < 日常数据维护成本

如果对GIS数据的采集和管理成本估计不足，就会影响GIS效率的发挥，严重的还会导致GIS无法正常运行。

1.3.4　GIS方法

GIS方法是为解决各种现实问题而提出的各种模型方法。例如城市用地适宜性模型、洪水预测模型、污染物扩散模型、位置分配模型等。本书从第2篇开始介绍和城市规划密切相关的各种GIS方法，用于解决规划编制和研究中的各种问题。GIS方法是GIS技术产生社会、经济、生态效益的关键所在。

1.3.5　GIS人员

GIS人员既包括受过培训的用于管理维护GIS系统的专业人员，也包括使用GIS系统的普通工作人员和民众。后者人数众多，需要特别考虑他们的使用需求。前者人数虽少，但知识水平要求较高，加之GIS技术更新迅速，他们需要不断学习。

1.4　GIS商业软件

GIS发展至今，已形成比较成熟的软件产业，国内外均有非常成熟的软件系统。国外比较有代表性的GIS商业软件有ArcGIS、MapInfo、AutoCAD Map、Bentley Map等，国内有代表性的有SuperMapGIS、MapGIS、吉奥之星等。简要介绍如下：

> ArcGIS是目前功能最全、应用最广的GIS软件，其分析功能十分强大，但对计算机的运行速度有较高要求，该软件是本书介绍的重点。

> MapInfo是目前使用比较广泛的GIS软件，其执行效率较高，操作简单，容易上手，但是其分析功能较弱，并且当数据量巨大时，其效率会大幅度下降。

> AutoCAD Map是基于AutoCAD的GIS软件，由Autodesk公司开发。它直接集成到AutoCAD环境，因而方便了国内广大的AutoCAD用户上手使用。它只具有GIS的基础功能和少量空间分析功能，但其优势在于数据编辑功能强大，效率高。

> Bentley Map是基于MicroStation的GIS软件。MicroStation在国际上是和AutoCAD齐名的CAD软件。Bentley Map在国外拥有广泛的客户群。它只拥有GIS的基础功能和少量分析功能，但数据编辑功能强大，并且产品体系比较完善，是许多专业GIS软件的基础，例如Bentley Cadastre、Bentley Electric、Bentley Water、Bentley Gas等。

> SuperMapGIS是北京超图软件股份有限公司开发的，具有完全自主知识产权的大型地理信息系统软件平台。SuperMapGIS目前主要被作为二次开发的基础平台，许多国内的GIS应用系统都是在它的基础上二次开发而来。

> MapGIS是武汉中地信息工程公司开发的GIS软件平台，它具有完整的桌面端，主要应用于国土资源管理领域。

> 吉奥之星是武大吉奥信息技术有限公司研发的地理信息系统基础软件平台，是我国自主版权的三大GIS平台之一，主要应用于测绘领域。

1.5　GIS 与 CAD 的异同

CAD 即计算机辅助设计（Computer Aided Design），它利用计算机及其图形设备帮助设计人员进行设计工作。常用的 CAD 软件有 AutoCAD 与 MicroStation 等。

GIS 与 CAD 有许多相似点，例如两者都有坐标体系，都能描述和处理图形数据及其空间关系。因此两者都可以完成城市规划的制图工作。就目前而言，国内规划制图采用的工具基本上都是 CAD。

它们的主要区别在于：

（1）CAD 的制图功能强于 GIS。CAD 的图形编辑功能极强，并且极其灵活，可以很好地响应设计师的设计灵感。GIS 的制图功能偏弱，提供的制图工具比 CAD 少，灵活性差，但目前已有很大提高，例如最新的 ArcGIS 10.0 的制图功能已接近 AutoCAD。

（2）GIS 制图的规范性更强。GIS 对数据的管理十分严格，制图时必须遵守事先制定好的数据模型，因而数据的冗余很小、数据质量非常高。而 CAD 对数据质量没有过多限制，其关注的是最终的图面效果，而不是数据。

（3）GIS 具有很强的空间分析功能，而 CAD 基本没有。

（4）GIS 可以良好地管理非空间数据，而 CAD 在这方面较弱。例如对于一块用地，GIS 可以存储这块地的权属、面积、门牌号等数据，而 CAD 实现起来比较复杂。

（5）GIS 可以制作非常丰富的专题图纸。GIS 的数据内容和数据表达方式是分离的，对于同一份数据可以针对不同的目的制作不同的专题图纸（例如对于城市道路数据，可以制作道路网现状、道路等级图、交通流量图等）。而 CAD 的数据内容是和表达方式绑定的，一份数据对应一份图纸。

城市规划可以把两者结合起来应用，利用 CAD 进行编辑，然后导入 GIS 进行制图和分析。

1.6　GIS 在城乡规划中的作用

GIS 可以在城乡规划的各个阶段发挥重要作用。

1.6.1　现状调研阶段

➤ 利用 GIS 管理现状数据（例如土地使用现状数据、道路数据、市政设施数据等）。

➤ 利用手持 GIS 设备辅助现场踏勘。融合 GPS（全球定位系统）、RS（遥感）和 GIS 的手持设备（例如 GPS 手机、PDA）可以告诉规划师所处的位置和周边地理环境，以及相关地理数据，使规划师更快、更准确地掌握现场情况。

1.6.2　现状分析阶段

➤ 利用 GIS 的叠加分析功能，统计容积率，评价用地的适宜性；

➤ 制作各类现状图纸；

➤ 利用空间统计功能，挖掘地理事物的空间分布规律；

➤ 分析空间结构；

➤ 分析交通可达性和交通网络结构；

➤ 利用空间相互作用模型分析城镇的吸引力和势力圈，用于行政区划调整；

➤ 模拟三维地形地貌、虚拟城市场景；

➢ 分析景观视域；

➢ 制作城市演变的动画等。

1.6.3　规划设计阶段

➢ 和城市演变模型结合起来（例如城市 CA 模型）预测城市演变；

➢ 通过多准则决策分析，预测不同政策条件下的用地变化；

➢ 交通网络的优化；

➢ 市政和公共设施布局的优化；

➢ 规划景观的实时模拟；

➢ 场地填挖方分析；

➢ 规划制图等。

1.6.4　规划实施阶段

➢ 管理规划编制成果、基础地形、市政管线以及相关的各类信息，为规划业务提供信息；

➢ 利用规划管理信息系统，开展各类建设许可业务；

➢ 决策时，模拟建设的三维场景，用于多方案选择和方案优化；

➢ 查验项目申报是否符合相关规划等。

1.6.5　评价、监督阶段

➢ 和遥感相结合，监测城市、区域的环境变化；

➢ 检查建设项目是否符合规划；

➢ 检讨规划的实施效果等。

1.7　本章小结

　　GIS 是由计算机硬件、软件、数据和不同的方法组成的系统，该系统用于支持空间数据的采集、管理、处理、分析、建模和显示，以便解决复杂的规划和管理问题。其中，GIS 数据的采集和管理是 GIS 系统中成本最高的一项，而 GIS 方法是它产生社会、经济、生态效益的关键所在。

　　GIS 主要具有以下功能：①数据采集、输入、编辑、存储；②空间分析，包括查询分析、位置分析、趋势研究、模式研究、模拟分析；③专题制图和数据可视化。GIS 可以在城乡规划的各个阶段发挥作用，有些甚至是不可替代的重要作用，例如空间分析研究和规划管理信息系统。

第 2 章　ArcMap 基础操作

本章将以绘制土地使用现状图为例，介绍 GIS 制图和编辑的基本方法。本章是以后章节的基础。

编制城市规划时，绘制土地使用现状图是首要的工作，传统 CAD 的绘制方法工作量较大，且面积分类统计工作比较繁琐。本章介绍基于 ArcMap 的绘制方法，整个过程轻松、直观，且面积统计工作可自动完成，可极大地提高工作效率。

用 ArcMap 绘图的主要操作步骤有：

➢ 创建地图文档；

➢ 创建 GIS 数据；

➢ 加载数据；

➢ 编辑几何数据；

➢ 编辑属性数据；

➢ 符号化表达数据内容；

➢ 为图面添加文字标注；

➢ 制作图纸。

本章将围绕土地使用现状图的绘制工作，每一小节针对上述一个步骤，详细介绍上述操作的方法。

本章所需基础：

➢ 读者具备基础的计算机操作能力；

➢ 计算机已安装了 GIS 软件 ArcGIS10.5 中文版。

2.1　打开并浏览地图

ArcMap10.5 是 ArcGIS10.5 平台中，用于编辑、显示、查询和分析地图数据的以地图为核心的软件。ArcMap 有许多版本，截至本书出版，ArcMap10.5 是最新的版本。

下面以一幅制作好的地图为例，对其进行概要介绍。

2.1.1　打开地图文档

☞ 步骤 1：启动 ArcMap10.5。

点击 Windows 任务栏的【开始】按钮，找到【所有程序】→【ArcGIS】→【ArcMap10.5】程序项，点击启动该程序，会自动弹出【ArcMap- 启动】对话框（图 2-1）。

☞ 步骤 2：打开地图文档。

在【ArcMap- 启动】对话框中，点击左侧面板的【浏览更多…】项，在【打开 ArcMap 文档】对话框中选择随书数据【chp02 \ 练习数据 \ 打开地图文档】文件夹下的 "土地使用现状图 .mxd"。之后会显示 ArcMap 的主界面和地图内容（图 2-2）。

界面主要由三部分构成：①上部的菜单和工具条；②左侧的【内容列表】面板；③右侧的地图窗口。【内容列表】

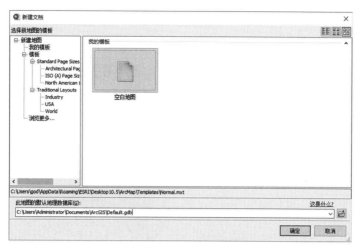

图2-1　ArcMap-启动对话框

图2-2　ArcMap主界面

面板列出了地图中的所有图层，而地图窗口则显示出这些图层的图面内容。

2.1.2　操作图层

ArcMap 中，地图是由许多图层叠加在一起组成的。ArcMap 通过【内容列表】面板来管理图层。图 2-2 中的【内容列表】告诉读者，这幅地图有三个图层，分别是【现状地块】、【影像图 .tif】和【地形图 .dwg Group Layer】。每个图层都是一块相对独立的图纸内容，可以被关闭 / 显示。而地图窗口的内容是所有图层叠加在一起显示的效果。

下面紧接之前步骤，介绍图层的基本操作方法。

☞ **关闭 / 显示图层。**

取消勾选☐ ☑ 现状地块前的小勾，该图层会被关闭，地图窗口中该图层的内容会立即消失；勾选☐ ☑ 现状地块，该图层的内容会再次显示。

☞ **调整图层顺序。**

鼠标左键选中【内容列表】面板中的【地形图 .dwg Group Layer】图层，按住左键不放，将该项拖拉至【影像图 .tif】图层之上，然后松开左键。读者可以发现【地形图 .dwg Group Layer】的地图内容显示了出来，而之前它是在【影像图 .tif】图层下面被遮盖住的。

> 💡 说明：【内容列表】中图层的显示顺序是排在下面的图层先绘，排在上面的图层中的图形将叠在上面。可以拖拉图层以调整显示顺序。

☞ **调整图层透明度。**

双击【现状地块】图层，或右键单击该图层选择【属性…】，弹出【图层属性】对话框，切换到【显示】选项卡（图2-3），设置【透明度】栏为30%，意味着30%的透明度，点【确定】之后地块变得透明了，之前被它遮挡的【地形图 .dwg Group Layer】的内容也可以看到了（图2-4）。

图2-3 调整图层透明度

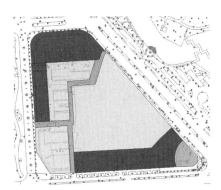

图2-4 调整图层透明度后的效果

2.1.3 浏览地图

ArcMap的【工具】工具条上提供了一系列浏览地图的工具，包括放大、缩小、平移、全图等。有三种方式来使用浏览工具。

☞ **方式一**：用【工具】工具条上的浏览地图工具，如图2-5所示。

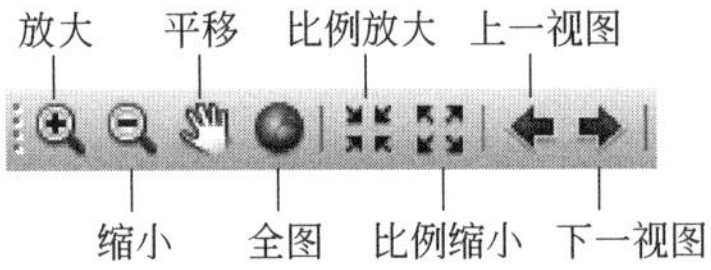

☞ **方式二**：用鼠标滑轮来浏览地图。

  ➥ 放大地图：鼠标在地图窗口时，向后滚动滑轮。

  ➥ 缩小地图：鼠标在地图窗口时，向前滚动滑轮。

  ➥ 平移地图：鼠标在地图窗口时，按下滑轮移动鼠标。

☞ **方式三**：用快捷键。

  ➥ 放大地图：按住键盘的"Z"键不放，鼠标在地图窗口中点击要放大的位置。

  ➥ 缩小地图：按住键盘的"X"键不放，鼠标在地图窗口中点击要缩小的位置。

  ➥ 平移地图：按住键盘的"C"键不放，在地图窗口中按住鼠标左键不松，移动鼠标。

图2-5 浏览地图工具（放大、缩小、平移、全图、比例放大、比例缩小、上一视图、下一视图）

> 💡 说明一：ArcMap用鼠标滑轮来缩放地图时，放大缩小的默认滚动方向正好与AutoCAD相反，许多习惯AutoCAD的读者会很难适应。其实滚动缩放方式可以调整，具体操作为：在ArcMap主菜单下选择【自定义】→【ArcMap选项】，在弹出的【ArcMap选项】对话框中切换到【常规】选项卡，在【向前滚动/向上拖动】栏选择【放大】，点【确定】。如此设置后，滚动缩放的方向与AutoCAD变得一致。
> 💡 说明一：ArcMap更新图面的速度较慢，读者需要时间来适应。建议使用"方式三"用快捷键来浏览地图。

2.1.4 数据视图和布局视图的切换

ArcMap有两种视图：

（1）数据视图。这是系统启动时的默认视图，该视图主要用于数据编辑，其中只显示数据内容，而不显示图框、比例尺、图例等非数据内容。

（2）布局视图。该视图主要用于最后出图排版，在该视图中可以绘制图名、图框、风玫瑰、比例尺、图例等。

下面紧接之前步骤，介绍布局视图的基本操作方法。

☞ **切换到布局视图。**

点击地图窗口左下角工具条 ⬛⬛⬛⬛⬛ 的【布局视图】按钮 ⬛，切换到布局视图（图2-6）。这是一幅图面要素完整的地图。

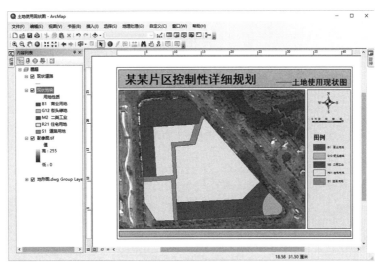

图2-6 布局视图

☞ **浏览布局视图。**

用【布局】工具条上的专用浏览工具 ⬛⬛⬛⬛⬛⬛⬛⬛ 浏览地图（如果界面上没有【布局】工具条，可以在任意工具条上点右键，在弹出菜单中选择【布局】）。然后用【工具】工具条 ⬛⬛⬛⬛⬛⬛⬛⬛ 上的缩小工具点击布局中的数据框（即地图内容），缩小图纸中地图的比例。

> 🗒 **说明：** ArcMap有两套浏览地图的工具。分别针对数据视图和布局视图。在【数据视图】下，【布局】工具条上的浏览工具是无效的，显示为灰色 ⬛⬛⬛⬛⬛。但是在【布局视图】下，两套浏览工具都是有效的，但是操作的对象完全不同。【布局】工具条上的工具针对的是整个布局页面，例如使用放大工具，整个地图图面（包括标题、图例、地图数据等）都会同时放大。而【工具】工具条 ⬛⬛⬛⬛⬛⬛⬛⬛ 上的工具仅仅针对布局中的数据框，即地图中的数据内容，对其他布局构件均无效，其目的是为了调整地图数据内容的大小、比例和位置。

☞ **切回数据视图。**

点击【数据视图】按钮 ⬛，切回到数据视图。

2.2 创建地图文档并加载数据

从本节开始，将以绘制土地使用现状图为例，介绍 ArcMap 的制图和编辑方法。首先是要创建一个"土地使用现状图"地图文档，并加载一些基础地形数据。

2.2.1 创建地图文档

☞ **步骤1：新建工作目录。**

利用 Windows 资源管理器，创建工作目录（例如 C：\ study \ chp02 \ 练习数据 \ 创建地图文档）。然后把随书数据的【chp02 \ 练习数据 \ 创建地图文档】文件夹下的所有文件拷贝到工作目录。

☞ **步骤2：创建地图文档。**

启动 ArcMap，在弹出的【ArcMap- 启动】对话框中，点击左侧面板的【新建地图】项（图2-1），在右侧面板中选择【空白地图】作为版面模板（也可以选择其他版面模板，对话框右侧面板有模板的预览）。点【确定】，进入 ArcMap 主界面。

☞ **步骤 3：** 设置地图文档。

点击主界面菜单【文件】→【地图文档属性…】，显示【地图文档属性】对话框，勾选【路径名：】栏的【存储数据源的相对路径名】（图 2-7）。这是为了保证当变更了数据的存储位置后，通过相对位置关系，地图文件仍能找到其中的数据文件。

图2-7 设置地图文档的存储参数

> ⏩ **说明一：** 要特别注意地图文档和数据的存储位置。不同于AutoCAD将所有信息存储在一个文件下，ArcGIS的数据可能会存放在多个文件或多个数据库中，且地图文档也是独立于数据单独存放的。因而ArcGIS信息是分散的，需要特别关注这些分散的信息的相互位置。
> ⏩ **说明二：** 如果在【地图文档属性】对话框选择了【存储数据源的相对路径名】，则一定要保证地图文档和数据的相对位置不能改变（例如位于同一文件夹下，如果要移动位置则要一起移动），否则地图文档将找不到数据，当地图找不到数据时，图层会显示红色惊叹号，例如☑ 现状影像图。
> 如果没有选择，则一定要保证数据的存储位置不可以变动，否则地图文档也将找不到数据，而地图文档可以随意移动或复制。
> 可以一劳永逸地将新建地图默认设置为【存储数据源的相对路径名】。具体操作为：在ArcMap主菜单下选择【自定义】→【ArcMap选项】，在弹出的【ArcMap选项】对话框中切换到【常规】选项卡，勾选【将相对路径设为新建地图文档的默认设置】。

☞ **步骤 4：** 保存地图文档。

点击菜单【文件】→【保存】，选择保存目录（例如 C：\ study \ chp02 \ 练习数据 \ 创建地图文档），保存为【土地使用现状图 .mxd】。ArcGIS 地图文档以 ".mxd" 作为扩展名。

2.2.2 加载基础地形数据

紧接之前步骤，操作如下：

☞ **步骤 1：** 连接到工作目录。

将鼠标移到主界面右侧的【目录】按钮上时，将会浮动出【目录】面板，右键单击面板下的【文件夹连接】文件夹，在弹出菜单中选择【连接文件夹…】（图 2-8），在弹出的【连接到文件夹】对话框中将自己的工作目录（例如 C：\ study \ chp02 \ 练习数据 \ 创建地图文档）加入进来，连接后的【目录】面板如图 2-9 所示。

图2-8 新建文件夹连接

图2-9 文件夹连接成功后

> ⏩ **说明一：** 【目录】面板类似于Windows的资源管理器，在【目录】面板中可以添加、删除、移动文件夹、Geodatabase、Shapefile等数据。
> ⏩ **说明二：** 【文件夹连接】能够存储用户指定的文件夹路径，使用户能够更直接地访问这些文件夹中的数据。【文件夹连接】文件夹用于存放指向各个工作目录的快捷方式。

☞ **步骤 2：** 加载 CAD 地形图。

点击工具条上的【添加数据】按钮✛，弹出【添加数据】对话框（图 2-10）。

双击【文件夹连接】目录，会显示上一步连接好的工作目录，双击打开它，选择【地形图 .dwg】文件（注意不要双击），点击【添加】按钮（出现【未知的空间参考】对话框时，点【确定】忽略这个问题），"地形图 .dwg" 就被作为一个图层组【地形图 .dwg Group Layer】出现在【内容列表】面板中，同时其图像也会显示出来。

☞ **步骤 3：** 加载影像图。

➡ 将鼠标移到主界面右侧的【目录】按钮上，将浮动出【目录】面板。展开该面板的【文件夹连接】项目，找到【影像图】数据项。

图2-10 添加数据对话框

➡ 鼠标左键选中【影像图】数据项，按住左键不放，将该项拖拉至【内容列表】面板的【地形图 .dwg Group Layer】图层组之上，然后松开左键。忽略【未知的空间参考】对话框之后，【影像图 .tif】作为一个图层出现在【内容列表】面板，同时其图像也会显示出来。

> 📑 **说明一：** 加载数据的方式主要有上述两种：使用【添加数据】按钮 ✦，和从【目录】面板中拖拉数据至当前地图。

☞ **步骤4：** 更改透明度。

右键单击【影像图 .tif】图层，选择【属性…】，弹出【图层属性】对话框，切换到【显示】页，设置【透明度】栏为30%，点【确定】，影像图变得透明了。

☞ **步骤5：** 保存地图文档。

点击主工具条上的【保存】按钮 🖫，或点击菜单【文件】→【保存】，保存上述工作。

> 📑 **说明一：** ArcMap中的地图结构是地图→图层→数据，一幅地图是由若干图层组成的，而每个图层都是某份数据内容的特定表达方式。
> 📑 **说明二：** 在ArcGIS里，数据内容和数据表达是相对分离的，"影像图.tif"文件是数据内容，而图层是其表达方式，对于同一份数据内容，可以有任意多种表达方式，例如不同的名称、透明度、颜色、线宽等。修改图层的属性，只是修改了对应数据的表达方式，而原始数据的内容并不会被改变。
> 📑 **说明三：** 保存地图文档实际上只是保存了地图对应数据内容的表达方式，其文件量非常小。因此，复制地图文档是不会复制其数据内容的。同理，保存地图文档也不会保存对数据内容的修改。如果数据内容丢失或改变了位置，打开地图文档，其对应的图层也不会显示图面内容，这时图层上会警告 ☑ 现状影像图，这时候可以双击感叹号，在弹出的【设置数据源】对话框中重新设置图层对应的数据源路径。

2.3 创建 GIS 数据

前面创建的地图文档并不存放 GIS 数据，而是引用 GIS 数据。因此，在用 ArcGIS 绘制图形之前，我们还需要创建一系列的 GIS 数据，这与 AutoCAD 的制图方法有很大不同。

ArcGIS 主要用 Shapefile 文件或 Geodatabase（地理数据库）来存放 GIS 数据。ArcGIS 的数据内容比较复杂，计算机不能自动完成，需要用户手工设置一些基本参数，这些参数包括坐标系、几何类型、属性等。

2.3.1 创建 Shapefile 文件

Shapefile 是比较老的格式，但也仍是最常用的 GIS 格式。一个 Shapefile 只能存放一类图形对象，例如道路、排水管、建筑外轮廓等。可以将一个 Shapefile 理解为 AutoCAD 的一个图层，只是这个图层使用单独的文件存放。

下面紧接之前的步骤，创建"土地使用现状图"中的"现状道路"Shapefile：

☞ **步骤1：创建【现状道路】Shapefile。**

在【目录】面板中，【文件夹连接】项目下找到之前连接的工作目录（例如 C：\ study \ chp02 \ 练习数据 \ 创建地图文档），右键单击它，在弹出菜单中选择【新建】→【Shapefile…】，显示【创建新 Shapefile】对话框（图2-11），设置【名称】为【现状道路】，【要素类型】为【折线】，点【确定】确认。之后【目录】面板的工作目录下会出现【现状道路】数据项。

> ▣ **说明一**：GIS的一个Shapefile文件只能存放一种几何类型，设置【要素类型】为【折线(Polyline)】意味着该文件中的几何类型只能为折线，而不允许为点或面，这与CAD有着较大区别。允许的几何类型有点(point)、折线(polyline)、面(polygon)、多点(multipoint)、多面体(multipatch)等。
> ▣ **说明二**：Shapefile文件格式是比较老的GIS格式，它不能存放拓扑结构，也不能存放弧或圆这类几何图形，但由于它仍是文件格式，较之Geodatabase数据库格式，它比较容易复制交换，所以目前它仍是主要的ArcGIS数据格式。
> ▣ **说明三**：Shapefile文件是由多个文件组合而成的，它包括存储空间数据的.shp文件、存储属性数据的.dbf表和存储空间数据与属性数据关系的.shx文件。

☞ **步骤2：设置【现状道路】Shapefile的属性。**

本步骤将为【现状道路】增加一个【路名】属性，之后，对于绘制的每条路，都可以赋予相应的路名，该路名将存储到【现状道路】的【路名】字段中。

在【目录】面板中右键单击【现状道路】Shapefile，在弹出菜单中选择【属性…】，显示【Shapefile 属性】对话框（图2-12）：

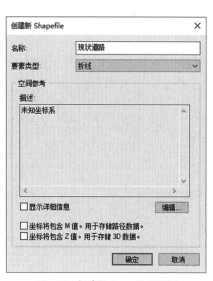

图2-11 创建新 Shapefile对话框

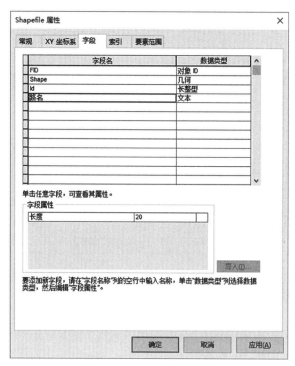

图2-12 Shapefile属性对话框

➡ 切换到【字段】选项卡。

➡ 点击【字段名】列下的空白单元格，输入【路名】。

➡ 点击该行的【数据类型】单元格，选择【文本】类型，将【字段属性】栏下的【长度】设置为【20】。这意味着为【现状道路】要素增加了【路名】属性，该属性的数据类型是文字，最长为20个字符。

➡ 点【确定】完成。

> 🔖 **说明一**：不同于CAD、ArcMap中每个地理对象除了拥有几何形状之外，还拥有非空间属性，例如道路的路名、宽度、车速等，如此可以更加详细地描述和区别地理对象。这些属性存放在Shapefile要素类或其他类型要素类的字段中。
> 🔖 **说明二**：创建Shapefile以及后文要讲的要素类和表时，需要为各字段选择数据类型。可用的类型包括4种数字类型（短整型、长整型、浮点型、双精度）、文本、日期、Blob（二进制大对象）、Guid（全局唯一标识符）。选择正确的数据类型可以正确存储数据，并且便于分析、数据管理和满足业务需求。对这些类型说明如下：
> 1）短整型：介于-32,768~32,767之间的整数；
> 2）长整型：介于-2,147,483,648~2,147,483,647之间的整数；
> 3）浮点型：介于 -3.4E-38~1.2E38 之间的小数；
> 4）双精度：介于-2.2E308~1.8E308之间的小数。
> 5）文本：一系列字母和数字符号；
> 6）日期：日期、时间或同时存储日期和时间；
> 7）Blob：长度较长的一系列二进制数，可以存储复杂对象，如影像、视频等；
> 8）Guid：一种由算法生成的二进制长度为128位的数字标识符，任何计算机都不会生成两个相同的GUID，因而被称作全球唯一标识符。

2.3.2　创建 Geodatabase

Geodatabase 地理数据库是 ArcGIS 最新的面向对象的数据模型，是按照一定的模型和规则组合起来的存储空间数据和属性数据的容器。在 Geodatabase 中所有图形都代表具体的地理对象，例如代表道路的线就只能代表道路，而不能代表地块边界、电力线等其他地理对象。因此创建 Geodatabase 的过程就是搭建对象模型框架的过程，而这个模型框架是与现实世界相对应的。Geodatabase 的创建比 Shapefile 要复杂得多，下面我们来创建土地使用现状的 Geodatabase。

紧接之前步骤，操作如下：

☞ **步骤 1**：设计 Geodatabase 模型。

一般在用 ArcGIS 制图前，首先要对制作内容有一个初步的规划。对于土地使用现状制图，可以概括为两类要素："现状地块"和"现状道路"，"现状地块"应当有"用地性质"这一属性，"现状道路"有"路名"属性。而且关于现状的所有要素应当放在一块，类似于 Windows 的一个文件夹下，ArcGIS 称之为要素数据集，可以将其命名为"现状"。最终的模型层次结构参见图 2-15。

> 🔖 **说明一**：Geodatabase的层次结构是Geodatabase→要素数据集→要素类、对象类。一个Geodatabase下可以有多个要素数据集，它类似于文件夹，用于分类，而一个要素数据集下可以有多个要素类或对象类，这些要素类将共享同一地理坐标系。
> 🔖 **说明二**：要素类是同类地理对象的抽象，例如道路、地块、电力线等。要素类有空间属性和非空间属性，空间属性是要素的空间几何形态，而非空间属性是要素的名称、大小、等级、类型等特性。前述Shapefile文件也是要素类。

☞ **步骤 2**：新建空的 Geodatabase。

在【目录】面板中，【文件夹连接】项目下找到之前建立的工作目录。右键点击工作目录，选择【新建】→【个人地理数据库】，将其名称设置为【土地使用】。

> 🔖 **说明**：单机环境下的Geodatabase有两种类型，一种是个人地理数据库，它是一个Access的mdb数据库，最大只能存储2G的数据，只能在Windows平台下使用；另一种是文件地理数据库，它是一个包含许多文件的文件夹，没有数据量的限制，可以跨操作系统多平台使用，它比个人地理数据库快20%到10倍，磁盘空间占用可少50%～70%。尽管文件地理数据库有诸多优势，但本书还是建议使用个人地理数据库，主要原因在于文件地理数据库采用文件夹存储方式，对于非专业人员，容易造成内部文件的丢失，而带来数据损坏。

☞ **步骤 3**：新建【现状】要素数据集。

要素数据集类似于一个文件夹。右键单击【土地使用】，选择【新建】→【要素数据集…】，显示【新建要素数据集】对话框。设置【名称】为【现状】，点击【下一步】设置坐标系，选择【<unkown>】。点击【下一步】设置容差，认可默认设置，点【完成】结束。

☞ **步骤 4**：新建【现状地块】要素类。

右键单击上一步生成的【现状】要素数据集，选择【新建】→【要素类…】，显示【新建要素类】对话框：

➡ 设置【名称】为【现状地块】，【类型】为【面要素】，这意味着【现状地块】要素只能用多边形作为几何图形，点【下一步】。

➡ 设置地理坐标系，默认为【未知】，暂不设置，点【下一步】。

➡ 设置容差，认可默认设置，点【下一步】。

➡ 设置非空间属性，如图 2-13 所示。点击【字段名】列下的空白单元格，输入【用地性质】，点击该行的【数据类型】单元格，选择【文本】类型，将【字段属性】栏下的【长度】设置为【10】。这意味着为【现状地块】要素增加了【用地性质】属性，该属性的数据类型是文字，最长为 10 个字符。点【完成】。

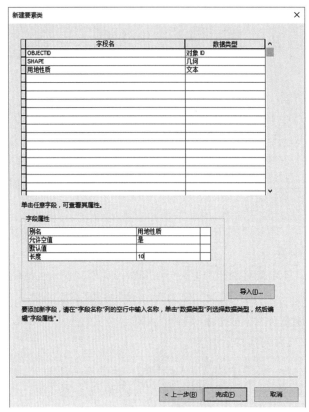

图2-13 新建要素类对话框

➡ 新创建的【现状地块】要素类将作为一个图层出现在【内容列表】面板中。

> 📖 **说明**：如果新建的要素类没有出现在【内容列表】面板中，可以直接从【目录】面板中把要素类拖到【内容列表】，这是加载数据的便捷方法。

☞ **步骤 5**：把【现状道路】Shapefile 导入到【土地使用】地理数据库。

Geodatabase 可以从其他数据源导入要素类，这些要素源包括 Shapefile、Geodatabase、甚至 CAD 文件等。由于之前创建的【现状道路】Shapefile 不是理想的数据格式，下面将其转换并导入到 Geodatabase 中。具体的导入步骤如下：

➡ 【目录】面板中，右键单击【现状】要素数据集，选择【导入】→【要素类（单个）…】，显示【要素类至要素类】对话框（图 2-14）。

➡ 设置数据源。点击【输入要素】栏的📷，找到并选择【现状道路 .shp】。

➡ 设置要导入后的要素类名称。在【输出要素类】栏中输入【现状道路】。设置好后如图 2-14 所示。点【确定】开始导入。

➡ 导入成功后，【现状道路】图层会被自动加载到【内容列表】面板。那么这时候会有两个【现状道路】图层，右键单击"现状道路 .shp"对应的图层，在弹出菜单中选择【移除】，将其从地图文档中删除。

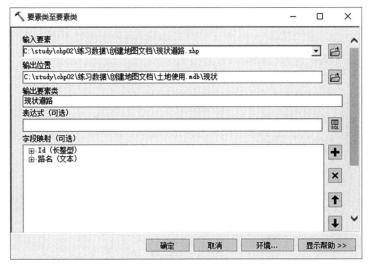

图2-14 要素类至要素类对话框

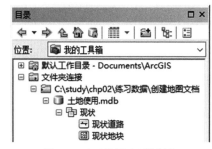

图2-15 土地使用地理数据库

【土地使用】地理数据库至此已创建完成,【目录】面板中的显示如图 2-15 所示。保存该地图文档。关于本练习结果的示例文件,详见随书数据的"chp02 \ 练习结果示例 \ 创建 GIS 数据"。

2.4 编辑几何数据

前面步骤搭建了"土地使用现状图"的地图框架,但是其中还没有任何数据,接下来将往其中添加数据。

对数据的编辑包括几何数据和属性数据的编辑。ArcGIS 对于每个几何图形要素可以赋予若干属性,例如对于"地块"可以赋予"用地性质"、"权属人"、"地价"等属性,如此可以全面地管理地理信息。几何数据的编辑主要是针对图形的操作,包括绘制、修改、删除。属性数据的编辑主要针对要素的属性的操作,包括属性的录入、修改,以及增加、删除属性字段等。

要特别说明的是,在 ArcMap 中对数据进行编辑时,实质上是在编辑数据图层所指向的地理要素类,而不是地图文档中的图层。

2.4.1 开始、停止和保存编辑

1. 开始编辑

☞ **步骤 1**:紧接之前步骤,或者打开随书数据中的地图文档【chp02 \ 练习数据 \ 编辑几何数据 \ 土地使用现状图 .mxd】。

☞ **步骤 2**:显示编辑工具条。

点击主工具条上的【编辑器工具条】按钮 ,显示【编辑器】工具条(图 2-16)。或者右键单击任意工具条,在弹出菜单中选择【编辑器】(注:如果【编辑器】工具条本身已经出现,则无须上述操作,如果重复上述操作则会关闭该工具条)。

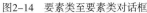

图2-16 编辑器工具条

☞ **步骤 3**:开始编辑。

➜ 点击【编辑器】工具条上的 编辑器(R) ▾ 下拉菜单,选择【开始编辑】。

➔ 在弹出的【开始编辑】对话框中选择要编辑的图层【现状地块】（图 2-17），点【确定】。

➔ 主界面右侧会显示【创建要素】面板（图 2-18）。面板上部显示了可以编辑的要素类的绘图模板，点击相应模板后，面板下部会显示对应的构造工具，这时已经可以开始绘图了。

图2-17　开始编辑对话框

图2-18　创建要素面板

🖱 **说明一**：ArcMap同时编辑一个要素数据集或一个文件夹下的所有要素类。如图2-18所示，由于【现状地块】和【现状道路】都位于同一要素数据集【现状】下，所以这两个要素类都同时出现在【创建要素】面板中。如果地图文档中的所有要素类不是位于同一个要素数据集或一个文件夹下，这时点击【开始编辑】后，系统会弹出【开始编辑】对话框（图2-17），让用户选择一个图层或工作空间来进行编辑。

🖱 **说明二**：如果开始编辑之后，新加载了位于同一要素数据集或文件夹下的要素类，该要素类是不会出现在【创建要素】面板中的。

---

2. 停止和保存编辑

☞ **停止编辑。**

点击【编辑器】工具条上的  下拉菜单，选择【停止编辑】，这时系统会询问是否要保存编辑，根据情况选择【是】或【否】。如果选【否】，之前的编辑工作将不会被保存。

☞ **保存编辑。**

点击【编辑器】工具条上的 编辑器(R)▾ 下拉菜单，选择【保存编辑内容】，系统保存数据后，仍维持编辑状态。

🖱 **说明**：保存编辑和保存地图文档是两回事，点击主工具条上的【保存】按钮🔲保存地图文档并不会保存正在编辑的要素。这在关闭地图时要特别注意，对于正在编辑的要素类一定要按照上述方法保存编辑结果。

2.4.2　使用绘图工具

下面以现状地块的绘制为例，讲解 ArcGIS 的绘图工具。紧接之前步骤，操作如下：

☞ **步骤 1**：调整图层显示顺序。

拖拉【内容列表】面板中的【现状地块】，让它置于【影像图 .tif】图层之上，以保证该图层上的图形不会被影像图遮挡住。

☞ **步骤 2**：确保编辑图层处于显示状态。

确认【内容列表】面板中 ☐ ☑ 现状地块 前的小勾处于勾选状态。

> 注意：如果要编辑的图层在【内容列表】中处于关闭状态，那么新绘制的要素将不可见，这是一个容易出现的问题。

☞ **步骤3**：开始编辑要素类。

点击【编辑器】工具条上的 编辑器(R)▾ 下拉菜单，选择【开始编辑】。然后在【开始编辑】对话框中选择【现状地块】图层，点【确定】。

☞ **步骤4**：启动绘图工具。

点击【创建要素】面板中的【现状地块】绘图模板（图2-18），这时把鼠标移至绘图区域，图标会变成十字图标，意味着可以开始绘制了。

> 说明：选中【创建要素】面板中的绘图模板后，此时使用的绘图工具是【创建要素】面板下半部中亮显的工具。对于【面】类型的要素类，默认工具是【面】，其他可用的工具还有矩形、圆形、椭圆、手绘曲线、自动完成面。

☞ **步骤5**：绘制几何图形。

按照图2-19所示绘制一个现状地块，ArcMap默认从直线段开始绘制，在图面上依次点击多边形的顶点，双击完成绘制，或者点击下一步骤要启用的浮动工具条【要素构造】上的 🔳 工具。

具体绘制过程中还有以下技巧：

➜ 如果要从弧线开始绘制，可以在开始绘制之前点击【编辑器】工具条或浮动工具条【要素构造】上的 🖊 。

➜ 如果要在绘制直线段的过程中绘制弧线，可以点击【编辑器】或【要素构造】工具条上的 🖊 工具。弧线绘制完后，要改绘直线则点击【编辑器】或【要素构造】工具条上的 🖊 工具。

➜ 如果要绘制平行线，可以使用平行约束工具。在绘制线段起点之后，右键点击平行参考对象，弹出菜单中选择【平行】，选中的平行参考对象会随之闪烁一下，之后移动鼠标，会发现所绘线段被强行约束为与所选参考对象平行，点击下一点完成线段绘制，或者按【esc】键退出平行约束。

➜ 如果要绘制垂直线，可以使用垂直约束工具。具体操作与平行约束工具相同，在右键点击垂直参考对象后，弹出菜单中选择【垂直】。

➜ 如果绘制过程中想撤销刚绘制的顶点，可以键入快捷键【Ctrl+Z】，或者点击主工具条或浮动工具条【要素构造】上的 ↶ 工具。

➜ 如果想取消当前绘制，可以点击鼠标右键，在弹出菜单中选择【删除草图】。

➜ 绘制过程中，还有许多有用的工具可以用来辅助制图，这些工具如图2-20所示。

☞ **步骤6**：启用【要素构造】浮动工具条。

ArcMap提供了【要素构造】浮动工具条以方便绘图（图2-20），绘图时，该工具条从点击第一点开始就会自动出现在该点附近，以方便用户用最小的鼠标移动来选择一些常用的绘图工具，例如垂直约束、平行约束等，绘制完成后该工具条自动消失。

图2-19　绘制地块　　　　　图2-20　要素构造浮动工具条

该工具条在 ArcMap10 早期版本中是默认启动的，但从 ArcMap10.2 开始，需要用户根据需要手动启动。启用方法为：点击【编辑器】工具条上的 编辑器(R)▾ 下拉菜单，选择【选项…】，在弹出的【编辑选项】对话框中，勾选【显示要素构造工具条】。

☞ **步骤7**：绘制紧邻地块。

在绘制好一个完整地块后，可以使用【自动完成面】快速绘制紧邻地块。该工具可以不用重复绘制相邻多边形中间的公共边，这可以极大地提高制图效率。

点击【创建要素】面板下部的【自动完成面】开始绘制，在多边形外部描出紧邻多边形的一条外轮廓线，如图 2-21 所示，双击完成绘制。之后，该工具可以自动添加两者之间的公共边，形成一个完整多边形。

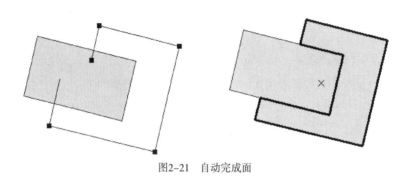

图2-21 自动完成面

💡 **技巧**：【自动完成面】对于绘制土地使用现状图非常高效，并且普遍适用于需要绘制大量紧邻多边形的情况。

参照图 2-22，利用【自动完成面】工具，绘制第一个地块南面的两个相邻地块。

2.4.3 边绘边输入属性

ArcGIS 要素包括几何图形和非空间属性两部分，之前在构建【现状地块】要素类时已经添加了一个属性【用地性质】（参见图 2-13），因此我们需要在绘制【现状地块】的同时输入地块的【用地性质】，这样才算制作了一个完整的要素。

紧接之前步骤，操作如下：

☞ **步骤1**：显示【属性】对话框。

图2-22 自动完成面示例

点击【编辑器】工具条上的属性工具▦，显示【属性】对话框（图 2-23）。拖拉该对话框到【创建要素】面板的下部，以方便绘图（注：要使用该工具必须让图层进入编辑状态，否则该工具会显示为灰色）。

☞ **步骤2**：为已绘地块添加属性。

➥ 点击【编辑器】工具条上的编辑工具▸，然后选择一个之前绘制的地块。【属性】对话框随即显示出选中要素的属性（图 2-23）。对话框上部显示选中的要素的 ID 编号，对话框的中部显示选中要素的属性列表，不可以编辑的系统属性会显示为灰色。

➥ 点击【属性】对话框中部的【用地性质】栏旁的单元格，输入用地性质（例如 R2）。

➥ 依次编辑其他地块的用地性质属性。

☞ **步骤3**：边绘边输入属性。

对于刚绘制的要素，它默认处于选中状态，因此可以直接在【属性】对话框中录入其用地性质属性。参照图 2-24，绘制所有其他地块，地块的用地性质属性值参考地块中间的文字。

图2-23 属性对话框

图2-24 绘制所有地块

☞ **步骤4**：停止并保存编辑。

点击【编辑器】工具条上的【编辑器⑧】下拉菜单,选择【停止编辑】,这时系统会询问是否要保存编辑,选择【是】。至此对【现状地块】的编辑工作已经全部完成。

2.4.4 编辑效果的可视化

通过上述方法绘制的现状地块会遮挡影像图和地形图,并且对于绘制的地块不能直观看到是否设置了【用地性质】属性,以及设置的是什么值。ArcMap拥有许多方法提高编辑的可视化效果。

1.设置图层的透明度

对于现状地块遮挡影像图和地形图的情况,可以通过设置【现状地块】图层的透明度来解决。

设置图层透明度。右键单击【现状地块】图层,在弹出菜单中选择【属性…】,显示【图层属性】对话框,切换到【显示】选项卡,设置【透明度】栏为50%（图2-25）,意味着50%的透明度,点【确定】,会发现【现状地块】要素变得透明了,影像图和地形图的内容也可以看到了。

2.用颜色区分地块的用地性质

为了更直观地看到已绘地块的用地性质,我们可以为不同用地性质的地块设置不同的填充颜色,例如对居住用地地块设置其填充颜色为黄色,同时对于那些忘记设置用地性质的地块,将其填充颜色设置为白色。其效果类似图2-26。

图2-25 设置图层透明度

图2-26 用颜色区分地块用地性质

紧接之前步骤,操作如下：

☞ **步骤1**：显示图层属性。

右键单击【现状地块】图层,在弹出菜单中选择【属性】,显示【图层属性】对话框。

☞ **步骤2**：切换到【符号系统】选项卡（图2-27）。

该选项卡用于设置数据内容的符号化,符号化是指把数字或文字形式的数据内容以直观的符号（例如颜色、图标、线型等）来表达，从而达到更好的可视化效果。

☞ **步骤3**：设置符号化类型。

在【显示】栏下展开【类别】，选择【唯一值】，在【值字段】栏的下拉列表中选择【用地性质】（图2-27）。这意味着【用地性质】属性中的值将作为要素分类的依据，属性值相同的要素将归入一类（例如"用地性质"属性为R21的所有要素），每一类要素将拥有一个专门的符号化方式。

☞ **步骤4**：设置类别。

点击【添加值…】按钮，显示【添加值】对话框（图2-28），该对话框用于添加类别，而分类标准在这里是属性的值（例如把属性值G12添加进来，那么"用地性质"属性为G12的所有要素将作为一类）。

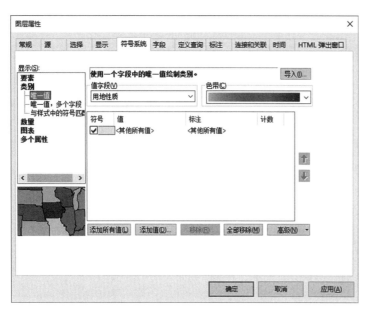

图2-27　图层属性对话框中的符号系统

图2-28　添加值对话框

➜ 对于要素中还没有的分类，可以在【新值】栏中添加，例如输入【M2】，然后点【添加至列表】按钮将其加入到上部的列表框。

> ⬇ 注：【添加值】对话框中，【选择要添加的值】列表框已列出了图面中已有的属性值（例如用户先前绘制地块时输入的R21、C21等）。对于图面中暂时没有，但是以后要用于分类的属性值可以在【新值】栏中输入（例如M2）。

➜ 选择列表框中的所有属性值（选择第一项后，按住Shift键的同时选择最后一项；或者按住Ctrl键的同时逐一选择各项），然后点【确定】确认。这时所有属性值都被加入到符号化列表框中，每一个属性值都被随机指定了一个颜色。

☞ **步骤5**：设置符号。

双击符号化列表框中的色块可以更改其符号样式。双击R21类型的色块，显示【符号选择器】对话框，点击【填充颜色】栏的下拉列表，从中选择黄色，点【确定】确认更改（图2-29）。依次修改各类符号的颜色，如图2-30所示。

在【图层属性】对话框中点【确定】应用符号。这时图面上已绘的地块要素的颜色已按照上述设置发生了变化（图2-31）。同时【内容列表】面板中的【现状地块】图层下面也显示出各类符号代表的含义，用以对照查看（图2-32）。

在这之后，绘制完地块，一旦输入了用地性质属性，其颜色就会自动更新成专题图的颜色，这极大地增强了绘图的直观性。

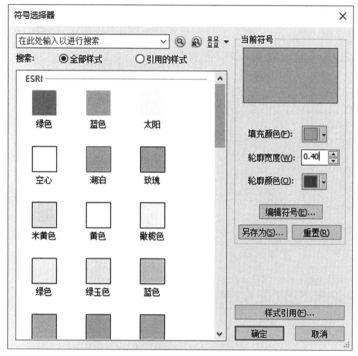

图2-29　符号选择器对话框

图2-30　设置好的符号颜色

图2-31　设置了分类符号后的地块效果

图2-32　设置了分类符号后的内容列表

2.4.5　使用绘图模板更高效地绘图

上述绘图方式需要一边绘图，一边输属性，操作还不够简便，ArcMap 提供的绘图模板工具能让这类操作尽量简化。

按照上述 2.4.4 节第 2 部分对图层设置了专题符号后，我们可以把每一类符号变成一个绘图模板，该模板类似于一个绘图工具，按照该模板绘制的要素就自动拥有了符号对应的属性值和图形样式，如此绘图工作变得更加直观了。

在对【现状地块】图层进行分类符号化之后，紧接之前步骤，操作如下：

☞ **步骤 1**：点击【编辑器】工具条上的下拉菜单，选择【开始编辑】。

这时候【创建要素】面板顶部出现了一系列模版（图 2-33）。这是【现状地块】图层的 B1、G12 等 5 种模版。在任意模板上点右键，选【属性…】就可以在【模板属性】对话框中看到其中的【用地性质】属性值已设置成之前用于分类的属性值（图 2-34）。

图2-33　创建要素面板中的模板

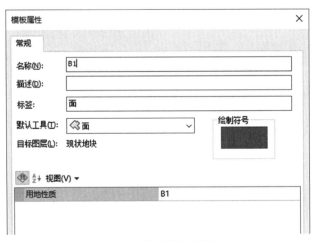

图2-34　模板属性对话框

> **说明**：所有绘图模板的绘图符号（例如颜色）都是源自图层的分类符号，而具体使用哪种符号要根据图层分类的属性值来确定，例如B1模板的用地性质是B1，根据图层分类符号，B1的地块用红色块，因此模板符号也会自动取红色。此外，如果更改了图层中的分类符号，那么模板的符号也会随之改变。

☞ **步骤 2**：用模板绘图。

选择任意模板绘图（例如 B1），然后再选择【创建要素】面板底部的构造工具，之后在地图窗口中绘制出来的要素都会具有该模板定义的【用地性质】属性值，这样就不用再手工录入了。

☞ **步骤 3**：完成绘制后，停止并保存编辑。

点击【编辑器】工具条上的下拉菜单，选择【停止编辑】，这时系统会询问是否要保存编辑，选择【是】。

2.4.6　使用捕捉功能

ArcMap 默认开启了捕捉功能，在绘图的时候，当鼠标接近几何要素时，会自动把光标移动到顶点、边、中点、交叉点等关键位置，这可以极大地提高制图精度。

在应用捕捉时还可以进一步设置捕捉环境，例如临时关闭捕捉、只捕捉中点等。这需要首先打开【捕捉】工具条（图 2-35）：在任意工具条上点右键，显示工具条列表，从中勾选【捕捉】。

图2-35　捕捉工具条

1. 关闭打开捕捉功能

点击【捕捉】工具条上的 捕捉(S)▾ 按钮，从下拉菜单中勾选【使用捕捉】则启动捕捉功能，取消勾选则会关闭捕捉功能。ArcMap 新建地图文档时，默认开启了捕捉功能。

2. 临时关闭捕捉功能

在打开捕捉功能之后，可按住键盘的【空格】键临时停止捕捉，松开【空格】键后会恢复捕捉。

3. 捕捉特定点位

有时候只需要捕捉特定点，例如中点、端点，这时只需要在工具条中选择需要参与捕捉的点，取消不参与捕捉的点即可。工具条中各符号代表的点位如图 2-36 所示。

4.捕捉范围调整

有时候不需要捕捉功能太灵敏,这时可以点击【捕捉】工具条上的 捕捉(S)·按钮,从下拉菜单中选择【选项…】,在【捕捉选项】对话框中把【容差】调到 5 或更小(图 2-37)。这样只有光标位于捕捉点附近 5 个像素之内的时候才会启动捕捉。

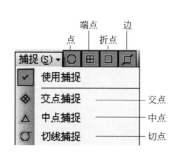

图2-36 捕捉工具条的功能

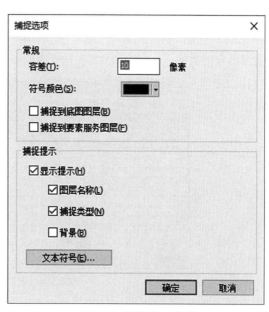

图2-37 捕捉选项对话框

2.5 编辑属性数据

ArcGIS 要素包括几何图形和属性两部分,因此对属性的编辑也是重要的一个环节。本节将为【现状地块】要素类增加【建筑面积】和【容积率】属性,录入各个地块的建筑面积,计算容积率,并分类统计各类用地的面积。

2.5.1 查看属性数据的三种方式

☞ **方式一:查看并编辑选定要素的属性**

在对要素类开始编辑之后,点击【编辑器】工具条上的属性工具 📄,显示【属性】对话框(图 2-38)。【属性】对话框用于显示和编辑那些被选中的要素的属性。这在前面的 2.4.3 节已经有介绍。

☞ **方式二:仅查看指定要素的属性**

任何时候,选择工具条上的识别工具 ❶,在图面上点击要素,其属性就会显示在【识别】对话框中(图 2-39),

图2-38 属性对话框

图2-39 识别对话框

但属性不可以编辑。也可以在图面上按住鼠标左键拖拉一个矩形框，位于矩形框内的所有要素都会以列表的形式显示在【识别】对话框的上部，而下部则会显示要素列表中选定要素的属性。

☞ **方式三**：集中显示和编辑某要素类所有要素的属性

在【内容列表】面板中,右键单击指定图层,在弹出菜单中选择【打开属性表】,显示【表】对话框（图2-40）,它以表格形式列出了该图层所有要素的属性。

点击每行第一列上的按钮会选中该行（图2-40）,图面上该行对应的几何图形也会被同步选中。右键单击第一列的按钮，会弹出右键菜单，其中的工具都是用于查看该行对应的几何图形的。

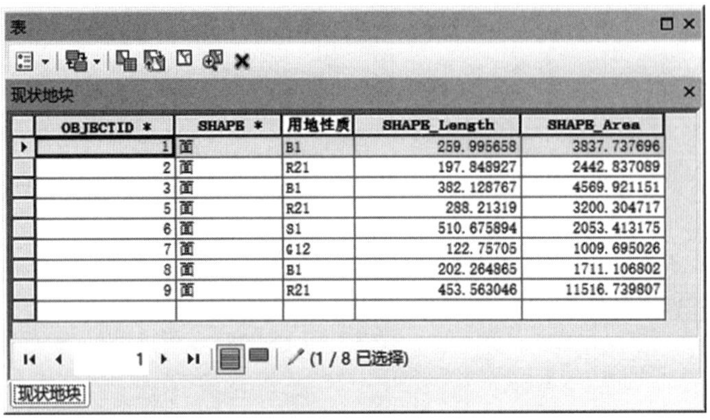

图2-40 表对话框

在对要素类开始编辑之后，可以对表中单元格的数值进行编辑。

【表】对话框是编辑属性的主要界面，下面还会详细介绍。

2.5.2 增加或删除要素属性

有时会遇到临时增加或删除要素属性的情况，这可以在【表】对话框中完成。下面以现状地块要素为例，为其增加【建筑面积】、【容积率】和【建筑高度】三个属性，之后再删除【建筑高度】属性。

☞ **步骤1**：启动 ArcMap，打开随书数据中的地图文档【chp02＼练习数据＼编辑属性数据＼土地使用现状图 .mxd】。

☞ **步骤2**：确认要素类处于停止编辑状态。

如果【编辑器】工具条上按钮处于激活状态，说明要素类正处于编辑状态。点击 编辑器(R)▼ 下拉菜单，选择【停止编辑】。

> 注意：要增加、删除要素的属性，只有在停止编辑状态下才可以操作。否则相关【添加字段…】、【删除字段】的菜单项不可使用。

☞ **步骤3**：显示要素类的【表】对话框。

在【内容列表】中，右键单击【现状地块】图层，在弹出菜单中选择【打开属性表】，显示【表】对话框。

☞ **步骤4**：增加属性。

- 点击【表】对话框上的 田▼ 按钮，在弹出菜单中选择【添加字段…】，显示【添加字段】对话框（图 2-41）。
- 设置【名称】为【建筑面积】,【类型】为【浮点型】。点【确定】后就增加了【建筑面积】属性。
- 类似地增加【容积率】和【建筑高度】属性，将它们的【类型】都设置为【浮点型】。

设置完成后，【表】对话框中会增加这三列（图 2-42）。

☞ **步骤5**：删除属性。

右键单击【建筑高度】列的列标题,在弹出菜单中选择【删除字段】。在【确认删除属性】对话框中点【是】。之后该属性被删除。

图2-41 添加字段对话框

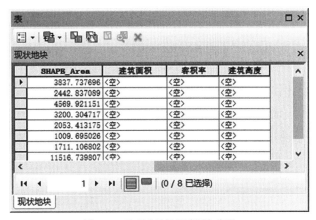

图2-42 为现状地块要素添加字段

2.5.3 编辑要素属性值

有两种编辑方法，一种是2.4.3节介绍的边绘制图形边输入属性的方法，这里就不重复介绍了；另一种是在【表】对话框中进行编辑。

☞ **步骤1**：确认要素类处于开始编辑状态。

要编辑要素的属性值，首先要使该要素类进入编辑状态，详见本章2.4.1节中的"开始编辑"。

> ⬇ 注意：要编辑要素的属性值，则必须首先进入开始编辑状态。否则无法录入属性。

☞ **步骤2**：显示要素类的【表】对话框。

在【内容列表】中，右键单击【现状地块】图层，在弹出菜单中选择【打开属性表】，显示【表】对话框。

☞ **步骤3**：识别编辑对象。具体有两种方法：

➡ 方法一：从属性表找图形。右键单击行的第一列，在弹出菜单中选择【缩放至】或【平移至】（图2-43），图面就会缩放到或平移到该行对应要素的位置，并会闪烁该要素。

➡ 方法二：从图形找表中对应行。在图面上用 ▶ 或 ⬚ 工具选择要素后，【表】对话框中与之对应的属性行将会被同步选中。

☞ **步骤4**：编辑属性。

对于选中的要素属性行，单击要编辑的单元格就可以直接录入属性值。让我们为【现状地块】的【建筑面积】属性输入一系列假设值（图2-43），以方便后续操作。

图2-43 表对话框的缩放至或平移至工具

> 📖 **说明：** 要素属性表中有一些系统字段是不允许用户编辑的，主要有【OBJECTID*】、【SHAPE*】、【SHAPE_Length】、【SHAPE_Area】。

2.5.4 批量计算要素的属性值

【字段计算器】工具可以批量计算要素的属性值。该工具无论是否处于编辑状态都可以运行。下面让我们根据地块的用地面积和建筑面积批量计算地块的容积率。

紧接之前步骤，操作如下：

☞ **步骤1：** 显示要素类的【表】对话框。

打开【现状地块】的【表】对话框。其中的【SHAPE_Area】列是系统自动生成的多边形面积，【建筑面积】是我们输入的一系列假设值。

☞ **步骤2：** 使用字段计算器。

➡ 右键单击【容积率】列的列标题，在弹出菜单中选择【字段计算器…】，显示【字段计算器】对话框（图2-44）。在该对话框中可以设置计算公式，一次性计算【容积率】列的所有行的值。

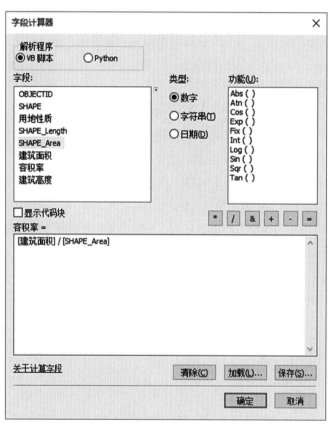

图2-44 字段计算器对话框

➡ 双击【建筑面积】，该字段即刻被加入到对话框下部的公式中。
➡ 单击 加入除号。
➡ 双击【SHAPE_Area】，从而生成了公式"容积率 =［建筑面积］/［SHAPE_Area］"。
➡ 点击【确定】开始计算。计算完成后，【容积率】列的所有行都有了相应数值。

2.5.5 面积分类统计

土地使用现状分析需要分类统计用地面积，传统CAD方式工作量较大，现在基于ArcGIS，面积统计工作可自动完成，可极大地提高工作效率。

紧接之前步骤，操作如下：

☞ **步骤1**：打开【现状地块】的【表】对话框。

☞ **步骤2**：启用汇总工具。

右键点击【用地性质】列的列头，在弹出菜单中选择【汇总…】，弹出【汇总】对话框（图2-45）。

☞ **步骤3**：分类汇总面积。

勾选【汇总统计】栏下的【SHAPE_Area】→【总和】项，点【确定】。弹出的【汇总已完成】对话框会询问【是否要在地图中添加结果表】，选择【是】，结果表【Sum_Output】将被加入到【内容列表】面板，右键点击它，在弹出菜单中选择【打开…】，结果如图2-46所示。

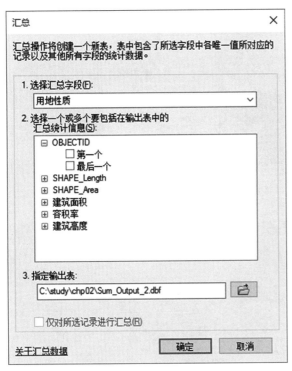

图2-45 汇总用地面积

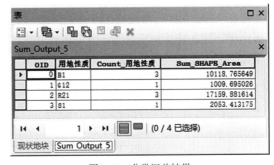

图2-46 分类汇总结果

2.6 使用现成的 CAD 数据

如果读者不适应在 ArcMap 中绘图，也可以先在 AutoCAD 中绘好图纸，然后导入 ArcMap，或者直接使用现成的 AutoCAD 数据。

需要注意的是，由于 AutoCAD 中不能为每个要素单独定义并赋予属性，但是拥有图层、颜色、线型等通用属性。因此我们通常会利用图层分类 CAD 中的要素，例如将地块分别放入 B1、R21 等图层中，并在导入 ArcMap 后，将 CAD 图层名作为要素的分类属性来使用。

下面我们将加载并导入现成的 CAD 格式的土地使用现状图。

2.6.1 直接加载 CAD 图纸

☞ **步骤1**：启动 ArcMap，打开随书数据中的地图文档【chp02\ 练习数据 \ 使用现成的 CAD 数据 \ 土地使用现状图 .mxd】。

☞ **步骤 2：**在【目录】中浏览到【chp02\练习数据\使用现成的 CAD 数据\现状地块.dwg】，展开该项目，将其下的【polygon】面要素拖拉至【内容列表】（图 2-47）。

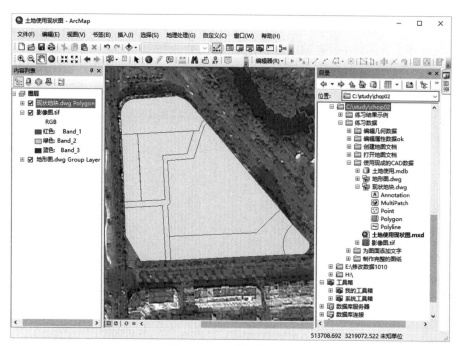

图2-47　加载后的现状地块

☞ **步骤 3：**打开上一步骤加载的【现状地块.dwg Polygon】的属性表，可以看到【layer】字段是 AutoCAD 中的图层信息，这些图层的实际含义是地块的用地性质（图 2-48）。

表

现状地块.dwg Polygon

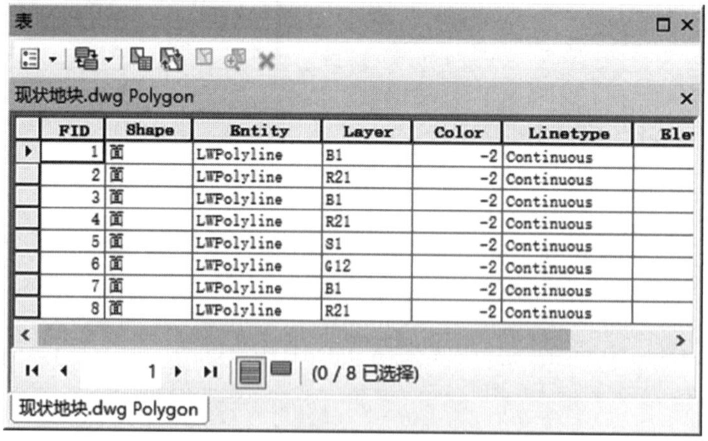

FID	Shape	Entity	Layer	Color	Linetype	Ble
1	面	LWPolyline	B1	-2	Continuous	
2	面	LWPolyline	R21	-2	Continuous	
3	面	LWPolyline	B1	-2	Continuous	
4	面	LWPolyline	R21	-2	Continuous	
5	面	LWPolyline	S1	-2	Continuous	
6	面	LWPolyline	G12	-2	Continuous	
7	面	LWPolyline	B1	-2	Continuous	
8	面	LWPolyline	R21	-2	Continuous	

1　(0 / 8 已选择)

现状地块.dwg Polygon

图2-48　现状地块.dwg Polygon属性表

☞ **步骤 4：**符号化【现状地块.dwg Polygon】

- 右键单击【现状地块.dwg Polygon】图层，弹出菜单中选择【属性】，显示【图层属性】对话框。
- 切换到【符号系统】选项卡。
- 设置符号化类型。在【显示】栏下展开【类别】，选择【唯一值】，在【值字段】栏的下拉列表中选择【Layer】（图 2-49）。这意味着【Layer】属性中的值将作为要素分类的依据，即为按用地性质进行分类。
- 添加值。点击【添加所有值】，将会自动将 B1、G12、R12、S 四个值添加到符号系统中（图 2-49）。

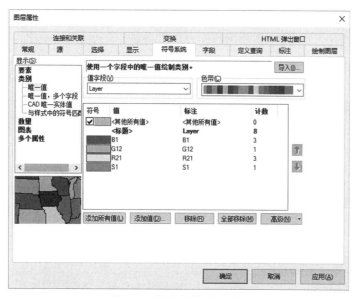

图2-49　【图层属性】对话框

➡ 设置符号。双击符号化列表中的色块更改符号样式，依次修改各类符号的颜色。

➡ 点【确定】，应用符号。其最终效果如图 2-50 所示，可以看出 CAD 经过符号化也能取得和 GIS 数据符号化完全相同的效果。

图2-50　符号化之后的地块效果

2.6.2　导入 CAD 图

☞ **步骤 1**：启动 ArcMap，打开随书数据中的地图文档【chp02\ 练习数据 \ 使用现成的 CAD 数据 \ 土地使用现状图 .mxd】。

☞ **步骤 2**：在【目录】中浏览到【chp02\ 使用现成的 CAD 数据 \ 土地使用 .mdb】，右键点击其下【现状】要素数据集，在弹出的菜单中选择【导入…】→【导入单个要素…】，弹出【要素类至要素类】对话框（图 2-51）。

- ↪ 设置输入要素为【chp02\ 练习数据\使用现成的 CAD 数据\现状地块 .dwg\polygon 】。
- ↪ 设置输出位置为【chp02\ 练习数据\使用现成的 CAD 数据\土地使用 .mdb 】。
- ↪ 输出要素类为【现状地块来自 CAD 】。
- ↪ 在【字段映射】栏，删除除了【Layer 】字段之外的所有其他 CAD 字段。
- ↪ 点击【Layer 】字段，进入字符编辑模式，将其重命名为【用地性质 】，意味着导入后将把字段【Layer 】改名为【用地性质 】。
- ↪ 点击【确定 】，完成 CAD 导入。
- ☞ **步骤 3**：打开上个步骤导入的【现状地块来自 CAD 】的属性表（图 2-52 ），可以看到它和我们之前制作的 GIS 要素类【现状地块 】完全相同。

图2-51 【要素类至要素类】对话框

图2-52 符号化之后的地块效果

2.7 为图面添加文字标注

"土地使用现状图"中也需要标注用地性质、道路名称、单位名称等。ArcMap 提供了非常强大的文字工具来完成这项工作，主要有三种方式：

- ➤ 自动标记。自动标记根据要素的属性值来自动批量标注要素的几何图形，而标注的内容是和属性值自动保持一致的，例如为地块标注用地性质或用地编号。
- ➤ 地图注记。地图注记是保存在地图文档中的用户输入的文字。
- ➤ Geodatabase 注记。Geodatabase 注记是保存在 Geodatabase 中的文字，它是要素类，可以被多幅地图文档作为图层加载。

💡 说明：关于标注的存储位置：自动标记是系统实时生成的，地图注记存放地图文档中，Geodatabase注记存放在地理数据库中。

2.7.1 自动标记用地性质代码

对于现状地块的【用地性质】属性，让我们把它标记在地块图形上，以方便查看。具体操作上，首先要设置标记样式，然后显示标注。

☞ **步骤 1**：紧接之前步骤，或者打开随书数据中的地图文档【chp02 \ 练习数据 \ 为图面添加文字 \ 土地使用现状图 .mxd 】。

☞ **步骤 2**：设置标记样式。

右键单击【现状地块】图层,在弹出菜单中选择【属性…】,在【图层属性】对话框中切换到【标注】选项卡（图 2-53 ）。

图2-53 图层属性对话框中的标注选项卡

图2-54 符号选择器对话框

→ 设置【标注字段】栏为【用地性质】，这意味着将该属性值标注到图面上。

→ 设置文字样式。点击【符号…】按钮，弹出【符号选择器】对话框（图2-54），用于选择符号样式，选择【国家1】样式，这是一个简单的文字符号，设置字体为【宋体】，字号【8】号，点【确定】返回。

→ 设置标注的放置位置。点击【放置属性…】，弹出【放置属性】对话框（图2-55），其中有很多关于放置位置的选项，勾选【仅在面内部放置标注】，选择【每个要素放置一个标注】。然后切换到【冲突检测】选项卡，勾选【放置压盖标注】。在所有弹出对话框中点【确定】，完成设置，返回主界面。

☞ **步骤3**：显示标注。

右键单击【现状地块】图层，在弹出菜单中选择【标注要素】。标注的效果如图2-56所示。如果要关闭标注，则取消选择【标注要素】。

图2-55 放置属性对话框

图2-56 放置标注后的效果

由此可见，繁琐的用地性质代码标注工作，在ArcMap里只需要设置几个参数就轻松完成了。

2.7.2 用地图注记添加单位名称

土地使用现状图中还需要标注用地单位的名称。由于这些注记不需要出现在其他图纸里，因此我们采用地图注记的方式，添加注记，并保存到地图文档中。

紧接之前步骤，操作如下：

☞ **步骤1**：打开【绘图】工具条。

添加注记文字的工具条不是默认加载的,在任意工具条上点右键,显示工具条列表,从中勾选【绘图】,显示【绘图】工具条（图2-57）。

图2-57 绘图工具条

☞ **步骤2**：设置文字格式。

→ 在【绘图】工具条中设置字体为【宋体】，字号【10】号，选择粗体。

→ 点击 ▲· 上的下拉箭头，显示可选的文字样式列表（图2-58）。让我们选择一个复杂一点的【矩形文本】。

图2-58 可选注记样式

☞ **步骤3**：添加文字。

在图面上要插入文字的地方点击，并按住左键不放，拖拉出一个矩形框。然后点击【绘图】工具条上的选择工具 ▶ ，双击创建的矩形框，在弹出的【属性】对话框中设置属性（图2-59）。

→ 在【文本】选项卡中，输入文字内容【凤凰小区】。

→ 切换到【列和边距】选项卡，将【文本周边距】设置为【3】。

→ 切换到【框架】选项卡，设置矩形框的几何样式，点击【背景】中的色块，选择黄色；点击【下拉阴影】中的色块，选择【Grey 60%】，设置其他参数（图2-59）。

→ 点【确定】，可以看到最终效果（图2-60）。

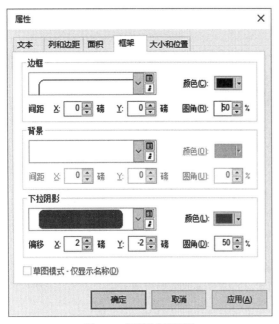

图2-59 设置注记的属性

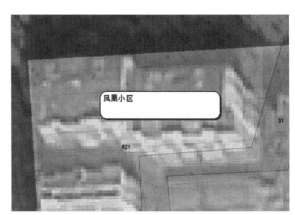

图2-60 注记的效果

☞ **步骤4**：以上述注记为样板，添加其他文字。

　　选择上述注记，复制（用快捷键 Ctrl+C），然后粘贴（用快捷键 Ctrl+V），选择新复制的注记，拖动到合适位置，双击注记进入【属性】对话框，编辑其文字。

　　通过上述操作，我们可以看到，通过简单的参数设置，我们能轻易绘出复杂的注记。通过上述方法添加的注记保存在地图文档中。

2.7.3　用 Geodatabase 注记添加路名

　　由于路名注记会在许多地图文档中多次用到，所以应当使用 Geodatabase 注记，把注记作为一个要素类存放到 Geodatabase 里。当其他地图文档要显示路名时，就可以直接把它从 Geodatabase 里加载进来。

　　要使用 Geodatabase 注记首先要在 Geodatabase 中新建注记要素类，并设置好文字样式，然后把它加载进当前地图，就可以像绘制一般要素类那样绘制注记要素类了。

　　紧接之前步骤，操作如下：

☞ **步骤1**：新建注记要素类。

　　➜ 将鼠标移到主界面右侧的【目录】按钮上，会浮动出【目录】面板，在【土地使用】地理数据库的【现状】要素数据集上点右键，在弹出菜单中选择【新建】→【要素类…】，弹出【新建要素类】对话框（图 2-61）。

　　➜ 设置【名称】为【现状注记】，选择【类型】为【注记要素】，点击【下一步】按钮。

　　➜ 设置【参考比例尺】为【1 ：1000】，点击【下一步】按钮。

　　➜ 点击【重命名…】按钮，将默认注记类型名设置为【路名】，字体设为【黑体】，字号设为【16】，点击【符号…】按钮，进入【符号选择器】对话框，进行更详细的符号设置。这次为了让路名在影像图背景下显得更突出，我们自定义一个带阴影的文字样式。

　　　↳ 在【符号选择器】对话框中，点击【编辑符号…】。

　　　↳ 切换到【高级文本】选项卡，在【阴影】栏中设置颜色、X偏移、Y偏移如图 2-62 所示，一直点【确定】返回到【新建要素类】对话框。

图2-61　新建要素类对话框

图2-62　符号编辑器对话框

➡ 点击【下一步】,然后点击【完成】按钮,完成设置。【现状】要素数据集中就增加了【现状注记】要素类,该要素类同时也被加载到当前地图中。

☞ **步骤2**:进入编辑状态。

与其他要素类一样,要编辑【现状注记】要素类,首先要进入编辑状态。点击【编辑器】工具条上的 编辑器(R)▾ 下拉菜单,选择【开始编辑】。

☞ **步骤3**:绘制注记。

在【创建要素】面板中,选择现状注记的【路名】模板,在【构造工具】中选择【水平】(图2-63),在弹出的【注记构造】对话框中填入【泰】字(图2-64),最后在图面的合适位置点击鼠标左键,放置文字。放入三个字路名的最终效果如图2-65所示。

图2-64 注记构造对话框

图2-63 注记要素类的模板的效果

图2-65 放入注记要素后的效果

☞ **步骤4**:保存并停止编辑。注记被保存到【现状注记】要素类中。

【现状注记】要素类可以作为图层被其他地图文档使用。

2.8 符号化表达数据的内容

前面2.4.4节中的"2.用颜色区分地块的用地性质"根据地块的"用地性质"属性为地块填充不同的颜色,ArcGIS称之为"符号化"。符号化将地图数据用符号化图形来表达,使得用户能够直观地理解数据内容。本节将进一步补充介绍ArcGIS的矢量数据符号化的所有类型,以供读者参考和灵活使用。由于操作方法和2.4.4节"2.用颜色区分地块的用地性质"基本一致,本节就不再赘述。

在ArcGIS里,数据内容和数据表达是相对分离的。Geodatabase和Shapefile文件存放的是数据内容,其本身只是一些数字,是不可视的。ArcGIS通过符号化,把这些数据转变成一幅幅可被理解的图像,而具体的符号化设置则保存在地图文档的图层里。并且对于同一份数据内容，可以有任意多种符号化方式，例如不同颜色、线宽、符号等。

城市规划制图利用符号化，通过几个简单的参数设置，就可以制作出复杂而精美的专题图纸。ArcGIS 提供的符号化方式有单一符号、分类符号、分级符号、分级色彩、比例符号、点密度、图表符号、组合符号。

2.8.1 单一符号

单一符号采用大小、形状、颜色都统一的点状、线状或者面状符号来表达数据内容。这种符号化方法忽略了要素的属性，而只反映要素的几何形状和地理位置。

要使用单一符号,可在【图层属性】对话框的【符号系统】选项卡中选择【显示】栏下的【要素】→【单一符号】（图 2-66）。当把某矢量数据内容作为图层添加到当前地图文档时，默认的符号化方式就是"单一符号"，单一符号用同样的颜色、线型等样式表达所有要素。

图2-66 设置单一符号

2.8.2 类别符号

类别符号直接根据要素属性值来划分类别，并对各个类别分别设置地图符号。它把具有相同属性值的要素作为一类，同类要素采用相同的符号，不同类要素采用不同的符号。

这种方法能够反映出要素的类型差异,在规划领域可用于分类表达城镇级别、各类用地、各级道路、各类管线、各类建筑、各类设施等。

类别符号主要有两种分类方式，一是【唯一值】，它采用单字段的值作为分类依据，例如"用地性质"；另一种是【唯一值，多个字段】，它可采用最多三个字段的值作为分类依据，例如可把"用地性质"字段为"R21"、"产权"字段为"出让"的设为一类；"用地性质"仍为"R21"、"产权"为"划拨"的设为另一类。

要使用类别符号，可在【图层属性】对话框的【符号系统】选项卡中，选择【显示】栏下的【类别】→【唯一值】，或【唯一值，多个字段】。类别符号化的操作步骤，在 2.4.4 节已作了详细介绍，不再赘述。

2.8.3　分级色彩

分级色彩根据要素属性值的数值范围来划分级别（例如1～10，10～20等），并对不同级别设置不同的颜色（图2-67）。例如，把容积率在1.0～2.0的地块要素划分为一级，容积率在2.0～3.0的地块要素划分为二级等等。分级色彩只能针对数值型属性进行符号化。

这种方法能够反映出要素的数值区间差异，在规划领域可用于分级表达人口数量、人口密度、经济水平、容积率、建筑面积等。

要使用分级色彩，可在【图层属性】对话框的【符号系统】选项卡中，选择【显示】栏下的【数量】→【分级色彩】。

2.8.4　分级符号

分级符号与分级色彩类似，根据要素属性值的数值范围来划分级别，并对不同级别设置不同的符号，此外符号的大小也可以根据级别的提高而增大（图2-68）。

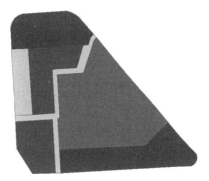

图2-67　分级色彩

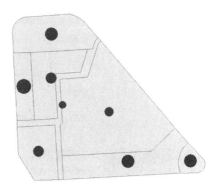

图2-68　分级符号

要使用分级符号，可在【图层属性】对话框的【符号系统】选项卡中，选择【显示】栏下的【数量】→【分级符号】。

2.8.5　比例符号

比例符号是按照要素属性数值的大小来确定符号大小（图2-69）。这不同于分级符号，分级符号把属性数值分为若干级别，在数值处于某一级别范围内的时候，符号表示都是一样的。而用比例符号表达时，一个属性数值就对应了一个符号大小，可以精确地反映属性数值之间的微小差异。

在城镇体系规划时，可用于表达城镇的人口数量、经济总量等。

要使用比例符号，可在【图层属性】对话框的【符号系统】选项卡中，选择【显示】栏下的【数量】→【比例符号】。

2.8.6　点密度符号

点密度符号使用一定大小和密度的点状符号来表达要素的属性数值，数值较大的区域点较密集，数值小的地区点较稀疏（图2-70）。例如，可用于表达犯罪数量、人的活动强度等。

要使用点密度符号，可在【图层属性】对话框的【符号系统】选项卡中，选择【显示】栏下的【数量】→【点密度】。

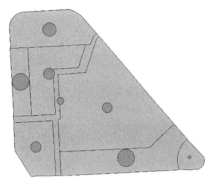

图2-69　比例符号

图2-70　点密度

2.8.7　图表符号

图表符号是专题地图中经常使用的一类符号，用图表表达要素的多项属性的值。常用的图表有饼图、条状图/柱状图、堆叠柱状图等。饼图主要用于表达要素的整体属性与组成部分之间的比例关系（图2-71）；柱状图常用于表达要素的多项可比较的属性或者是变化趋势（图2-72）；堆叠柱状图用以表达属性之间的相互关系与比例（图2-73）。

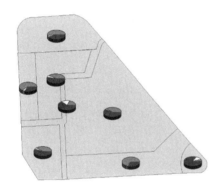

图2-71　饼图

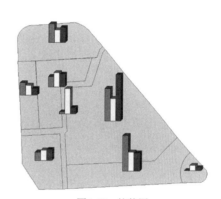

图2-72　柱状图

2.8.8　组合符号

组合符号将类别符号和分级色彩/分级符号组合起来使用（图2-74）。它首先根据某类要素属性作类别符号表达，然后再在其上叠加分级色彩或分级符号的表达效果。例如，可在土地使用现状图的基础上再叠加地块建筑面积的分级符号。

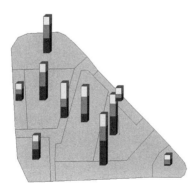

图2-73　堆叠柱状图

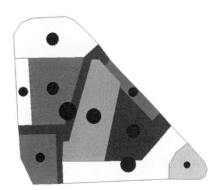

图2-74　组合符号

2.9　制作完整的图纸

要制作一幅完整的"土地使用现状图"图纸，还需要添加图框、指北针、比例尺、图名、图例等图纸构件，这些工作都可以在 ArcGIS 下轻松完成。

图纸构件都是在布局视图下添加的，因此首先要点击图面左下角工具条 ▣|▣|↻|Ⅱ|◀| 的【布局视图】按钮 ▣，切换到布局视图。如果要返回到数据视图，请点击【数据视图】按钮 ▣。

2.9.1　设置图面

☞　**步骤 1**：启动 ArcMap，打开随书数据中的地图文档【chp02 \ 练习数据 \ 制作完整的图纸 \ 土地使用现状图 .mxd】。

☞　**步骤 2**：切换到布局视图。

点击图面左下角工具条 ▣|▣|↻|Ⅱ|◀| 的【布局视图】按钮 ▣，切换到布局视图。

☞　**步骤 3**：设置页面尺寸。

点击系统菜单【文件】→【页面和打印设置…】，显示【页面和打印设置】对话框，如图 2-75 所示。在【纸张】栏，设置【大小】为【A3】，【方向】为【横向】。

如果读者希望自定义图面尺寸，可以在【地图页面大小】栏取消勾选【使用打印机纸张设置】，然后在【宽度】和【高度】栏输入希望的尺寸。

点击【确定】后可以看到页面已变成设定尺寸。这时数据框的大小、位置和数据内容还不正确，需要进一步调整。

☞　**步骤 4**：调整数据框大小、位置。

点击工具条上的选择元素按钮 ▸，然后点击数据框（数据框即布局视图中的地图数据内容框），数据框边界上出现编辑点，拖拉编辑点可调整数据框尺寸，鼠标位于数据框内则会出现移动光标，拖拉则会移动数据框位置，将数据框调整到图 2-76 所示形状和位置。

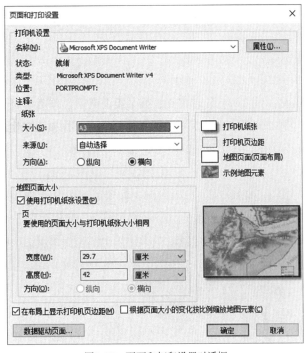

图2-75　页面和打印设置对话框

图2-76　调整后的数据框

☞ **步骤5**：调整数据内容的比例。

此时数据框中的关键内容的形状偏小，位置也不够理想，我们可以使用【工具】工具条的数据浏览工具 来调整。

> 说明：ArcMap中的数据浏览工具有两套，一套是针对数据的，位于【工具】工具栏 内，它们用于浏览数据内容，如果在布局视图中使用它们，只会调整数据框内数据的大小、位置和比例；一套是针对布局视图的，位于【布局】工具栏 内，用于布局页面整体的放大、缩小、平移等。

2.9.2 添加内图廓线

内图廓线是布局页面内的矩形框，既可以作图框用，也可以作页面内的矩形分割框用。

紧接之前步骤，操作如下：

☞ **步骤1**：插入内图廓线。

点击菜单【插入】→【内图廓线…】，按图2-77所示设置具体参数，点【确定】。出现一个覆盖整个页面的内图廓线。

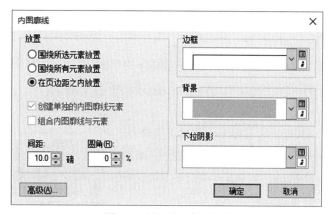

图2-77 设置内图廓线参数

☞ **步骤2**：调整内图廓线。

点击工具条上的选择按钮 ，然后点击选择内图廓线，出现编辑点，调整内图廓线（图2-78）。

☞ **步骤3**：类似地，新增两个内图廓线（图2-79）。

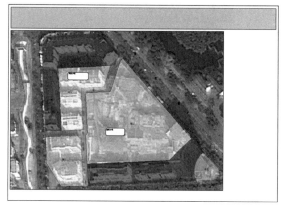

图2-78 调整后的内图廓线

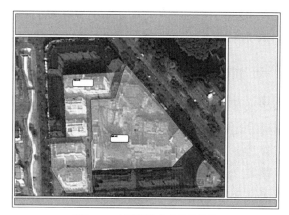

图2-79 内图廓线完成后的效果

2.9.3 添加标题

紧接之前步骤，操作如下：

☞ **步骤 1**：插入标题。

点击菜单【插入】→【文本】，把新添的标题移动到顶部内图廓线内。

☞ **步骤 2**：输入标题文字。

双击标题，显示【属性】对话框。

↳ 把【文本】栏下的文字替换成【某某片区控制性详细规划】。

↳ 点击【更改符号…】按钮，显示【符号选择器】对话框，设置字体为【黑体】，大小为【60】，点【确定】。

↳ 点【确定】，应用设置。

☞ **步骤 3**：调整标题到合适位置，并类似地再添加副标题"——土地使用现状图"，如图 2-80 所示。

图2-80　添加标题后的效果

2.9.4　添加指北针、缩图比例尺

紧接之前步骤，操作如下：

☞ **步骤 1**：插入指北针。

点击菜单【插入】→【指北针…】，显示【指北针选择器】对话框，在其中选择合适的指北针，然后点【确定】。将指北针移动到合适位置，并缩放到合适大小。ArcMap 会根据数据框中数据的方向，自动调整指北针的方向。

☞ **步骤 2**：插入比例尺。

点击菜单【插入】→【比例尺条…】，显示【比例尺条选择器】对话框，选择【双重黑白相间比例尺 1】，然后点【确定】。将比例尺条移动到合适位置，并缩放到合适大小。比例尺条上的刻度数字会根据数据框中数据的比例自动调整。

☞ **步骤 3**：调整比例尺刻度。

双击比例尺条，显示【属性】对话框，将【比例和单位】选项卡中的【主刻度数】设置为【5】,【分刻度数】设置为【2】,意味着比例尺条将有 5 个主要刻度，第一个刻度将被细分为 2 个刻度。此外将【单位 \ 主刻度单位】设置为【米】最终效果如图 2-81 所示。

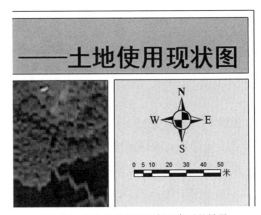

图2-81　插入指北针和比例尺条后的效果

2.9.5　添加图例

ArcMap 提供了强大的图例自动生成工具，并且图例和数据的符号化方式是同步更新的（例如填充颜色），这为规划制图提供了极大便利。

紧接之前步骤，操作如下：

☞ **步骤 1**：插入图例。

↳ 点击菜单【插入】→【图例…】，显示【图例向导】对话框。

↳ 为【现状地块】图层添加图例。使【图例项】栏中只有【现状地块】图层（图 2-82),然后点【下一步】按钮。

具体操作技巧如下：

↳ 选择【地图图层：】栏下的图层，然后点击 ⊳ 按钮，可将其添加到【图例项】。

↳ 选择【图例项】栏下的图层，然后点击 ◁ 按钮，可将其从【图例项】中取消。

➡ 选择【图例项】栏下的图层，点击 ⬆ 按钮，可以提升该图层在图例中的位置。

➡ 在【图例标题字体属性】栏下设置字体为【黑体】，大小为【24】，然后点【下一步】按钮。

➡ 认可【图例框架】栏的默认设置，点【下一步】按钮。

➡ 认可图例大小的默认设置，点【下一步】按钮。

➡ 认可图例大小和形状，点【下一步】，再点【完成】按钮。

☞ **步骤2**：移动"图例"到合适位置，并调整到合适大小，如图2-83所示。

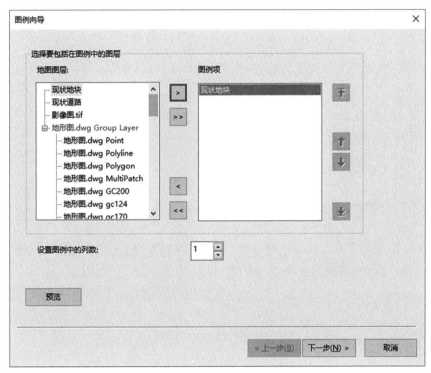

图2-82　插入图例向导对话框

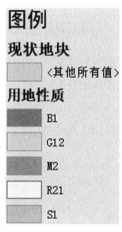

图2-83　插入图例的效果

☞ **步骤3**：删除不需要的【<其他所有值>】图例项。

由于图例和图层符号化是绑定的，因此首先要从图层符号中删除【<其他所有值>】图例项。

右键点击【现状地块】图层，在弹出菜单中选择【属性…】，显示【图层属性】对话框，切换到【符号系统】选项卡，取消【<其他所有值>】前的勾选（图2-84），意味着图面上将不显示现有符号之外的"其他所有值"的要素，点【确定】。之后图层和布局页面上的<其他所有值>图例就都消失了。

图2-84　取消<其他所有值>的勾选

☞ **步骤4**：删除不需要的文字——"现状地块"和"用地性质"。这是图层名和分类要素属性名。

右键点击图例，在弹出菜单中选择【属性…】，显示【属性】对话框，切换到【项目】选项卡，点击【样式…】按钮，选择【仅单一符号标注保持水平】样式，点【确定】。这时图层名和分类要素属性名就从图例上消失了。

☞ **步骤5**：修改图例项的说明文字。

这时的说明文字还只是一些用地性质代码，不够直观，可以把它们修改成汉字描述。这也需要从图层属性开始调整。

在【现状地块】图层的【属性】对话框中，切换到【符号系统】选项卡，修改符号列表中每个符号的【标注】，如图2-85所示。点【确认】后，图例旁的说明文字已自动替换。图例的最终效果如图2-86所示。

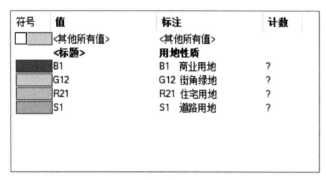

图2-85 修改符号的标注

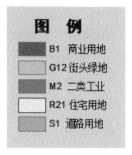

图2-86 图例的最终效果

随书数据的"chp02 \ 练习结果示例 \ 土地使用现状图 \ 土地使用现状图 .mxd",示例了该练习的完整结果。

2.10 导出图片和打印

2.10.1 导出图片

有时候需要输出成图片格式,以供 PhotoShop、ACDSee 等软件查看和加工。

☞ 导出成图片。

点击菜单【文件】→【导出地图…】,显示【导出地图】对话框,设置【保存类型】、【分辨率】、【文件名】和保存路径(图 2-87),点【保存】按钮,即可保存为指定类型的图片文件。

图2-87 导出地图对话框

> 📖 **说明**：如果ArcMap的当前视图是数据视图，导出的图片是当前地图窗口的内容；如果是布局视图，导出的图片是整个地图图面的内容（包括图名、比例尺等所有地图构件）。

2.10.2　打印

规划工作中经常需要打印一些图纸，ArcMap提供了便捷的打印工具。如果是在数据视图下打印，打印的将是地图窗口范围内显示的地图内容，如果是在布局视图下打印，打印的将是地图版面内的内容，超出版面的地图内容将不会被打印。

☞ **无比例打印**。

如果不需要按照准确的比例来打印，这时可以减少设置步骤，按如下方式操作。

➡ 如果是在数据视图下，缩放到准备打印的区域。如果是在布局视图下，无须缩放。

➡ 点击菜单【文件\页面和打印…】，显示【页面和打印设置】对话框（图2-88）。

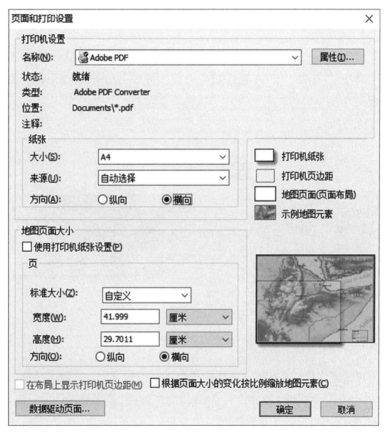

图2-88　页面和打印设置对话框

➡ 选择打印机。

➡ 设置【方向】为【横向】。

➡ 设置纸张大小，例如设为A4。如果之前设置过页面大小（例如"2.9.1　设置图面"一节将页面和纸张大小都设为了A3），当打印机纸张大小和现有页面大小不一致时（例如地图页面是A3，而打印纸张是A4），则必须首先取消勾选【使用打印机纸张设置】，否则页面大小也会随之更改为A4，导致布局发生变化。

> 📖 **说明**：打印设置技巧。当打印机纸张大小和现有页面大小不一致时，请一定要先取消勾选【使用打印机纸张设置】，然后再设置纸张大小，否则布局视图的版面大小会调整为纸张的大小，从而导致布局视图的变化。
> 　　此外，请一定不要勾选【根据页面大小的变化按比例缩放地图元素】，这会导致布局视图中的图框、比例尺、图例等图面元素的大小发生变化，且不可逆。当然，有特殊需求的除外。

➡ 点击【确定】完成打印设置。

➡ 点击菜单【文件\打印…】，显示打印窗口。点【确定】开始打印。A3 的地图页面会自动缩放到 A4 纸张大小。

☞ **按比例打印。**

规划工作有时候需要按照一定的比例尺精确打印，以方便在纸质图上量算。这时只能在布局视图中的打印。

➡ 切换到布局视图，在【工具】栏设置图纸比例尺为 1 ∶ 1000 ⬥ · [1:1,000 ▽] （可在下拉菜单中选择预先设置好的比例，也可以手工输入），数据框中的地图内容也随即缩放到该比例（注：如果比例尺对话框灰显不能设置，是由于地图没有单位。可以在【内容列表】面板中双击顶部的【图层】来设置其属性，在【常规】选项卡中设置【单位\地图】为【米】）。

➡ 点击菜单【文件\页面和打印…】，显示【页面和打印设置】对话框。选择打印机，然后在【地图页面大小】栏，取消勾选【使用打印机纸张设置】。在【纸张】栏设置纸张大小为 A4，设置【方向】为【横向】。点击【确定】完成打印设置。

➡ 点击菜单【文件\打印…】，显示打印窗口。在【平铺】栏选择【将地图平铺到打印机纸张上】。然后从右侧的示意图可以看到，需要 4 张 A4 纸拼接在一起才可以容纳下该比例尺的图纸（图 2-89）。ArcMap 会自动分成 4 张纸打印。

➡ 点【确定】开始逐张打印。

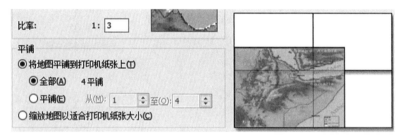

图2-89 打印设置

2.11 本章小结

本章以绘制土地使用现状图为例，介绍了 ArcMap 的绘图和编辑方法，这是以后章节的基础。用 ArcMap 绘制土地使用现状图非常高效，据初步实践，较之传统 CAD 的制图方式，绘图和统计的时间可以缩短至少 5 倍以上。

一般而言，用 ArcMap 制图可以按以下步骤开展：

（1）新建或打开地图文档；

（2）创建 GIS 数据；

（3）加载 GIS 数据到地图文档；

（4）编辑 GIS 数据的几何图形和属性；

（5）设置 GIS 数据的符号化参数；

（6）为图面添加文字标注；

（7）在布局视图中添加图纸构件并完成图纸。

本章是后续章节的基础。同时基于本章的内容可以绘制其他规划图纸。总体而言，ArcGIS 制图对于城市总体规划是非常有效的，详细规划次之。

本章技术汇总表　　　　　　　　　　　表 2-1

规划应用汇总	页码	信息技术汇总	页码
用 ArcMap 绘制规划图纸	11	关闭 / 显示图层	9
用地面积分类汇总	28	调整图层显示顺序	9
		调整图层的透明度	10
		创建地图文档	11
		加载数据和图层	12
		创建 GIS 数据要素类	13
		导入要素类	16
		编辑要素的几何图形	17
		自动完成面	20
		符号化（类别符号）	21
		绘图模板	23
		捕捉关键点	24
		查看要素属性	25
		增加或删除要素属性	26
		编辑要素属性值	27
		批量计算要素的属性值	28
		属性值分类汇总	28
		加载 CAD 数据	29
		CAD 转换成 GIS 数据	31
		自动标记	32
		地图注记	34
		Geodatabase 注记	35
		矢量数据的符号化表达	36
		为图面添加图纸构件（图框、比例尺等）	41
		为图面添加图例	42
		导出图片	44
		打印地图	45

第2篇

空间叠加分析

叠加分析是 GIS 中常用的空间分析工具。叠加分析将有关数据图层进行空间叠加产生一个新的数据图层，其结果是综合了原来两个或多个数据图层所具有的属性。例如把建筑和地块叠加，就能使建筑要素拥有地块的属性。空间叠加包括矢量数据的叠加和栅格数据的数学运算，前者会综合叠加图层的所有要素属性，以及要素几何形态；而后者是多幅栅格数据之间的栅格数据值的数学运算，如加、减、乘、除等。

第3章 现状容积率统计

旧城区的控制性详细规划往往需要对现状容积率进行统计，把它作为规划容积率的参考，但这在传统CAD技术环境下是一件极其费时费力的工作。本章将利用ArcGIS快速地统计出各个地籍地块的现状容积率。本章主要使用矢量数据的叠加技术。

本章所需基础：

➢ ArcMap绘图基础（详见第2章）。

应用技术提要   表3-1

规划问题描述	解决方案
➢ 如何快速而准确地统计出地块的现状容积率	√ 从地形图中提取建筑外轮廓线，并使用数据表的【空间连接】功能把建筑层数数据附加到建筑外轮廓线上 √ 使用【地理处理】中的【相交】功能，将建筑和现状地块作相交叠加，使建筑附上所属地块的属性 √ 计算每栋建筑的建筑面积，并分地块统计容积率。

3.1 从地形图中提取建筑外轮廓线和层数

建筑外轮廓线和层数是计算建筑面积的两个基本要素。城市规划一般使用AutoCAD格式的地形图，我们把其中的建筑外轮廓线提取出来转换成ArcGIS的格式，并让建筑自动拥有层数属性。具体步骤如下：

☞ **步骤1**：在AutoCAD中处理建筑外轮廓线。

地形图中要素很多，首先在AutoCAD中把建筑外轮廓线和层数标注提取出来，然后把每1栋建筑都处理成1个封闭的多义线，并保证层数标注位于多边形内部，如图3-1所示。最终成果详见随书数据【chp03 \ 练习数据 \ 统计现状容积率 \ 建筑.dwg】（注：实验数据为虚拟的非真实数据，仅用于示例）。

☞ **步骤2**：在ArcMap中加载建筑外轮廓线文件。

➜ 启动ArcMap，新建一个空的地图文档，将其保存为"现状容积率统计.mxd"。

➜ 将鼠标移动到界面右上角的【目录】按钮，自动显示【目录】面板。浏览到步骤1准备的建筑外轮廓线.dwg

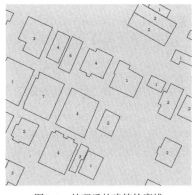

图3-1 处理后的建筑轮廓线

```
☐ 🏠 建筑
     Ⓐ Annotation
     🔲 MultiPatch
     ⋮⋮ Point
     🔲 Polygon
     ⊞ Polyline
```

图3-2 dwg文件中的要素类

文件（或者直接浏览到随书数据"chp03 ＼ 练习数据 ＼ 统计现状容积率 ＼ 建筑 .dwg"），展开该文件可以
看到 ArcMap 识别了该 dwg 文件的 5 个要素类，如图 3-2 所示。

→ 将【建筑】项下的【Polygon】和【Annotation】要素类拖拉到 ArcMap 界面中。ArcMap 将把这两个要素类
作为图层加载。【建筑 .dwg Annotation】是建筑层数的注记要素类，该要素类的【Text】属性列记录的是
标注内容，即建筑层数。

☞ **步骤 3**：使建筑轮廓线要素拥有层数属性。

→ 右键点击【建筑 .dwg Polygon】图层，在弹出菜单中选择【连接和关联】→【连接…】，显示【连接数据】
对话框（图 3-3）。

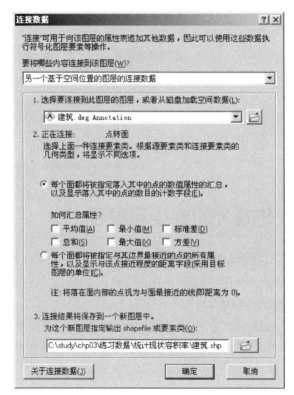

图3-3 基于空间的连接数据对话框

→ 设置【要将哪些内容连接到该图层】为【另一个基于空间位置的图层的连接数据】。
→ 设置【选择要连接到此图层的图层】为【建筑 .dwg Annotation】，这是建筑层数的注记要素类。
→ 选择【每个面都将被指定与其边界最接近的点的所有属性…】。
→ 设置新图层的路径，例如【chp03 ＼ 练习数据 ＼ 统计现状容积率 ＼ 建筑 .shp】。
→ 点【确定】。

连接完成后 ArcMap 会自动加载新生成的【建筑】图层到当前地图文档。查看该要素类的属性表，我们可以
看到每栋建筑都拥有了层数标注的数据，详见其【Text】字段。

⛟ **说明一**：ArcGIS 的【连接】功能既可以根据表或要素类的公共字段连接两个表或要素类，也可以根据空间关系连接两个要素类。本节使用的正是后者，
对于一个建筑多边形，如果一个点要素正好位于多边形内部，则该多边形将和该点建立连接，并获取点的所有属性。根据空间关系的连接，将生成一个
新的要素类，该要素类基于连接要素类，并同时拥有被连接要素类的所有属性字段。

⛟ **说明二**：空间连接功能也是空间叠加分析的一种类型。【目录】面板的【工具箱】中，提供了更强大的空间连接工具，该工具位于【工具箱 ＼ 系统工具
箱 ＼ Analysis Tools ＼ 叠加分析 ＼ 空间连接】。

☞ **步骤 4:** 删除 CAD 的无用字段。

打开【建筑】图层的属性表，删除除【Text】字段外的其他字段（操作步骤详见第 2 章 2.5.2 节 "增加或删除要素属性"）。

至此，我们已经得到了一个拥有层数属性的【建筑】要素类。其层数属性放在【Text】字段内。

3.2 建筑和地块的相交叠加

要统计每个地块的容积率，首先需要知道每个地块内有哪些建筑。这里需要用到【相交分析】工具，对建筑和地块要素类求交。相交的结果是得到两个要素类的交集部分，并且得到的新要素类将同时拥有两个要素类的所有属性。这里将得到拥有地块编号属性的建筑。

紧接之前步骤，操作如下：

☞ **步骤 1:** 加载【地籍边界】要素类，它位于 "chp03 \ 练习数据 \ 统计现状容积率 \ 地籍边界 .shp"。本章将以地籍边界为基本单元，统计各个地块的容积率。

☞ **步骤 2:** 启动【相交叠加】工具。

➡ 在【目录】面板中，浏览到【工具箱 \ 系统工具箱 \ Analysis Tools \ 叠加分析 \ 相交】，双击该项目，启动【相交】对话框（图 3-4），或者点击菜单【地理处理】→【相交】。

➡ 设置【输入要素】为【建筑】和【地籍边界】，可以直接把【建筑】和【地籍边界】图层拖拉到输入要素列表框中即可。

➡ 设置输出要素类为【chp03 \ 练习数据 \ 统计现状容积率 \ 带地块号的建筑 .shp】。

➡ 点【确定】。

运算完成后要素类【带地块号的建筑】会被自动加载到当前地图文档。从图面上看不出什么变化，但是打开【带地块号的建筑】的属性表，可以看到该要素类同时拥有【建筑】和【地籍边界】的所有属性。仔细查看图面还可以发现有些跨越两个地块的建筑被地块切分成两栋建筑了（如图 3-5 中部那栋阶梯形建筑）。

图3-4 【建筑】和【地籍边界】要素类相交叠加

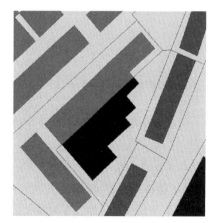

图3-5 相交叠加结果

说明：ArcGIS主要提供了7类叠加分析工具，分别是相交（Intersect）、联合（Union）、更新（Update）、擦除（Erase）、空间连接（Spatial Join）、交集取反（Symmetrical difference）和标识（Identity），详见表3-2：

ArcGIS 的 7 类叠加分析工具 表 3-2

类型	含义	图示
相交 （Intersect）	得到输入要素类和相交要素类的交集部分，并且得到的新要素类将同时拥有两个要素类的所有属性	输入要素　相交要素　输出要素
联合 （Union）	把两个要素类的区域范围联合起来，并保持来自输入要素类和叠加要素类的所有要素，且得到的新要素类将同时拥有两个要素类的所有属性	输入要素　联合要素　输出要素
更新 （Update）	对输入要素类和更新要素类进行合并，并且重叠部分将被更新要素类所代替，而输入要素类的那一部分将被擦去	输入要素　更新要素　输出要素
擦除 （Erase）	输入要素类根据擦除要素类的范围大小，将该范围内的要素擦除	输入要素　擦除要素　输出要素
空间连接 （Spatial Join）	根据要素间的空间关系将一类要素的属性连接到另一类要素上	输入要素—点　输出要素　连接要素—面
交集取反 （Symmetrical difference）	得到两个要素类中的不相交的部分，并且得到的新要素类将同时拥有两个要素类的所有属性	输入要素1　输入要素2　输出要素
标识 （Identity）	输入要素类和识别要素类进行相交叠加，在图形相交的区域，输入要素类的要素或要素片段将获取识别图层的属性	输入要素　识别要素　输出要素

3.3 建筑面积的分地块统计和地块容积率的计算

由于要素类【带地块号的建筑】中的每栋建筑都有【地块号】属性，我们就可以根据【地块号】分类汇总所有建筑的建筑面积。

紧接上述步骤，操作如下：

☞ **步骤 1**：计算每栋建筑的建筑面积。

　➥ 打开【带地块号的建筑】的属性表。

　➥ 新建双精度类型的【基底面积】字段和【建筑面积】字段（操作步骤详见第 2 章 2.5.2 节"增加或删除要素属性"）。

➜ 计算【基底面积】。右键点击【基底面积】,在弹出菜单中选择【计算几何…】,显示【计算几何】对话框(图3-6)。设置【属性】栏为【面积】,点【确定】后,系统将计算每个要素的面积并赋给【基底面积】字段。

➜ 计算【建筑面积】。右键点击【建筑面积】,在弹出菜单中选择【字段计算器…】,显示【字段计算器】对话框。设置【建筑面积=】栏为【[基底面积]*[Text]】(其中[Text]字段对应建筑层数属性,操作方法详见第2章2.5.4节"批量计算要素的属性值"),点【确定】。

☞ **步骤2**:汇总每个地块的建筑面积。

➜ 右键点击【地块号】,在弹出菜单中选择【汇总…】,显示【汇总】对话框(图3-7)。

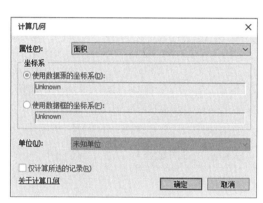

图3-6 计算要素的几何属性

图3-7 汇总每个地块的建筑面积

➜ 设置【选择要汇总的字段】为【地块号】。

➜ 勾选【汇总统计】栏下【建筑面积】的【总和】选项。这意味着按照【地块号】分类汇总【建筑面积】,汇总方法是求总和。

➜ 设置【指定输出表】(例如chp03\练习数据\统计现状容积率\地块建筑面积.dbf)。

➜ 点【确定】开始计算。完成后将生成"地块建筑面积.dbf",并提示【是否要在地图中添加结果表】,点【是】。打开【地块建筑面积.dbf】,如图3-8所示。其中【Sum_建筑面积】字段是各个地块的【建筑面积】的总和。

☞ **步骤3**:连接【地籍边界】和【地块建筑面积.dbf】表。

➜ 右键点击【地籍边界】图层,在弹出菜单中选择【连接和关联】→【连接…】,显示【连接数据】对话框。

➜ 按照图3-9设置参数,其含义是根据【地块建筑面积】表的【地块号】字段和【地籍边界】要素类的【地块号】字段,将【地块建筑面积】表的数据追加到【地籍边界】上。连接成功后,【地籍边界】将拥有【Sum_建筑面积】属性字段。

➜ 点【确定】完成连接。

图3-8 建筑面积汇总表

> 💡 **说明一**:除了之前用到的"根据空间关系连接两个要素类",ArcGIS还可以根据表或要素类的公共字段连接两个表或要素类。根据指定的公共字段,两个表或要素类的所有记录中,公共字段值相同的记录将会动态连接到一起。

☞ **步骤4**:计算容积率。

➜ 打开【地籍边界】要素类的属性表。

➜ 新添双精度类型的字段【地块面积】和【容积率】。

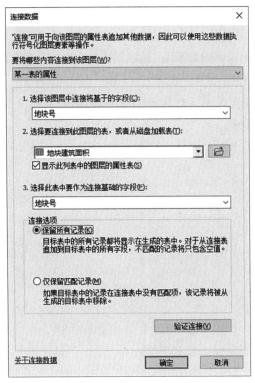

图3-9　基于公共字段的连接

⟶ 计算【地块面积】字段，它等于地块的多边形面积（操作方法与本节步骤 1 中计算【基底面积】的方法相同）。

⟶ 计算【容积率】字段。【容积率】=【Sum_ 建筑面积】/【地块面积】（操作方法详见第 2 章 2.5.4 节"批量计算要素的属性值"），操作中忽略出现的错误提示。

3.4　地块容积率的可视化表达

本节将把各个地块的容积率数值用更直观的地图方式来表达。具体将综合使用"分级色彩"符号化和文字标注。

紧接之前步骤，操作如下：

☞ 步骤 1："分级色彩"符号化。

⟶ 右键点击【地籍边界】图层，在弹出菜单中选择【属性…】，显示【图层属性】对话框，切换到【符号系统】（图 3-10）。

⟶ 设置符号化类型为【数量 \ 分级色彩】。

⟶ 设置【字段】为【地籍边界 . 容积率】。

⟶ 点击【分类…】按钮，显示【分类】对话框（图 3-11）：

　↪ 选择【方法】为【手动】。

　↪ 设置【类别】为【9】，意味着分成 9 类。

　↪ 设置【中断值】分别为【0.5、1、1.5、2、2.5、3、3.5、4、4.5】。

　↪ 点【确定】返回。

⟶ 选择【色带】为从红到蓝。

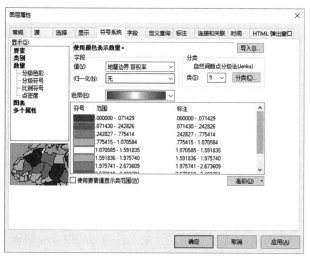

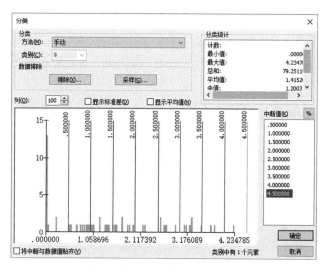

图3-10 用分级色彩来符号化地块的容积率属性

图3-11 分级色彩符号化的分类设置

➜ 左键点击表头【符号】，在弹出菜单中选择【翻转符号】，如图 3-12 所示。如此色带变成从蓝到红，蓝色代表较低的容积率，红色代表较高的容积率。

➜ 点击【应用】按钮，各地块即刻显示出相应颜色。

☞ **步骤2：标注容积率。**

➜ 【图层属性】对话框中切换到【标注】选项卡。

➜ 勾选【标注此图中的要素】，意味着将标注该图层。

图3-12 翻转符号

➜ 点击【标注字段】旁的【表达式】按钮，显示【标注表达式】对话框，如图 3-13 所示。在【表达式】栏中输入【Int（［地籍边界.容积率］*10）/10】，其含义是对容积率数值的小数位数进行截短，只保留 1 位小数，点【确定】。

➜ 设置【文字符号】为【10】号的【黑体】。

➜ 点【确定】。

上述设置的最终效果如图 3-14 所示，从图中可以清晰地看到沿街的容积率较高，内部容积率较低。

图3-13 设置容积率标注的表达式

图3-14 地块容积率的符号化效果

至此，地块容积率的计算和制图已经完成。如果要在 AutoCAD 下用常规方法统计实验区域的容积率，至少需要 1 个工作日。而现在只需要十多分钟就可以完成了。其效率的提高是十分显著的。

随书数据 "chp03 \ 练习结果示例 \ 现状容积率统计 .mxd"，示例了该练习的完整结果。

3.5　本章小结

本章介绍了用 ArcGIS 快速统计现状容积率的方法，该方法主要使用了矢量数据的空间叠加技术。首先是通过 "空间连接" 工具将建筑层数标注值赋给建筑要素，然后把建筑和地块作相交叠加，使建筑拥有了地块属性，最后根据地块号对建筑作分类汇总，并统计容积率。

叠加分析有许多类型，基本类型包括相交（Intersect）、联合（Union）、更新（Update）、擦除（Erase）、空间连接（Spatial Join）、交集取反（Symmetrical difference）和标识（Identity），其他类型主要是上述类型的组合或细化。

本章技术汇总表　　　　　　　　表 3-3

规划应用汇总	页码	信息技术汇总	页码
现状容积率统计	51	连接两个表或要素类（根据空间位置）	52
		叠加分析（相交）	53
		计算要素的几何属性（面积、周长等）	54
		分类汇总属性值	55
		连接两个表或要素类（根据属性值）	55
		符号化（分级色彩）	56
		属性数值的小数位数截短	57

第4章　城市用地适宜性评价

城市用地适宜性评价是城市总体规划的一项重要前期工作。它首先对工程地质、社会经济和生态环境等要素进行单项用地适宜性评价，然后用地图叠加技术生成综合的用地适宜性评价结果，俗称"千层饼模式"。

目前，利用 GIS 进行定量的用地适宜性评价正在得到普及。GIS 的引入可以综合更多的适宜性评价因子，也容易开展更细致的单因子土地用途的适宜性评价，使得城市用地适宜性评价可以进行得更加深入。

本章部分内容需要使用 ArcGIS 的"空间分析"扩展模块，该模块需要额外付费购买。在第一次使用该模块之前需要首先加载该模块，可点击菜单【自定义】→【扩展模块…】，显示【扩展模块】对话框，勾选其中的【Spatial Analyst】选项（图4-1）。该对话框中还有其他扩展模块供用户选择。

本章所需基础：

➢ ArcMap 基础操作（详见第 2 章）；

➢ ArcGIS 叠加分析的基本概念和基本类型（详见第 3 章 3.2 节）。

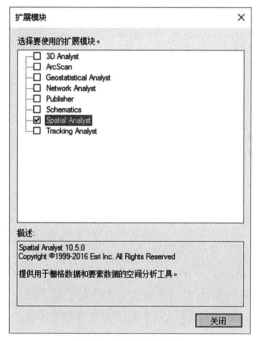

图4-1　扩展模块对话框

应用技术提要	表 4-1

规划问题描述	解决方案
➢ 如何利用 GIS 进行多因子的城市用地适宜性评价	√ 确定适宜性评价的因子及其权重 √ 对各个单因素作适宜性评价，统一分级成 1 到 5 级，并转换成栅格数据 √ 对所有单因素评价的栅格数据作叠加运算，每个栅格代表的地块将得到一个综合评价值 √ 对综合后的栅格数据重新分类定级

4.1　实验简介

本实验的研究区域为某山区的一个小镇，打开随书数据中的地图文档"chp04＼练习数据＼评价基础数据＼评价基础数据.mxd"可以看到该镇的基本概况，如图 4-2 所示（注：实验数据为虚拟的非真实数据，仅用于示例）。研究区域面积为 1555 公顷，其中镇建成区有 42.6 公顷，镇周边有 2 处独立工矿和 5 处较大的农村居民点。

根据钮心毅、宋小冬（2007）的研究，可以将城市用地适宜性评价划分为两大类型：生活区的用地适宜性评价和工业区的适宜性评价，包括各自的交通、市政、绿地等。不同类型的用地其评价准则是不同的（例如生活区的适宜性更关注城市中心区的可达性、环境宜人性等，而工业区的适宜性更关注对外交通便捷性、土地成本、

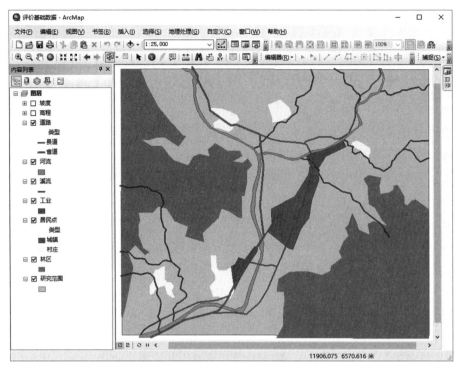

图4-2 评价的基础数据

环境影响等）。本实验主要针对生活区进行评价。因此选定了交通便捷性、环境适宜性、城市氛围和地形适宜性4类评价因子，其中环境适宜性和地形适宜性还包含子因子，如表4-2所示。

用地适宜性评价因子及权重   表4-2

评价因子	子因子	权重
交通便捷性	—	0.28
环境适宜性	滨水环境	0.09
	远离工业污染	0.06
	森林环境	0.07
城市氛围	—	0.18
地形适宜性	地形高程	0.155
	地形坡度	0.155

由于不同地区的适宜性评价准则是不相同的（例如发达地区和不发达地区，平原和山区等），因此需要一套相对系统的方法来确定各因子的权重。本实验采用层次分析法确定各因子的权重（表4-2），分析过程详见本章4.5节。

对于各单因素的居住用地适宜性评价，本实验统一将评价值分级成1～5级，其中3级是勉强可用于居住用地建设，但需要进行特殊处理，5级代表最适宜建设，1级代表完全不适宜建设。

实验的具体步骤是：

➢ 首先，对各个单因素作适宜性评价，统一分级成1～5级，并转换成栅格数据；

➢ 然后，进行栅格加权叠加运算，每个栅格代表的地块将得到一个综合评价值；

➢ 最后，对综合后的栅格数据重新分类定级，得到居住用地适宜性综合评价图。

4.2 单因素适宜性评价分级

4.2.1 交通便捷性评价

交通便捷性评价将根据距离省道、县道的远近加以确定，如表 4-3 所示。

交通便捷性的评价标准　　　　　　　　　　　　　　　　　　　　　　表 4-3

评价因子	分类	分级
交通便捷性	距离省道 0 ～ 500 米，距离县道 0 ～ 250 米	5
	距离省道 500 ～ 1000 米，或距离县道 250 ～ 500 米	4
	距离省道 1000 ～ 1500 米，或距离县道 500 ～ 1000 米	3
	距离省道 1500 ～ 3000 米，或距离县道 1000 ～ 2000 米	2
	距离省道 3000 米以上，或距离县道 2000 米以上	1

1. 计算省道和县道的缓冲区

☞ **步骤 1**：启动 ArcMap，打开随书数据的地图文档"chp04＼练习数据＼评价基础数据＼评价基础数据 .mxd"。该地图文档中包含【道路】图层，道路有两种类型：省道和县道。

☞ **步骤 2**：选择所有省道要素。

➥ 右键点击【道路】图层，在弹出菜单中选择【打开属性表】，显示【表】对话框。

➥ 点击【表】对话框的工具条上的【表选项】工具 📧▾，在弹出菜单中选择【按属性选择…】，显示【按属性选择】对话框（图 4-3）。

➥ 选择上部列表框中的【类型】字段，然后点击【获取唯一值】按钮，【类型】字段的值将显示在中部列表框中。

➥ 点击下部输入框，然后双击【类型】字段，单击【=】按钮，双击中部列表框中的【省道】，从而构建了一个表达式【［类型］='省道'】。其含义是选择"类型"字段值为"省道"的要素。

➥ 点【应用】，可以发现所有"类型"字段值为"省道"的要素均被选中。

➥ 关闭【按属性选择】对话框和【表】对话框。

☞ **步骤 3**：缓冲区分析。

➥ 在【目录】面板中，浏览到【工具箱＼系统工具箱＼ Analysis Tools ＼邻域分析＼多环缓冲区】，双击该项打开该工具（图 4-4）。

图4-3　按属性选择对话框

图4-4　设置多环缓冲区对话框

→ 设置【输入要素】为【道路】（注：作为【输入要素】的要素类，如果其中的一些要素处于选中状态，则 ArcGIS 只对这些选中的要素进行计算）。

→ 设置【输出要素】为【chp04 \ 练习数据 \ 评价基础数据 \ 用地适宜性评价 .mdb \ 分析过程数据 \ 省道缓冲区】。

→ 设置【距离】为【500】，然后点击添加按钮**+**，500 米缓冲距离被添加。

→ 类似地，设置 1000、1500、3000、5000 米缓冲距离（注：5000 米缓冲距离将远超出研究区域，之所以如此设置是为了让研究区域全部落入缓冲区内，它代表 3000 米以上的缓冲距离）。

→ 设置【缓冲区单位】为【Meters】。

→ 在【字段名】输入【离省道距离】，该字段用来记录缓冲多边形的名称。

→ 点【确定】后开始计算缓冲区，完成后如图 4-5 所示。这是一幅由 5 个环构成的要素类。五个环分别代表距离省道 0 ~ 500、500 ~ 1000、1000 ~ 1500、1500 ~ 3000、3000 ~ 5000 米。打开其属性表可以看到五个环形多边形要素，它们用【离省道距离】字段的值加以区分（图 4-6）。

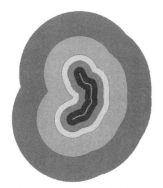

图4-5 省道缓冲区分析结果

图4-6 省道缓冲区的属性表

☞ **步骤 4**：构建县道的缓冲区。

具体操作类似步骤 2 ~ 步骤 3。首先选择【道路】要素类中的所有县道；然后再启动【多环缓冲区】工具，设置【输出要素】为【chp04 \ 练习数据 \ 评价基础数据 \ 用地适宜性评价 .mdb \ 分析过程数据 \ 县道缓冲区】，设置缓冲距离为 250、500、1000、2000、5000 米，设置【字段名】为【离县道距离】。

2. 综合省道缓冲区和县道缓冲区

综合省道和县道缓冲的分析结果，最终生成一幅【交通便捷性】评价图。紧接之前步骤，操作如下：

☞ **步骤 1**：联合叠加【省道缓冲区】和【县道缓冲区】。

→ 在【目录】面板中，浏览到【工具箱 \ 系统工具箱 \ Analysis Tools \ 叠加分析 \ 联合】，双击该项打开该工具。

→ 设置【联合】对话框，如图 4-7 所示。设置【输出要素类】为【chp04 \ 练习数据 \ 评价基础数据 \ 用地适宜性评价 .mdb \ 分析过程数据 \ 交通便捷性评价】。

→ 点【确定】。

☞ **步骤 2**：综合评价。

→ 打开上一步生成的【交通便捷性评价】属性表。

→ 添加短整型类型的【评价值】字段（操作步骤详见第 2 章 2.5.2 节"增加或删除要素属性"）。

→ 右键点击【评价值】字段，在弹出菜单中选择【字段计算器…】，显示【字段计算器】对话框，设置如图 4-8 所示。

图4-7 联合叠加省道缓冲区和县道缓冲区

图4-8 计算交通便捷性评价值

- 选择【VB 脚本】。
- 勾选【显示代码块】。
- 在【预逻辑脚本代码】栏中输入：

```
value=0
if [离省道距离]=500 or [离县道距离]=250 Then
    value=5
elseif [离省道距离]=1000 or [离县道距离]=500 Then
    value=4
elseif [离省道距离]=1500 or [离县道距离]=1000 Then
    value=3
elseif [离省道距离]=3000 or [离县道距离]=2000 Then
    value=2
elseif [离省道距离]=5000 or [离县道距离]=5000 Then
    value=1
end if
```

- 在【评价值】栏中输入【value】。
- 点【确定】。上述设置的含义是让【评价值】等于自定义变量【value】，而【value】的取值是根据【离省道距离】和【离县道距离】的值确定的,例如第二行代码的含义是,如果[离省道距离]=500 或者[离县道距离]=250, 则[value]=5。上述值的设定依据是表4-3。

评价计算完成后，根据【评价值】字段，对【交通便捷性评价】图层作类别符号化后如图 4-9 所示。

3. 转换成栅格数据

紧接之前步骤，操作如下：

☞ **步骤 1**：在【目录】面板中，浏览到【工具箱＼系统工具箱＼Conversion Tools ＼转栅格＼面转栅格】，双击该项打开该工具，设置【面转栅格】对话框如图 4-10 所示。

- 设置【输入要素】为【交通便捷性评价】。
- 设置【值字段】为【评价值】字段，意味着根据该字段的值构建栅格数据。

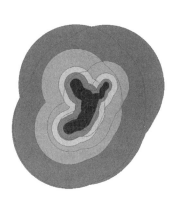

图4-9 交通便捷性评价结果

图4-10 面转栅格对话框

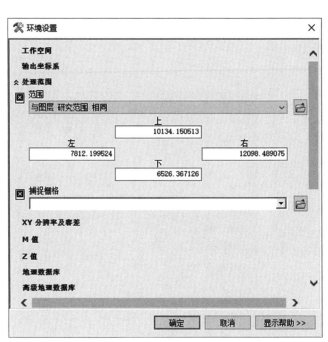

图4-11 环境设置对话框

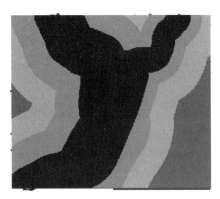

图4-12 转换成栅格的效果

➡ 设置【输出栅格数据集】为【chp04 \ 练习数据 \ 评价基础数据 \ 用地适宜性评价 .mdb \ 交通评价】。

➡ 设置【像元大小】为【10】，这是每个栅格的边长。

➡ 设置栅格数据的范围。点击【环境…】按钮，显示【环境设置】对话框。展开【处理范围】项，设置【范围】项为【与图层研究范围相同】，如图 4-11 所示。点【确定】退出【环境设置】对话框。

➡ 点【确定】。

转换完毕后如图 4-12 所示，栅格范围已被裁剪到和【研究范围】图层一致。

4.2.2 环境适宜性评价

1. 滨水环境评价

滨水环境评价将根据距离河流、溪流的远近加以确定，如表 4-4 所示。

滨水环境的评价标准   表 4-4

评价因子	分类	分级
滨水环境	距河流 0 ~ 250 米，或距溪流 0 ~ 100 米	5
	距河流 250 ~ 500 米，或溪流 100 ~ 200 米	4
	距河流 500 米以上，或溪流 200 米以上	3

👉 **步骤 1：**计算河流的缓冲区。

为【河流】要素类作【多环缓冲区】计算，设置【输出要素】为【chp04 \ 练习数据 \ 评价基础数据 \ 用地适宜性评价 .mdb \ 分析过程数据 \ 河流缓冲区】，设置缓冲距离为 250、500、5000 米，设置【字段名】为【离河距离】，勾选【仅外部多边形】（具体操作与 4.2.1 节中的"1. 计算省道和县道的缓冲区"的步骤 3 类似，不再赘述）。

☞ **步骤 2**：计算溪流的缓冲区。

为【溪流】要素类作【多环缓冲区】计算，设置【输出要素】为【chp04 \ 练习数据 \ 评价基础数据 \ 用地适宜性评价 .mdb \ 分析过程数据 \ 溪流缓冲区】，设置缓冲距离为 100、200、5000 米，设置【字段名】为【离溪距离】。

☞ **步骤 3**：联合叠加上述两个输出的要素类，输出要素类为【chp04 \ 练习数据 \ 评价基础数据 \ 用地适宜性评价 .mdb \ 分析过程数据 \ 滨水环境评价】。

☞ **步骤 4**：综合评价。

为【滨水环境评价】要素类添加"短整型"字段【评价值】，然后打开该字段的【字段计算器】，设置【字段计算器】对话框如下：

→ 选择【VB 脚本】。

→ 勾选【显示代码块】。

→ 在【预逻辑脚本代码】栏中，输入：

```
value=3
if ［离河距离］=250 or ［离溪距离］=100 Then
  value=5
elseif ［离河距离］=500 or ［离溪距离］=200 Then
  value=4
elseif ［离河距离］=5000 or ［离溪距离］=5000 Then
  value=3
end if
```

→ 在【评价值】栏中输入【value】。

→ 点【确定】。

☞ **步骤 5**：转换成栅格数据。

启动工具【工具箱 \ 系统工具箱 \ Conversion Tools \ 转栅格 \ 面转栅格】。设置【值字段】为【评价值】字段，用该字段的值构建栅格数据；设置【输出栅格数据集】为【chp04 \ 练习数据 \ 评价基础数据 \ 用地适宜性评价 .mdb \ 滨水评价】；设置【单元大小】为【10】；设置栅格数据的范围为【与图层研究范围相同】。最终的【滨水评价】栅格数据如图 4-13 所示。

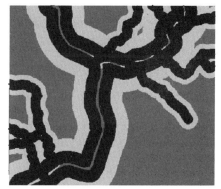

图4-13 滨水环境评价结果

2. 远离工业污染评价

研究区域有两处独立工矿区，由于存在空气、噪声和水污染，离它们近的区域环境较差。具体评级如表 4-5 所示。

远离工业污染的评价标准 表 4-5

评价因子	分类	分级
远离工业污染	距成片工业区 1000 米以上	4
	距成片工业区 200～1000 米	3
	距成片工业区 100～200 米	2
	距成片工业区 0～100 米，或工业区内部	1

☞ **步骤1**：计算工业区的缓冲区。

为【工业】要素类作【多环缓冲区】计算，设置【输出要素】为【chp04 ＼练习数据＼评价基础数据＼用地适宜性评价 .mdb ＼分析过程数据＼工业缓冲区】，设置缓冲距离为 100、200、1000、5000 米，设置【字段名】为【离工业距离】，勾选【仅外部多边形】。

☞ **步骤2**：由于【工业缓冲区】要素类中没有工业区自身的多边形，而工业区自身是评价值最低的区域，因此需要用更新叠加补上这些工业区。

➡ 启动【工具箱＼系统工具箱＼ Analysis Tools ＼叠加分析＼更新】工具，显示【更新】对话框（图 4-14）。设置【输入要素】为【工业缓冲区】，设置【更新要素】为【工业】，设置【输出要素类】为【chp04 ＼练习数据＼评价基础数据＼用地适宜性评价 .mdb ＼分析过程数据＼工业缓冲区2】，点【确定】。

➡ 打开【工业缓冲区2】的属性表，我们可以看到多了两行记录（图 4-15），这就是那两个工业区，用【字段计算器】设置这两行记录的【离工业距离】字段的值为【0】，代表它们位于工业区范围内。

图4-14　更新叠加对话框

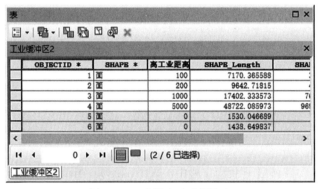

图4-15　工业缓冲区2的属性表

☞ **步骤3**：评价。

为【工业缓冲区2】要素类添加【短整型】字段【评价值】，然后打开该字段的【字段计算器】，设置【字段计算器】对话框如下：

➡ 选择【VB脚本】。

➡ 勾选【显示代码块】。

➡ 在【预逻辑脚本代码】栏中，输入：

```
value=4
if［离工业距离］=100or［离工业距离］=0 Then
    value=1
elseif［离工业距离］=200 Then
    value=2
elseif［离工业距离］=1000 Then
    value=3
elseif［离工业距离］=5000Then
    value=4
end if
```

➡ 在【评价值】栏中输入【value】。

➡ 点【确定】。

☞ **步骤4**：转换成栅格数据。

启动工具【工具箱＼系统工具箱＼ Conversion Tools ＼转栅格＼面转栅格】。设置【值字段】为【评价值】

字段；设置【输出栅格数据集】为【chp04＼练习数据＼评价基础数据＼用
地适宜性评价.mdb＼工业评价】；设置【单元大小】为【10】；设置栅格数
据的范围为【与图层研究范围相同】。最终的【工业评价】栅格数据如图4-16
所示。

图4-16 远离工业污染评价结果

3. 森林环境评价

研究区域有两片林区，由于林区环境宜人，因而林区内和近邻的环境最好，
离它们近的区域环境较好。具体评级如表4-6所示。

森林环境的评价标准   表 4-6

评价因子	分类	分级
森林环境	距林区 0 ~ 500 米，或林区内	5
	距林区 500 ~ 1000 米	4
	距林区 1000 米以上	3

其评价步骤与4.2.2节的"2. 远离工业污染评价"基本相同，不再赘述。其计算【评价值】的代码为：

```
value=3
if［离林区距离］=500 or［离林区距离］=0 Then
    value=5
elseif［离林区距离］=1000 Then
    value=4
elseif［离林区距离］=5000 Then
    value=3
end if
```

图4-17 森林环境评价结果

最终的【森林评价】栅格数据如图4-17所示。

4.2.3 城市氛围评价

城市氛围的评价将根据距离镇、村的远近加以确定，如表4-7所示。

城市氛围的评价标准   表 4-7

评价因子	分类	分级
城市氛围	距镇建成区 0 ~ 250 米，或镇建成区范围内	5
	距镇建成区 250 ~ 500 米，或村庄范围内	4
	距镇建成区 500 ~ 1000 米，或距村庄 0 ~ 250 米	3
	距镇建成区 1000 ~ 2000 米，或距村庄 250 ~ 500 米	2
	距镇建成区 2000 ~ 5000 米，或距村庄 500 ~ 5000 米	1

☞ **步骤 1**：对镇作缓冲区分析。

➥ 选择【居民点】要素类中的【类型】为【城镇】的要素。

➥ 对【居民点】作【多环缓冲区】计算。设置【输出要素】为【chp04＼练习数据＼评价基础数据＼用地适
宜性评价.mdb＼分析过程数据＼镇缓冲区】，设置缓冲距离为250、500、1000、5000米，设置【字段名】
为【离镇距离】，勾选【仅外部多边形】。

➧ 用【居民点】要素类更新叠加【镇缓冲区】，输出为【chp04 \ 练习数据 \ 评价基础数据 \ 用地适宜性评价 .mdb \ 分析过程数据 \ 镇缓冲区 2】。

☞ **步骤 2**：对村作缓冲区分析。

➧ 选择【居民点】要素类中的【类型】为【村庄】的要素。

➧ 对【居民点】作【多环缓冲区】计算。设置【输出要素】为【chp04 \ 练习数据 \ 评价基础数据 \ 用地适宜性评价 .mdb \ 分析过程数据 \ 村缓冲区】，设置缓冲距离为 250、500、5000 米，设置【字段名】为【离村距离】，勾选【仅外部多边形】。

➧ 用【居民点】要素类更新叠加【村缓冲区】，输出为【chp04 \ 练习数据 \ 评价基础数据 \ 用地适宜性评价 .mdb \ 分析过程数据 \ 村缓冲区 2】。

☞ **步骤 3**：联合叠加【镇缓冲区 2】和【村缓冲区 2】。输出为【chp04 \ 练习数据 \ 评价基础数据 \ 用地适宜性评价 .mdb \ 分析过程数据 \ 城市氛围评价】。

☞ **步骤 4**：综合评价。

为【城市氛围评价】要素类添加【短整型】字段【评价值】，然后打开该字段的【字段计算器】，设置【字段计算器】对话框如下：

➥ 选择【VB 脚本】。

➥ 勾选【显示代码块】。

➥ 在【预逻辑脚本代码】栏中，输入：

```
value=0
if [离镇距离] =250 or [离镇距离] =0 Then
    value=5
elseif [离镇距离] =500 or [离村距离] =0 Then
    value=4
elseif [离镇距离] =1000 or [离村距离] =250 Then
    value=3
elseif [离镇距离] =2000 or [离村距离] =500Then
    value=2
elseif [离镇距离] =5000 or [离村距离] =5000 Then
    value=1
end if
```

➥ 在【评价值】栏中输入【value】。

➥ 点【确定】。

☞ **步骤 5**：转换成栅格数据。具体方法与之前相同，不再赘述。设置【输出栅格数据集】为【chp04 \ 练习数据 \ 评价基础数据 \ 用地适宜性评价 .mdb \ 城市评价】。最终的【城市评价】栅格数据如图 4-18 所示。

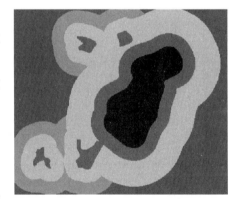

图4-18 城市氛围评价结果

4.2.4 地形适宜性评价

1. 对地形高程的评价

【高程】图层为栅格数据，反映的是地形的高程，是利用接下来第 5 章介绍的方法得到的。从【高程】图层可以看出，研究区域地形起伏较大，高程范围从 200 米到 550 米。考虑到城市基础设施建设的难度，确定允许建设的高程范围为 200～260 米，高程 260～300 米为不适宜建设区域，高程在 300 米以上为难以建设区域。具体评级如表 4-8 所示。

地形高程的评价标准　　　　　　　　　　　　　表 4-8

评价因子	分类	分级
地形高程	高程在 200 ~ 220 米	5
	高程在 220 ~ 240 米	4
	高程在 240 ~ 260 米	3
	高程在 260 ~ 300 米	2
	高程在 300 米以上	1

下面利用【空间分析】扩展模块的【重分类】工具，进行分级。

> 🔊 说明：ArcGIS的"空间分析"扩展模块需要额外付费购买。在第一次使用【空间分析】模块之前需要首先加载该模块，可点击菜单【自定义】→【扩展模块…】，勾选其中的【Spatial Analyst】选项。

☞ **步骤1**：打开【重分类】工具。

在【目录】面板中，浏览到【工具箱 \ 系统工具箱 \ Spatial Analyst Tools \ 重分类 \ 重分类】，双击该项打开该工具。

☞ **步骤2**：设置【重分类】对话框如图 4-19 所示。

- ➜ 设置【输入栅格】为【高程】。
- ➜ 设置【重分类字段】为【Value】。
- ➜ 点击按钮【添加条目】，【重分类】栏中新添了一行。点击该行的【旧值】列，使该单元格进入编辑状态，输入【200-220】（注：符号"–"前后各有一个空格），在【新值】列中输入【5】。类似地输入【220-240】、【240 – 260】、【260-300】、【300-600】各行。
- ➜ 设置【输出栅格】为【chp04 \ 练习数据 \ 评价基础数据 \ 用地适宜性评价 .mdb \ 高程评价】。
- ➜ 点击【环境…】按钮。展开【处理范围】项，设置【范围】项为【与图层研究范围相同】，点【确定】。
- ➜ 点【确定】开始重分类，分类结果如图 4-20 所示。

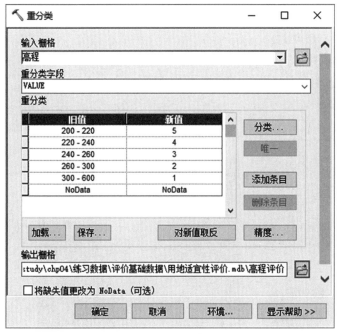

图4-19　重分类高程

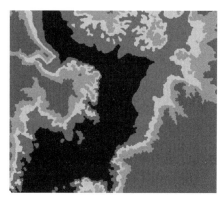

图4-20　地形高程评价结果

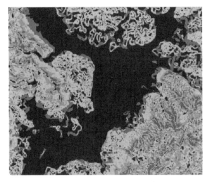

图4-21　地形坡度评价结果

2. 对地形坡度的评价

【坡度】图层为栅格数据，反映的是地形的坡度，利用第 5 章介绍的方法可以得到。从【坡度】图层可以看出，研究区域地形起伏较大，坡度最高达到 50 度。但由于居住用地对坡度要求不高，有坡度的地形反而更有利于营造居住环境，因此确定允许建设的坡度范围为 30 度以下，具体评级如表 4-9 所示。

与 4.2.4 节中的 1. 对地形高程的评价中的【高程】重分类的步骤类似，利用栅格【重分类】工具，对【坡度】栅格数据进行分级后如图 4-21 所示，得到的结果数据为【chp04 \ 练习数据 \ 评价基础数据 \ 用地适宜性评价 .mdb \ 坡度评价】。

地形坡度的评价标准　　　　　　　　　　　　　　　　表 4-9

评价因子	分类	分级
地形坡度	坡度在 0 ~ 7 度	5
	坡度在 7 ~ 15 度	4
	坡度在 15 ~ 30 度	3
	坡度在 30 ~ 40 度	2
	坡度在 40 度以上	1

4.3　栅格叠加运算

前面对各个单因子进行了用地适宜性评价，得到了栅格评价图，接下来要对所有单因素评价的栅格数据作叠加运算，得到综合评价图。

☞ **步骤 1**：打开栅格叠加工具。

在【目录】面板中，浏览到【工具箱 \ 系统工具箱 \ Spatial Analyst Toots \ 叠加分析 \ 加权总和】，双击该项打开该工具。

☞ **步骤 2**：设置【加权总和】对话框如图 4-22 所示。

↪ 将之前生成的所有单因素评价图加入【输入栅格】。

↪ 按照表 4-2 设置各因素的权重。

↪ 设置【输出栅格】为【chp04 \ 练习数据 \ 评价基础数据 \ 用地适宜性评价 .mdb \ 适宜性评价】。

↪ 点【确定】。计算完成后，适宜性评价图如图 4-23 所示。

图4-22　加权总和对话框

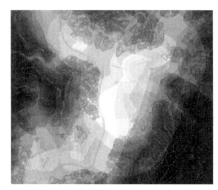

图4-23　适宜性评价图

4.4　划分适宜性等级

根据前面对各单因素评价值含义的约定,3分是可以接受的适宜用作居住用地的最低值,5分代表最适宜建设,1分代表完全不适宜建设。据此,本实验将适宜性等级划分为6级,具体如表4-10所示。

适宜性等级划分标准　　　　　　　　　　　　　　　　　　表4-10

类别等级	评价分值	适宜性类别
I	4.5 ~ 5	最适宜建设用地
II	4 ~ 4.5	适宜建设用地
III	3.5 ~ 4	比较适宜建设用地
IV	3 ~ 3.5	有条件限制建设用地
V	2 ~ 3	不适宜建设用地
VI	1 ~ 2	特别不适宜建设用地

根据上述评价等级划分区间,对适宜性评价图进行【重分类】运算。

☞ **步骤1:重分类。**

在【目录】面板中,浏览到【工具箱 \ 系统工具箱 \ Spatial Analyst Toots \ 重分类 \ 重分类】,双击该项打开该工具,设置【重分类】对话框如图4-24所示,点【确定】,计算完成后得到结果图层【适宜性评价分级】。

☞ **步骤2:对结果图层【适宜性评价分级】作类别符号化。**

该图层是栅格图层,其符号化与矢量图层的符号化基本相同,具体设置如图4-25所示,符号化后的效果如图4-26所示。

☞ **步骤3:统计面积。**

右键点击【适宜性评价分级】图层,在弹出菜单中选择【打开属性表】,栅格数据的表与矢量数据的表有所不同,其中的【Value】字段代表栅格值,【Count】字段是某栅格值的栅格点计数。

➥ 添加双精度的【面积】字段。

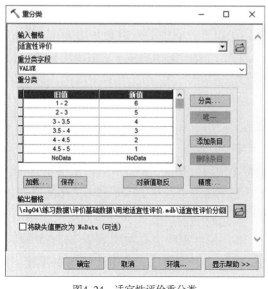

图4-24　适宜性评价重分类

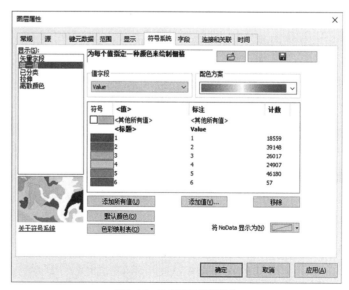

图4-25　栅格图层的符号化

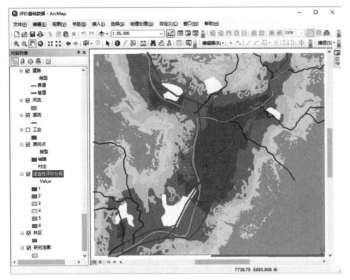

图4-26   用地适宜性评价的最终结果

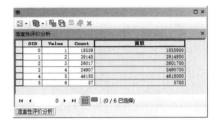

图4-27   各类用地面积的统计

➡ 使用【字段计算器】计算【面积】=【Count】*10*10，"10*10"得到的是每个栅格的面积（注：之前生成栅格数据时，设定栅格大小为 10 米 × 10 米），最终得到的属性表如图 4-27 所示。

从分析结果来看，最适宜作居住用途的用地主要位于镇建成区的西、北、南侧。其面积有 185.6 公顷，相对于现状 42.6 公顷镇区，已足以满足规划期内的居住用地需求。

随书数据的"chp04 \ 练习结果示例 \ 用地适宜性评价 \ 用地适宜性评价 .mxd"，示例了本练习的完整结果。

4.5   补充：层次分析法确定因子权重

本实验各因子的权重是通过层次分析法得到的，本节将作补充介绍。

层次分析法（Analytic hierarchy process，AHP）是美国的 T.L.Saaty 于 1977 年提出的，其原理是首先划分出各因素间相互联系的有序层次，再请专家对每一层次的各因素进行两两比较，给出两者的相对重要性的定量表示，然后计算出每一层次全部因素的相对重要性的权重，加以排序，最后根据排序结果进行规划决策和选择解决问题的措施。

本章采用我国学者开发的免费软件 yaahp（V 0.5.2）来计算因子权重。软件的下载地址为 http：//www.jeffzhang.cn。安装 yaahp 之前，必须首先安装 Microsoft.Net Framework 2.0，上述地址也提供了下载。用 yaahp 分析用地适宜性各因子权重的过程如下：

☞ **步骤 1**：启动 yaahp，其界面如图 4-28 所示。

☞ **步骤 2**：创建决策目标。点击左侧工具条上的【决策目标】工具 ，然后在中间窗口的合适位置点击，【决策目标】图形将放置在鼠标点击位置，将其重命名为【用地适宜性】，如图 4-29 所示。

☞ **步骤 3**：创建中间层要素。点击【中间层要素】工具 ，然后将【中间层要素】图形放置在【用地适宜性】图形下，双击该图形，将其重命名为【交通便捷性】。类似地，把其他适宜性评价因子作为【中间层要素】添加到模型中。

☞ **步骤 4**：连接各因子，构造层次联系。在图面上按下左键不放，拉框选择【交通便捷性】、【环境适宜性】、【城市氛围】、【地形适宜性】，之后自动浮现工具条 ，点击工具 【连接选中要素到一个上层要素】,然后点击决策目标要素【用地适宜性】,从而构建出一个层次关系网。继续构建其他关系，

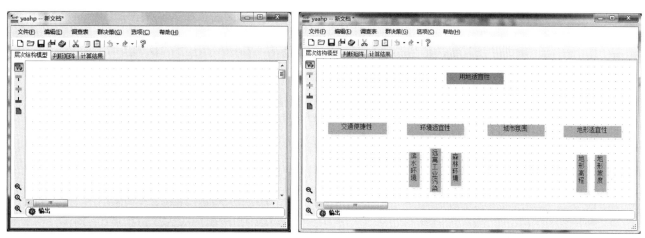

图4-28 yaahp软件的界面　　　　　　　　图4-29 添加模型要素

如图 4-30 所示。

☞ **步骤 5**：创建备选方案。这里我们假设两套方案，分别是镇区东部区域和镇区西部区域。通过 AHP 法，可以得出哪一套方案更适合作为居住用地。点击【备选方案】工具▲,然后将【备选方案】图形置于最下方，并将其重命名。最后按图 4-31 所示，将备选方案和所有因子连接，意味着所有因子都将参与备选方案的评价。

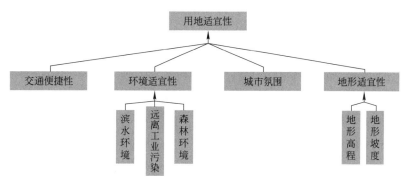

图4-30 构造模型的层次联系

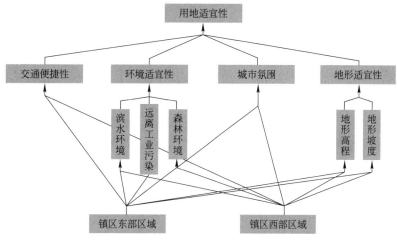

图4-31 创建模型的备选方案

☞ **步骤 6**：构造判断矩阵。点击上部的【判断矩阵】，系统转换到设置判断矩阵界面（图 4-32）。

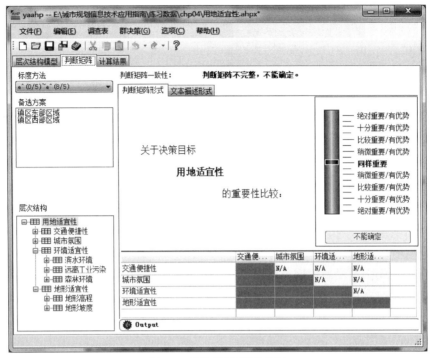

图4-32　构造判断矩阵的界面

➡ 设置【标度方法】为【eˆ（0/5）~ eˆ（8/5）】。

➡ 设置用地适宜性判断矩阵：

　↳ 点击【层次结构】栏中的【用地适宜性】，右下部列表框列出了其下层因子的两两判断矩阵。

　↳ 点击【交通便捷性】行的【城市氛围】列，开始比较两者的相对重要性，拖拉界面右上角的标尺，标尺越往上表明【交通便捷性】越重要,越往下表明【城市氛围】越重要,将标尺移动到图 4-33 所示位置，意味着交通便捷性稍微重要。

　↳ 类似地两两对比其他因素，并给出相对重要性评价，最后设置结果如图 4-34 所示。

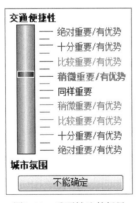

图4-33　重要性比较标尺

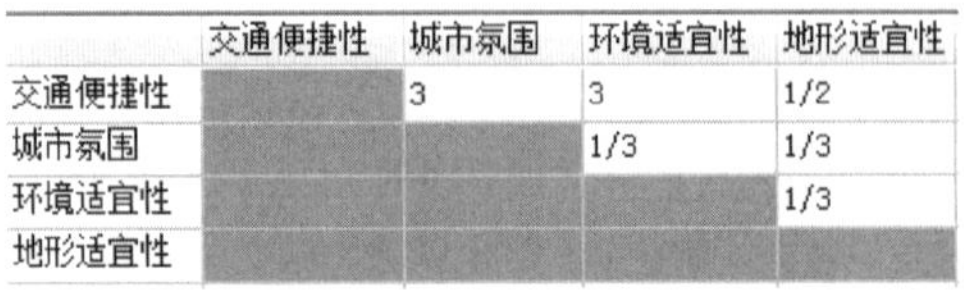

	交通便捷性	城市氛围	环境适宜性	地形适宜性
交通便捷性		3	3	1/2
城市氛围			1/3	1/3
环境适宜性				1/3
地形适宜性				

图4-34　用地适宜性判断矩阵

　↳ 设置完成后要关注【判断矩阵一致性】栏的提示，如果提示【不一致】，这意味着关于重要性的逻辑关系有不一致的情况（例如以下设置就存在明显不一致：交通便捷性＞环境适宜性，环境适宜性＞地形适宜性，地形适宜性＞交通便捷性。因为根据前两个关系，必然能推导出交通便捷性＞地形适宜性）。

这时需要调整重要性设置，直至【判断矩阵一致性】栏提示【一致】。

- 设置正确后，【层次结构】栏的对应层次会显示红色小勾，例如用地适宜性，否则会是红色小叉。

- 类似地，设置环境适宜性判断矩阵如图 4–35 所示，设置地形适宜性判断矩阵如图 4–36 所示。

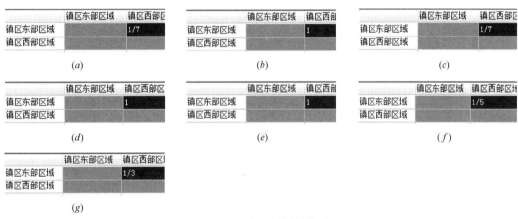

	滨水环境	远离工业污染	森林环境
滨水环境		3	3
远离工业污染			1/3
森林环境			

图4–35　环境适宜性判断矩阵

	地形高程	地形坡度
地形高程		1
地形坡度		

图4–36　地形适宜性判断矩阵

- 设置两个方案的判断矩阵。【层次结构】栏中展开【交通便捷性】项，并点击该项，右下部列表显示【镇区东部区域】和【镇区西部区域】的判断矩阵，设置如图 4–37（*a*）所示，意味着西部比东部【十分有优势】（西部有省道通过，东部没有）。类似地设置两方案【城市氛围】的比较（图 4–37*b*），【滨水环境】的比较如图 4–37（*c*）所示，【远离工业污染】的比较如图 4–37（*d*）所示，【森林环境】的比较如图 4–37（*e*）所示，【地形高程】的比较如图 4–37（*f*）所示，【地形坡度】的比较如图 4–37（*g*）所示。

	镇区东部区域	镇区西部区
镇区东部区域		1/7
镇区西部区域		

（*a*）

	镇区东部区域	镇区西部
镇区东部区域		1
镇区西部区域		

（*b*）

	镇区东部区域	镇区西部区
镇区东部区域		1/7
镇区西部区域		

（*c*）

	镇区东部区域	镇区西部区
镇区东部区域		1
镇区西部区域		

（*d*）

	镇区东部区域	镇区西部
镇区东部区域		1
镇区西部区域		

（*e*）

	镇区东部区域	镇区西部区域
镇区东部区域		1/5
镇区西部区域		

（*f*）

	镇区东部区域	镇区西部区
镇区东部区域		1/3
镇区西部区域		

（*g*）

图4–37　两个方案的判断矩阵

（*a*）交通便捷性比较；（*b*）城市氛围比较；（*c*）滨水环境比较；（*d*）远离工业污染比较；（*e*）森林环境比较；（*f*）地形高程比较；（*g*）地形坡度比较

☞ **步骤 7**：计算。点击界面上部的【计算结果】，系统转换到计算结果界面，如图 4–38 所示。显示【镇区西部区域】比【镇区东部区域】有较大优势。

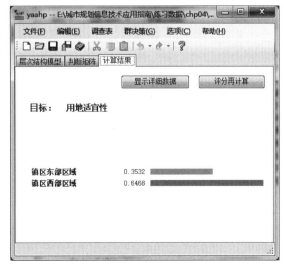

图4–38　方案比较的计算结果界面

点击【显示详细数据】按钮，显示【详细信息】对话框，其中列出了各个因子的判断矩阵和权重（图 4-39）。将各因子的权重提取汇总出来，得到权重汇总结果（表 4-11）。

图4-39　因子权重计算结果

各因子的权重汇总表　　　　　　　　　　　　　　　　　表 4-11

评价因子	权重	子因子	子因子权重	复合权重
交通便捷性	0.28	—	—	0.28
环境适宜性	0.22	滨水环境	0.43	0.09
		远离工业污染	0.25	0.06
		森林环境	0.33	0.07
城市氛围	0.18	—	—	0.18
地形适宜性	0.31	地形高程	0.50	0.155
		地形坡度	0.50	0.155

随书数据的"chp04 ＼练习结果示例 ＼层次分析结果 ＼用地适宜性 .ahpx"，完整示例了上述模型。

4.6　本章小结

基于 GIS 的城市用地适宜性评价的步骤为：首先，确定适宜性评价因子及其权重；然后，对各个单因素作适宜性评价，统一划分级别，并转换成栅格数据；之后，进行栅格加权叠加运算，每个栅格代表的地块将得到一个综合评价值；最后，对综合后的栅格数据重新分类定级，得到用地适宜性综合评价图。

为了完成上述步骤，需要综合使用许多技术。首先是层次分析法，本章介绍了 yaahp 免费软件；其次是缓冲区分析；还有上一章介绍的矢量数据的叠加，包括联合和更新；最后还有栅格数据叠加运算，以及栅格重分类等。

本章技术汇总表　　　　　　　　　　　表 4-12

规划应用汇总	页码	信息技术汇总	页码
城市用地适宜性评价	59	按属性选择要素	61
交通便捷性评价	61	多环缓冲区分析	61
环境适宜性评价	64	叠加分析（联合）	62
城市氛围评价	67	用 VB 脚本计算字段的复杂属性值	62
地形适宜性评价	68	多边形转栅格工具	63
		叠加分析（更新）	66
		栅格重分类	69
		栅格叠加（加权总和）	70
		栅格的面积计算	71
		层次分析法（yaahp 软件）	72

第3篇

三维分析

利用 GIS 的三维分析技术，城市规划设计可以快速创建三维场景，用于景观分析、坡度坡向分析、山地丘陵地区的道路纵断面分析、场地竖向规划和填挖方计算，以及视线视域分析等。

第5章 三维场景模拟

本章将介绍 ArcGIS 的三维场景建模方法。通过该功能，规划师可以直观地在数字环境中感受地形地貌和场地氛围。模拟出三维场景后，还能进行后续的地形分析和景观视域分析。

除了前几章介绍的 ArcMap，ArcGIS 专门提供了 ArcScene 和 ArcGlobe 两种三维场景工具。ArcScene 适合于局部三维透视场景的显示（图 5-1），ArcGlobe 适合从全球视角无缝、无限量地显示数据（图 5-2），而 ArcMap 只能从平面二维的角度看场景。一般情况下，规划研究的都是局部场景，因此本篇的介绍主要基于 ArcScene。

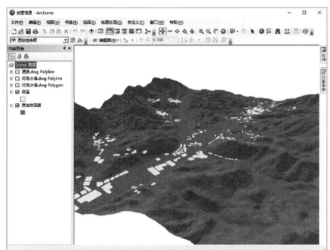

| 图5-1 ArcScene界面 | 图5-2 ArcGlobe界面 |

本章和本篇接下来几章介绍的内容，主要通过 ArcGIS 的"3D 分析"扩展模块来完成，该模块需要额外付费购买。在第一次使用该模块之前需要首先加载该模块，可在 ArcMap 或 ArcScene 主界面点击菜单【自定义】→【扩展模块…】，在【扩展模块】对话框中勾选【3D Analyst】选项。

本章所需基础：

➢ ArcMap 基础操作（详见第 2 章）。

5.1 创建地表面

| 应用技术提要 | 表 5-1 |

规划问题描述	解决方案
➢ 通过地形图不能直观看到地形地貌，只能通过等高线、标高去想象	√ 根据地形图的等高线和标高去三维模拟地形表面，使规划师如同亲临现场般地感受规划场地

地表面需要根据带高程属性的点、线、面来构建，这些要素可以从标准的地形图中获取。ArcGIS 地表面主要有 TIN 模型（不规则三角网）、地形模型（Terrain 表面，ArcGIS 地理数据库的专用地表面模型）和栅格模型（规则空间格网）三种形式。一般而言，TIN 模型和地形模型更容易编辑，因为它们是矢量模型，而栅格模型更容易

进行分析研究，所以经常出现两者相互转换的操作。

5.1.1 准备数据

对于一幅 dwg 格式的地形图，例如随书数据中的"chp05 \ 练习数据 \ 创建地表面 \ 地形 .dwg"，准备数据的过程如下：

☞ **步骤 1**：在 AutoCAD 下打开随书数据【chp05 \ 练习数据 \ 创建地表面 \ 地形 .dwg】。

➧ 检查等高线是否带有高程属性。对于二维多义线，一般存放在【标高】属性；对于三维多义线，一般存放在【起点 Z 坐标】和【端点 Z 坐标】。本实验数据的等高线是三维多义线。

➧ 检查高程点是否带有高程属性。对于点，一般存放在【位置 Z 坐标】属性；对于属性块，一般存放在块属性中。本实验数据的高程点是属性块，其中有【高程】属性。

➧ 如果等高线或高程点没有"高程属性"，那么非常不幸，您得手工逐条录入。

☞ **步骤 2**：导出【等高线】和【高程点】图层。

AutoCAD 下关闭除【等高线】和【高程点】以外的所有图层，用【WBLOCK】命令导出等高线和高程点，如图 5-3 所示。注意【插入单位】要与原 dwg 图一致，否则在 ArcGIS 下会出现坐标系错误。导出结果参见"chp05 \ 练习数据 \ 创建地表面 \ dwg 分要素文件 \ 等高线和高程点 .dwg"。

图5-3 AutoCAD下导出等高线和高程点

☞ **步骤 3**：导出其他图层。

如果要在地表面上表达道路、河流、房屋等要素，也要用【WBLOCK】命令逐个导出成单一 dwg 文件，参见随书数据"chp05 \ 练习数据 \ 创建地表面 \ dwg 分要素文件 \"文件夹下的各 dwg 文件。

5.1.2 创建 TIN 地表面

☞ **步骤 1**：启动 ArcMap，将【chp05 \ 练习数据 \ 创建地表面 \ dwg 分要素文件 \ 等高线和高程点 .dwg】加载到当前地图文档。

☞ **步骤 2**：启动【创建 TIN】工具。

在【目录】面板中，浏览到【工具箱 \ 系统工具箱 \ 3D Analysis Tools \ 数据管理 \ TIN \ 创建 TIN】，双击该工具，启动【创建 TIN】对话框（图 5-4）。

图5-4　创建TIN对话框

☞ **步骤 3**：设置等高线（图 5-4）。

➥ 设置【输出 TIN】为【chp05 \ 练习数据 \ 创建地表面 \ 原始地表面】。

➥ 拖拉【内容列表】中的图层【等高线和高程点 .dwg Polyline】、【等高线和高程点 .dwg Polygon】到【创建 TIN】对话框的【输入要素类】栏（注：等高线和高程点 .dwg 中有些等高线是封闭的多义线，它们会被 ArcGIS 识别成多边形，因此还需要加载【等高线和高程点 .dwg Polygon】）。

➥ 设置它们的【height_field】为【Elevation】，这意味着用 dwg 文件中的【Elevation】属性作为【高程】值。

➥ 设置它们的【SF_type】为【硬断线】。

> 🗨 说明：【SF_type】是表面要素类型，主要有硬断线、软断线和离散多点：
> 🗨 （1）硬断线（Hard breaklines）描述的是坡度的不连续性，例如河道。生成三角网地表面后，它将作为 TIN 的边。当地表面遇到硬断线时，坡度将急剧变化。
> 🗨 （2）软断线（Soft breaklines）与硬断线类似，只是它影响地形的方式更柔和，当地表面遇到软断线时，坡度将缓慢变化。但是这种硬和软的区别只有在将 TIN 转换成栅格之后才会体现出来。
> 🗨 （3）离散多点（Mass point）表示具体点位的高程 Z 值有多少。生成三角网后，它们按照相同的位置和高程被保存成结点。
> 🗨 此外对于多边形要素，还有硬裁剪［hardclip］、硬擦除［harderase］、硬替换［hardreplace］、硬值填充［hardvaluefill］，对应的还有软裁剪［softclip］、软擦除［softerase］、软替换［softreplace］、软值填充［softvaluefill］。例如一条带高程的多边形作为湖面边界应该用［硬替换］，这时湖面边界将参与 TIN，替换多边形内的其他等高线，并形成一个较陡的坡岸。

☞ **步骤 4**：设置高程点（图 5-4）。

➥ 拖拉【内容列表】中的图层【等高线和高程点 .dwg 731011】到【创建 TIN】对话框的【输入要素类】栏（注：【等高线和高程点 .dwg 731011】是高程点块属性）。

➥ 设置它的【height_field】为【高程】，【高程】是 dwg 文件中高程点块属性中的属性。

➥ 设置它们的【SF_type】为【离散多点】类型。

☞ **步骤 5**：点【确定】开始创建 TIN。

创建完成后【原始地表面】将被添加到当前地图文档，其效果如图 5-5 所示。

5.1.3　创建栅格地表面

ArcGIS 可以根据高程点用栅格插值的方法生成地表面。紧接之前步骤，具体操作如下：

☞ **步骤 1**：把等高线转换成点。

➥ 在【目录】面板中，浏览到【工具箱 \ 系统工具箱 \ Data Management Tools \ 要素 \ 要素折点转点】，双击该工具，启动【要素折点转点】对话框。

图5-5　创建的 TIN 地表面

➡ 设置【输入要素类】为【等高线和高程点 .dwg Polyline】。

➡ 设置【输出要素类】为【chp05 ＼练习数据＼创建地表面＼三维建模 .mdb ＼分析过程数据＼等高线折点】。

➡ 设置【点类型】为【ALL】。

➡ 点【确定】得到点要素类【等高线折点】。

☞ **步骤2**：把【等高线折点】、【等高线和高程点 .dwg 731011】合并成一个点要素类。

➡ 点击菜单【地理处理】→【合并】，启动【合并】工具（图5-6）。

图5-6 合并高程点

➡ 将【等高线折点】、【等高线和高程点 .dwg 731011】加入到【输入数据集】。

➡ 设置【输出数据集】为【chp05 ＼练习数据＼创建地表面＼三维建模 .mdb ＼分析过程数据＼高程点】。

➡ 删除多余的【字段映射】，仅保留【Elevation】和【高程】。

➡ 点【确定】，完成合并。

➡ 把高程属性汇总到一个字段。打开【高程点】要素类的属性表，利用【按属性选择要素】方法，选择所有【Elevation】属性为【0】的记录（详细操作参见第4章4.2.1节中的"1.计算省道和县道的缓冲区"中的步骤2），然后利用【字段计算器】计算【Elevation】＝【高程】（详细操作参见第2章2.5.4节"批量计算要素的属性值"）。

☞ **步骤3**：栅格插值生成地表面。

➡ 在【目录】面板中，浏览到【工具箱＼系统工具箱＼3D Analyst Tools ＼栅格插值＼样条函数法】，双击该工具，启动【样条函数法】对话框（图5-7）。

图5-7 样条函数法对话框

- 设置【输入点要素】为【高程点】。
- 设置【Z值字段】为【Elevation】。
- 设置【输出栅格】为【chp05 \ 练习数据 \ 创建地表面 \ 三维建模 .mdb \ 原始地表面】。
- 设置【输出栅格单元大小】为【10】。
- 点【确定】开始计算。完成后对栅格作分级符号化，最后效果如图 5-8 所示。

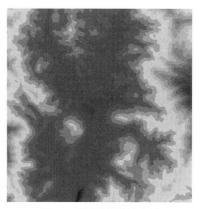

图5-8 创建的栅格地表面

5.1.4 TIN 转栅格地表面

由于栅格模型更容易进行分析研究，所以经常要把 TIN 转换成栅格数据，这也是创建栅格地表面的另一种方式。紧接之前步骤，具体操作如下：

☞ **TIN 转栅格**。在【目录】面板中，浏览到【工具箱 \ 系统工具箱 \ 3D Analyst Tools \ 转换 \ 由 TIN 转出 \ TIN 转栅格】，双击该工具，启动【TIN 转栅格】对话框（图 5-9）：

图5-9 TIN转栅格对话框

- 设置【输入 TIN】为之前生成的【chp05 \ 练习数据 \ 创建地表面 \ 原始地表面】。
- 设置【输出栅格】为【chp05 \ 练习数据 \ 创建地表面 \ 三维建模 .mdb \ 来自 TIN 地表面】。
- 设置【采样距离】为【OBSERVATIONS 250】，这意味着转换后的栅格图像的最长边有 250 个栅格点，可以修改【OBSERVATIONS】后面的数字来改变栅格点数。此外，该栏还能以每个栅格点的大小作为采样距离：点击该栏的下拉箭头，选择【CELLSIZE…】，【CELLSIZE】后的数字代表栅格点的大小，可自行设置。
- 接受其他默认设置，点【确定】。

5.1.5 栅格地表面转 TIN

由于 TIN 是矢量数据格式，更容易编辑，所以经常要把栅格地表面转换成 TIN，这也是创建 TIN 地表面的另一种方式。紧接之前步骤，具体操作如下：

☞ **栅格转 TIN**。在【目录】面板中，浏览到【工具箱 \ 系统工具箱 \ 3D Analyst Tools \ 转换 \ 由栅格转出 \ 栅格转 TIN】，双击该工具，启动【栅格转 TIN】对话框（图 5-10）：

- 设置【输入栅格】为之前生成的【chp05 \ 练习数据 \ 创建地表面 \ 三维建模 .mdb \ 原始地表面】。
- 设置【输出栅格】为【chp05 \ 练习数据 \ 创建地表面 \ 来自栅格 TIN】。
- 设置【Z 容差】为【1】，该参数用于调整模型的细腻程度。

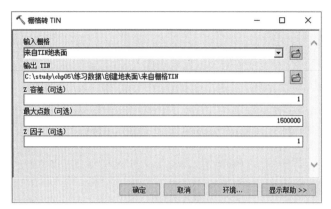

图5-10 栅格转TIN对话框

➜ 接受其他默认设置，点【确定】。

5.2 地表面的可视化

对于创建的地表面，我们需要通过符号化以增强其显示效果，还可以在 ArcScene 中进行三维浏览。

5.2.1 在 ArcScene 中查看地表面

在 ArcMap 中只能查看地表面的二维效果，通过 ArcScene 可以查看三维效果。下面我们在 ArcScene 中查看上一节构建的 TIN 表面。

☞ **步骤1**：启动 ArcScene。

点击 Windows 任务栏的【开始】按钮，找到【所有程序】→【ArcGIS】→【ArcScene10.5】程序项，点击启动 ArcScene 程序。其界面与 ArcMap 基本一致。

☞ **步骤2**：加载 TIN 图层【chp05 \ 练习数据 \ 地表面的可视化 \ 原始地表面】。

与 ArcMap 中添加图层相同，可以使用工具条上的【添加数据】按钮➕，或者从【目录】面板中直接把 TIN 数据拖拉进 ArcScene 界面。加载后如图 5-11 所示。

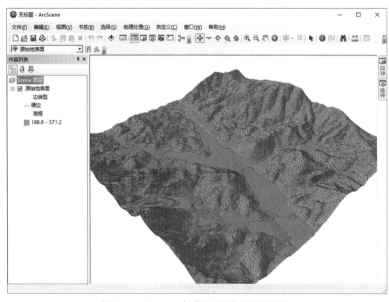

图5-11 ArcScene加载TIN地表面后的界面

☞ **步骤3**：符号化【原始地表面】。

右键点击【原始地表面】图层，在弹出菜单中选择【属性…】，显示【图层属性】对话框（图5-12），具体设置如下：

➡ 取消勾选【显示】栏的【边类型】和【表面】。

➡ 点击【添加…】按钮，选择【具有分级色带的表面高程】，点【添加】，然后点【清除】关闭【添加渲染器】对话框，之后，【显示】栏多出【高程】一项。

➡ 选择【显示】栏的【高程】，在【色带】栏点击下拉按钮，选择图5-12所示色带。

➡ 点【确定】按钮后，图面效果如图5-13所示。

图5-12　ArcScene下的TIN符号化对话框

图5-13　ArcScene下TIN的符号化效果

☞ **步骤4**：三维漫游。

在工具条中选择【导航】工具✥，之后滚动鼠标滑轮可以放大缩小，按住鼠标左键拖拉可以旋转图形，按住鼠标右键拖拉也可以放大缩小，按住鼠标滑轮或中键拖拉可以平移图形。

☞ **步骤5**：保存场景。

对于漫游到的特定场景，ArcGIS可以将其保存起来，便于反复查看对比。

➡ 创建场景。在ArcScene下，漫游图形到合适场景，点击系统菜单【书签】→【创建…】，在弹出对话框中输入场景名称（例如"南部"）。

➡ 切换场景。在ArcScene下，点击系统菜单【书签】，在其下菜单项目中选择之前保存的场景名，即可切换到该场景。

➡ 管理场景。点击系统菜单【书签】→【管理】，在弹出的【书签管理器】对话框中可以添加、删除场景，如图5-14所示。

5.2.2　TIN地表面的符号化

TIN地表面具有比较丰富的符号化方式。设置符号化的基本操作为：

☞ **步骤1**：在ArcMap或ArcScene下，打开任意TIN图层的属性对话框，切换到【符号系统】选项卡。

☞ **步骤2**：选择符号化方式。

点击【添加…】按钮，显示【添加渲染器】对话框（图5-15）。

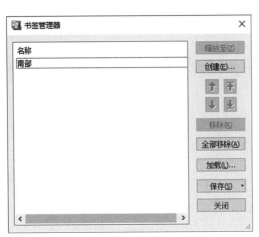

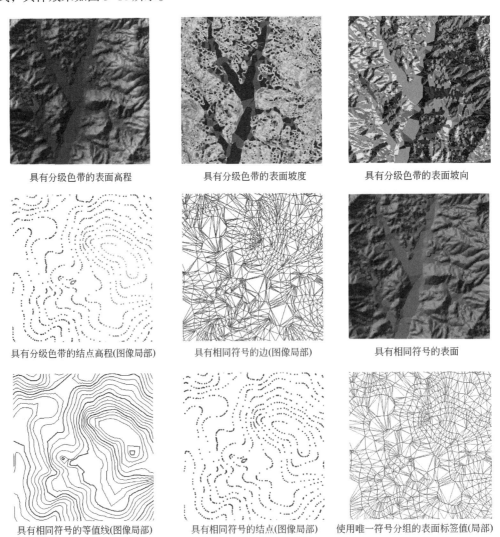

图5-14 书签管理器对话框　　　　　　　　　图5-15 添加渲染器对话框

从中可以看到有 11 种基本符号化方式。针对之前得到的 TIN 数据【原始地表面】，可以使用其中的 9 种基本符号化方式，具体效果如图 5-16 所示。

具有分级色带的表面高程　　　　具有分级色带的表面坡度　　　　具有分级色带的表面坡向

具有分级色带的结点高程(图像局部)　　具有相同符号的边(图像局部)　　具有相同符号的表面

具有相同符号的等值线(图像局部)　　具有相同符号的结点(图像局部)　　使用唯一符号分组的表面标签值(局部)

图5-16 TIN地表面的符号化效果

在【添加渲染器】对话框中点击【添加】将选中的符号化方式添加到【显示】栏。

☞ **步骤 3**：设置符号。

选择【显示】栏的某一符号化方式，对话框右侧即刻显示出该方式的各类符号化参数，其设置可参考 5.2.1 节的步骤 3，不再赘述。

只有勾选【显示】栏的某一符号化方式之后，才会应用它来符号化 TIN。如果同时勾选多种符号化方式，则它们的效果将叠加显现。

☞ **步骤 4**：为 TIN 表面添加阴影，增强立体效果。

选择【显示】栏下的【高程】，然后勾选【在 2D 显示画面中显示山体阴影照明效果】。

5.3　制作 3D 影像图、规划图

应用技术提要	表 5-2
规划问题描述	解决方案
➢ 如何使平面的遥感影像图和规划图纸具有 3D 效果	√ 在模拟好的三维地形表面上，把遥感影像图、规划图纸像皮肤一样浮动上去，这些图纸也就有三维效果了

查看平面的遥感影像图和规划图纸，没有立体效果，不易感受到实地高程的变化。有了地表面之后，可以使其他要素类或栅格图也拥有三维效果，一方面使地表面附着更多的信息，另一方面使其他要素更易查看。

5.3.1　制作 3D 遥感影像图

☞ **步骤 1**：启动 ArcScene，加载 TIN 图层【chp05 \ 练习数据 \ 地表面的可视化 \ 原始地表面】，和遥感图像【chp05 \ 练习数据 \ 地表面的可视化 \ 三维建模 \ 遥感图】。

☞ **步骤 2**：给遥感图附高程。

➥ 右键点击【遥感图】图层，在弹出菜单中选择【属性…】，显示【图层属性】对话框。

➥ 切换到【基本高度】选项卡（图 5-17）。

➥ 在【从表面获取的高程】栏，选择【浮动在自定义表面上】，然后选择【chp05 \ 练习数据 \ 地表面的可视化 \ 原始地表面】，意味着遥感图将浮在 TIN 图层"原始地表面"上。

➥ 设置【添加常量高程偏移】为【2】，意味着遥感图将放在 TIN 图层【原始地表面】以上 2 个单位的位置。

➥ 切换到【渲染】选项卡，勾选【相对于场景的光照位置为面要素创建阴影】，为三维遥感图添加阴影。

➥ 点【确定】。然后在【内容列表】中关闭【原始地表面】，最终效果如图 5-18 所示。

这已经是一幅感觉非常真实的三维鸟瞰图了。在这个基础上分析现状将更加得心应手。

5.3.2　制作 3D 规划图纸

☞ **步骤 1**：配准用地规划图。

用地规划图是一幅没有坐标系的 tiff 图纸，首先要配准它。

➥ 启动 ArcMap，加载【chp05 \ 练习数据 \ 地表面的可视化 \ 用地规划图 .tiff】和【地形 .dwg】。

➥ 加载【地理配准】工具条。右键点击任意工具条，在弹出菜单中选择【地理配准】，显示该工具条

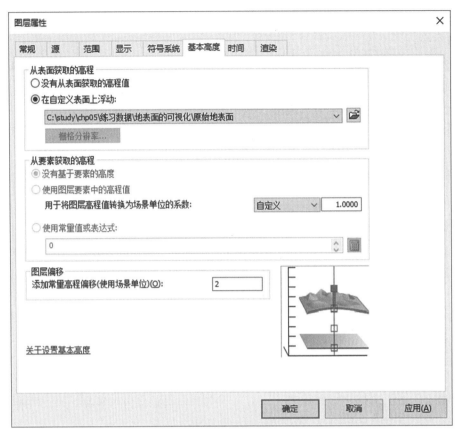

图5-17　设置3D遥感影像图

图5-18　三维遥感影像图效果

（图 5-19）。点击工具条上的【地理配准】按钮，在弹出菜单中取消勾选【自动校正】，这将取消动态显示校正结果。

➜ 在工具条的【图层】栏选择【用地规划图 .tiff】，用于指定配准对象。

➜ 设置配准控制点。

　➜ 点击【添加控制点】工具 ⬛。

　➜ 首先在【用地规划图】上找到一个控制点，点击它，然后再在【地形 .dwg】上找到该控制点对应的准确位置，点击它；类似地再绘制一对控制点，如图 5-20 所示，控制点对之间会有一条蓝线相连。

图5-19 地理配准工具条

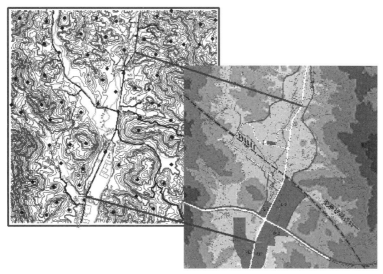

图5-20 配准用地规划图

- ↳ 点击【地理配准】按钮，在弹出菜单中选择【更新显示】，即刻显示配准后的效果。
- ↳ 如果配准效果不满意，一般是由于控制点没选对，可点击【查看连接表】工具▦，在【连接表】对话框中删除相应点对，然后再重新添加控制点。
- ➜ 保存配准好的图形。点击【地理配准】按钮，在弹出菜单中选择【纠正…】，显示【另存为】对话框，设置【输出位置】为【chp05＼练习数据＼地表面的可视化＼三维建模】,设置【名称】为【用地规划图（已配准）】，如图 5-21 所示。点【保存】。

☞ **步骤2**：启动 ArcScene，制作 3D 用地规划图。

其操作步骤与制作 3D 遥感影像图类似，不再赘述，其中设置【添加常量高程偏移】为【1】。最终的效果如图 5-22 所示。

从三维的用地规划图上，可以一目了然地掌握各地块的土地平整情况，以及各道路的坡度起伏情况。其信息的直观程度远高于平面图纸。

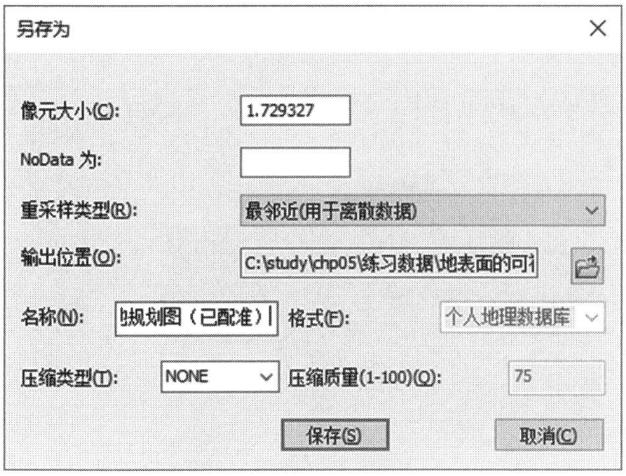

图5-21 保存配准好的图纸

图5-22 三维用地规划图效果

5.4 创建二维半建筑和场景

规划问题描述	解决方案
➤ 如何快速地模拟出大范围的城市建成环境，包括地形、建筑、水系、道路等基本要素	√ 根据地物的外轮廓线和地物高度，批量自动地拉伸出立体模型

在进行景观规划时，仅仅有三维地表面是不够的，还需要模拟三维建筑。ArcGIS 可以根据建筑外廓线和建筑高度快速生成建筑立体模型（简称二维半模型）。

在模拟大型城市场景时（例如整个规划片区或整个城市），由于建筑数量众多，工作量十分巨大。ArcGIS 二维半建模方式速度快、效率高，非常适用大范围的城市建成环境模拟，用于整体景观的分析非常合适。

☞ **步骤1**：启动 ArcScene，打开 Scene 文档【chp05＼练习数据＼创建二维半建筑和场景＼创建场景.sxd】（注：ArcScene 的文件名后缀是 sxd）。

其中含有【原始地表面】TIN 图层，来自 dwg 文件的"河流水塘.dwg Polygon"、"河流水塘.dwg Polyline"、"道路.dwg Polyline"，以及从【地形.dwg】导出的含层数属性的【房屋】图层（注：从地形图中提取含层数属性的建筑要素的方法详见第3章3.1节"从地形图中提取建筑外轮廓线和层数"）。

☞ **步骤2**：拉升出二维半建筑。

→ 右键点击【房屋】图层，在弹出菜单中选择【属性…】，显示【图层属性】对话框。

→ 设置建筑基地标高。切换到【基本高度】选项卡，勾选【浮动在自定义表面上】，并选择【没有基于要素的高度】，这使房屋浮动到地表面上。

→ 拉升成立体建筑。切换到【拉伸】选项卡，勾选【拉伸图层中的要素…】，然后点击【拉伸值或表达式】栏的计算机按钮 ，显示【表达式构建器】对话框，在【表达式】栏输入【［层数］*3】，这是建筑屋顶的大致高度，点【确定】。

→ 切换到【渲染】选项卡，勾选【相对于场景的光照位置为面要素创建阴影】。

→ 点【确定】。最后效果如图5-23所示。

☞ **步骤3**：添加河流、道路等其他地物。

→ 显示【河流水塘.dwg Polygon】、【河流水塘.dwg Polyline】、【道路.dwg Polyline】图层。

→ 为这些图层设置基准标高。打开这些图层的【图层属性】对话框，切换到【基本高度】选项卡，勾选【浮动在自定义表面上】，并选择【没有基于要素的高度】，这使这些要素浮动到地表面上。最终的效果如图5-24所示。

至此，已快速地构建出了一个山地城市的场景。这对于规划分析研究具有重要价值。

图5-23 拉升出二维半建筑的效果

图5-24 添加河流、道路后的效果

5.5 创建真三维场景

应用技术提要	表5-4

规划问题描述	解决方案
➢ 在局部地段详细规划和审批时，需要构建真三维模型，以仔细查看和分析建筑和场地 ➢ 规划建设许可时，希望把新建建筑加入到三维虚拟环境中，以分析它和周边环境的关系	√ 在三维地表面和二维半建筑的基础上，利用 ArcGIS 符号系统，快速加入路灯、车辆、树木等三维地物，打造真实的虚拟场景 √ 把专业 3D 建模软件（例如 3d Max、SketchUp）创建的带材质的三维模型直接导入到 ArcGIS 三维场景中

5.4 节创建的二维半建筑模型仍然比较粗糙，它没有材质，不能模拟坡屋顶、门窗等建筑细部。因此，ArcGIS 还提供了更强大的加入真三维地物的工具，这些地物包括建筑、树木、车辆、路灯等，从而可以达到虚拟现实的深度。

当然这种更细致的模拟需要更多的建模工作量，但是用于局部地段的深入景观分析还是非常值得的。

下面将创建一个真三维的居住小区活动中心的场景。

5.5.1 导入三维地物

首先，让我们把已建好的 SketchUp 模型导入到 ArcGIS 多面体（MultiPatch）要素类中，该模型比较精细，ArcGIS 自身环境下是无法制作出来的。

ArcGIS 支持的 3D 格式包括：3D Studio Max（*.3ds）、VRML 和 GeoVRML 2.0（*.wrl）、SketchUp 6.0（*.skp）、OpenFlight 15.8（*.flt）等。多面体要素是一种可存储面集合的 GIS 对象。面可存储纹理、颜色、透明度和几何信息。

☞ **步骤 1**：启动 ArcScene，加载 Scene 文档【chp05 \ 练习数据 \ 创建真三维场景 \ 创建真三维场景 .sxd】。

其中含有三个图层：【底图】图层是一个小区详细规划的总平面图局部；【树】图层是点类型的要素类，代表树木的位置，有 4 种类型的树木；【汽车】图层也是点类型要素类，代表汽车位置。

☞ **步骤 2**：导入 SketchUp 格式的公共建筑。

➡ 在【目录】面板中，浏览到【工具箱 \ 系统工具箱 \ 3D Analyst Tools \ 转换 \ 由文件转出 \ 导入 3D 文件】，双击启动该工具（图 5-25）。

图5-25 设置导入3D文件对话框

➡ 在【输入文件】栏中，点击打开按钮[图]，选择【chp05 \ 练习数据 \ 加入真三维地物 \ 公共建筑 .skp】，这是一个 SketchUp 6 格式的建筑三维模型。

➡ 设置【输出多面体（MultiPatch）要素类】为【chp06 \ 练习数据 \ 加入真三维地物 \ 虚拟现实 .mdb \ 建筑 \ 公共建筑】。

➥ 点【确定】开始导入。

☞ **步骤 3**：加载刚导入的【公共建筑】多面体要素类。

加载后如图 5-26 所示，三维模型已经显现，但是空间位置还不正确，需要调整。

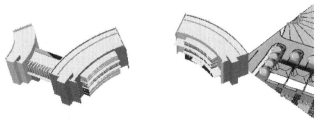

图5-26 导入3D文件后的效果

☞ **步骤 4**：移动模型位置。

➥ 转换到顶视图。点击系统菜单【视图】→【视图设置…】，显示【视图设置】对话框（图 5-27），在【查看特征】栏中选择【正射投影（2D视图）】，图面即刻转换到顶视图，点【取消】关闭对话框。

➥ 显示在【3D 编辑器】工具条。右键点击任意工具条，在弹出菜单中选择【3D 编辑器】，显示【3D 编辑器】工具条（图 5-28）。

➥ 开始编辑。点击该工具条上的【3D 编辑器】按钮，在下拉菜单中选择【开始编辑】。

➥ 移动公共建筑位置。选择工具条上的【编辑放置工具】，然后点击上一步加入的公共建筑，将其选中，选中后建筑边界会显示高亮绿色，通过拖拉的方式将其移动到平面正确位置。

➥ 停止并保存编辑。点击工具条上的【3D 编辑器】按钮，在下拉菜单中选择【停止编辑】，并保存编辑内容。

图5-27 设置3D视图

图5-28 3D编辑器工具条

☞ **步骤 5**：导入并加载住宅建筑。

其 SketchUp 文件位于 "chp05 \ 练习数据 \ 创建真三维场景 \ 住宅 .skp"。其操作类似步骤 2 ~ 步骤 4，这里不再赘述。

☞ **步骤 6**：转回到透视图。

点击菜单【视图】→【视图设置…】，显示【视图设置】对话框，在【查看特征】栏中选择【透视】，点【取消】关闭对话框。其效果如图 5-29 所示。

图5-29 3D初步效果

5.5.2　使用三维符号添加树木

本节将继续为场景添加树木。

ArcGIS可以把点要素以三维符号的形式表达，这些三维符号包括树木、建筑、汽车、街道家具等。

紧接之前步骤，把点要素【树】图层转变成三维树：

☞ **步骤1**：打开设置符号的对话框。

在【内容列表】面板中，右键点击【树】图层，在弹出菜单中选择【属性…】，显示【图层属性】对话框，切换到【符号系统】选项卡。

☞ **步骤2**：添加三维树符号样式。

→ 双击【树1】前的符号，显示【符号选择器】对话框。

→ 点击【符号选择器】对话框中的【样式引用…】按钮，显示【样式引用】对话框（图5-30）（说明：如果样式引用列表里面没有所需要的样式，点击【样式引用】对话框左下角的【将样式添加至列表…】，连接到ArcGIS的安装目录，打开Desktop10.5,再打开style文件，就可以选择所需要的样式进行加载）。

图5-30　引用3D Trees样式

→ 勾选【3D Trees】样式，点【确定】返回。这时【符号选择器】对话框中增加了许多三维树符号样式。点【取消】退出【符号选择器】对话框。

☞ **步骤3**：设置树符号。

→ 双击【树1】前的符号，在【符号选择器】对话框中，选择【Queen Palm1】符号，将【大小】设为【8】，点【确定】返回。

→ 双击【树2】前的符号，显示【符号选择器】对话框，选择【Big Leaf Maple】符号，将【大小】设为【6】，点【确定】返回。

→ 双击【树3】前的符号，显示【符号选择器】对话框，选择【Myoporum】符号，将【大小】设为【2.5】,点【确定】返回。

→ 双击【树4】前的符号，显示【符号选择器】对话框，选择【Azalea2】符号，将【大小】设为【1.5】，点【确定】返回。

→ 在【图层属性】对话框中点【应用】。其图面效果如图5-31所示。这时树的边缘会有白边，树的摆放也比较呆板。

☞ **步骤4**：调整树的效果。

→ 在【图层属性】对话框中,点击【符号系统】选项卡的【高级】按钮,在下拉菜单中选择【旋转…】,显示【3D

图5-31　添加树后的初步效果

旋转】对话框（图 5-32）。在【按此字段中的角度旋转点】栏中选择【随机】，点【确定】返回。之后所有树木将随机旋转，而不是以同一角度面向读者。

➡️ 切换到【渲染】选项卡，在【优化】栏中，拖拉【透明度最低阀值】的按钮到中后段，树木的白边就变得透明了。

图5-32 设置3D符号的旋转角度

图5-33 调整树后的3D效果

☞ **步骤 5：**点【确定】完成设置。其效果如图 5-33 所示，加入树木后图面变得生动多了。

5.5.3 使用三维符号添加汽车

紧接之前步骤，把点要素【汽车】图层转变成三维汽车：

☞ **步骤 1：**打开设置符号的对话框。

在【内容列表】面板中，右键点击【汽车】图层，在弹出菜单中选择【属性…】，显示【图层属性】对话框，切换到【符号系统】选项卡。

☞ **步骤 2：**添加三维汽车符号样式。

➡️ 双击任意符号，显示【符号选择器】对话框。

➡️ 点击【符号选择器】对话框中的【样式引用…】按钮，显示【样式引用】对话框，勾选【3D Vehicles】样式，点【确定】返回。点【取消】退出【符号选择器】对话框。

☞ **步骤 3：**根据汽车属性自动匹配汽车样式。

➡️ 将【显示】栏设置为【类别 \ 与样式中的符号匹配】（图 5-34）。

➡️ 设置【值字段】栏为【类型】，设置【与样式中的符号匹配】栏为【3D Vehicles.style】。

➡️ 点击【匹配符号】按钮。之后系统会自动按照【汽车】要素类中的【类型】属性值在【3D Vehicles】样式中匹配同名符号，匹配结果如图 5-34 所示。

☞ **步骤 4：**旋转汽车。

➡️ 点击【符号系统】选项卡的【高级】按钮，在下拉菜单中选择【旋转…】，显示【3D 旋转】对话框。

➡️ 在【按此字段中的角度旋转点】栏中选择【Angle】字段。

➡️ 在所有弹出的对话框中，点【确定】完成设置。

本设置将使得汽车模型的角度按照其【Angle】属性来摆放。其效果如图 5-35 所示，这时的汽车角度是不对的。

图5-34 设置3D汽车符号

图5-35 添加汽车后的3D初步效果

☞ **步骤 5**：调整汽车角度。

➥ 点击【3D 编辑器】工具条上的【3D 编辑器】按钮，在下拉菜单中选择【开始编辑】。

➥ 打开【汽车】要素类的属性表。

➥ 选择表中的某行，对应的汽车要素同步被选中，右键单击该行的第一列，在弹出菜单中选择【缩放至】，将图面缩放到该汽车，在表中输入其 Angle 值，按回车，图片上的汽车同步被旋转。

➥ 类似地，调整好所有汽车角度后，停止并保存编辑。

至此，一个真三维场景就基本构建完毕了。其效果虽然达不到效果图的水平，但是其优势是，读者可以使用三维浏览工具在场景中任意漫游，仔细分析环境效果，提出建筑和景观修改意见，并且还可以随时更换建筑，进行多方案的比较。

随书数据"chp05 ＼练习结果示例＼创建真三维场景＼创建真三维场景 .sxd"，示例了本练习完成后的效果。

5.6 制作三维动画

ArcGIS 提供了非常实用而丰富的动画制作功能，有些工具甚至可以构建比较复杂的动画。针对规划的需求，本节仅简要介绍两种快速构建方式。

5.6.1 通过捕捉不同视角来创建动画

应用技术提要	表 5-5
规划问题描述	解决方案
➢ 如何以动画的方式查看 3D 场景	√ 利用 ArcScene 的动画工具，通过捕捉不同的视角来制作 3D 场景的环视动画或路径动画，全方位地鸟瞰地形地貌

该方法通过捕捉不同的视角，自动平滑两两视角之间的过程，形成一个完整的动画。具体操作为：

图5-36　动画控制器对话框

☞ **步骤 1**：启动 ArcScene，打开 Scene 文档【chp05 ＼练习数据＼制作动画＼创建动画 .sxd】。

☞ **步骤 2**：启动【动画】工具条。

右键点击任意工具条，在弹出菜单中勾选【动画】，显示【动画】工具条 ：动画(A)▼ ⬚ ⬚ 。

☞ **步骤 3**：捕捉视角。

漫游场景到合适视角，然后点击【动画】工具条上的【捕捉视图】工具 ⬚，系统会记录下该视角；然后漫游场景到另一个视角，再次点击 ⬚；类似地，逐次捕捉需要在动画中出现的关键场景。

☞ **步骤 4**：播放动画。

点击【打开动画控制器】按钮 ⬚，显示【动画控制器】对话框（图 5-36），点击播放键 ▶ 即可在图形界面查看刚完成的动画。

☞ **步骤 5**：导出成视频。

点击【动画】工具条的【动画】按钮，在下拉菜单中选择【导出动画…】，设置好路径后可导出为 avi 视频格式。

☞ **步骤 6**：制作新动画。

点击【动画】工具条的【动画】按钮，在下拉菜单中选择【清除动画…】，之后可以制作新动画。

随书数据中提供了一段完成好的动画视频，详见"chp05 ＼练习结果示例＼动画视频＼从多视角创建的动画 .avi"。

5.6.2　通过改变一组图层的开关构建动画

<table>
<tr><td align="center">应用技术提要</td><td align="right">表 5-6</td></tr>
</table>

规划问题描述	解决方案
➢ 如何制作城市的用地演变的动画 ➢ 关于某地的多幅图纸，如何循环依次显示它们，用于比对分析	√ 根据图层组创建动画，动画依次显示图层组中的各个图层

该方式通过控制一组图层的逐次显示来构建动画，例如对于一组反映不同年代城市建成区范围的图层，构建动画后可以动态显示城市的用地变化；又如对于本章构建的地表面 TIN、三维遥感图和三维用地规划图，如果让这三个循环依次显示，则更便于对比分析。接下来就以此为例，介绍该方法：

☞ **步骤 1**：启动 ArcScene，打开 Scene 文档【chp05 ＼练习数据＼制作动画＼创建动画 .sxd】。

☞ **步骤 2**：创建图层组。

图层组是一系列相关图层的组合，从而实现图层分组。之后就可以对该图层组中的图层构建动画。

➥ 右键单击【内容列表】面板中的【Scene 图层】项，在弹出菜单中选择【新建图层组】，列表中会新添一个名为【新建图层组】的项目。

➥ 点击它，图层名变为可编辑状态，将其重命名为【动画图层组】。

➥ 将【原始地表面】、【遥感图】、【用地规划图】拖拉到【动画图层组】，注意图层的上下顺序，它决定了动画的顺序（图 5-37）。

➥ 在【内容列表】面板中勾选上述三个图层，确保它们都处于显示状态。

☞ **步骤 3**：创建动画。

点击【动画】工具条的【动画】按钮,在下拉菜单中选择【创建组动画…】,显示【创建组动画】对话框（图 5-38）：

图5-37 创建动画图层组

图5-38 创建组动画对话框

➥ 在【选择图层组】栏选择【动画图层组】。

➥ 在【图层可见性】栏勾选【每次一个图层】。

➥ 勾选【淡化时各图层混合】,这是一个动画过渡效果。

➥ 将【淡化过渡】的按钮拖到中间位置。

➥ 点【确定】完成设置。

☞ **步骤 4**：播放动画。

点击【打开动画控制器】按钮 ▥,显示【动画控制器】对话框,点击 选项(P)>> 按钮,显示更多设置选项,设置【播放模式】为【正向循环】,使之能重复不断地播放。点击播放键 ▶ 即可在图形界面查看刚完成的动画。

☞ **步骤 5**：查看细节。

播放的同时还可以使用放大、缩小、平移等工具,使用户能够以动画方式查看局部细节。

☞ **步骤 6**：导出成视频。

点击【动画】工具条的【动画】按钮,在下拉菜单中选择【导出动画…】,设置好路径后可导出为 avi 视频格式。

随书数据中提供了一段完成好的动画视频,详见"chp05\练习结果示例\动画视频\图层切换动画 .avi"。

> ⬇ **进阶**：构建城市演变动画。如果读者手里有一组反映不同年代城市建成区范围的数据,在ArcMap中,将其放置到一个图层组下,按年代排列好,然后创建组动画,就可以生成一幅关于城市用地演变历史的动画。

5.7 本章小结

本章详细介绍了 ArcGIS 三维场景的建模方法。首先需要创建地表面,ArcGIS 可以根据带高程属性的点、线、面来构建地表面,构建的地表面数据主要有 TIN 格式、栅格格式和地形 Terrain 格式,格式之间可以相互转换。

对于创建的地表面,需要通过符号化以增强其显示效果,还可以在 ArcScene 中进行三维浏览。基于地表面还可以制作 3D 影像图、规划图,使平面图纸具有 3D 效果。

为了模拟出大范围的城市建成环境,包括建筑、河流、道路等基本要素,可以根据地物的外轮廓线和地物高度,批量自动地拉伸出二维半立体模型。

但是二维半建筑模型比较粗糙，它没有材质，不能模拟坡屋顶、门窗等建筑细部。因此，ArcGIS 还提供了更强大的创建真三维场景的工具，它能将其他软件建立的复杂 3D 模型导入到场景中，并且还能以三维符号的方式，为场景添加树木、建筑、汽车、街道家具等。从而构建出比较真实的虚拟现实场景。

最后，还可以制作 3D 场景的环视动画或路径动画，全方位地鸟瞰地形地貌。

本章技术汇总表　　　　　　　　　　　　　　　　　表 5-7

规划应用汇总	页码	信息技术汇总	页码
创建三维地形模型	81	创建 TIN 工具	82
制作 3D 遥感影像图、3D 规划图	89	要素折点转点	83
快速模拟大范围的城市建成环境	92	合并多个同类型要素类	84
创建局部地段的虚拟现实场景	93	栅格插值工具（样条函数法）	84
制作 3D 漫游动画	97	TIN 转栅格工具	85
制作城市用地演变动画	98	栅格转 TIN 工具	85
		地表面的符号化	86
		创建和管理视图书签	87
		图纸浮动到地表面	89
		地理配准	89
		拉高图层中的要素（二维半模型）	92
		导入 3D 模型	93
		ArcScene 中查看顶视图	94
		三维符号	95
		通过捕捉不同视角来创建动画	97
		通过改变一组图层的开关来构建动画	98
		创建图层组	98

第6章　地形分析和构建技术

城市规划中经常会用到坡度坡向分析、道路纵断面分析、填挖方分析等，本章将对这些地形分析技术进行介绍。

本章所需基础：

➢ ArcMap 基础操作（详见第 2 章）；

➢ ArcScene 三维浏览操作（详见第 5 章 5.2 节、5.3 节）。

6.1　地形的坡度坡向分析

应用技术提要　　　　　　　　　　　　　　　　　　　　　　　　　　表 6-1

规划问题描述	解决方案
➢ 山地丘陵地区的用地适宜性评价，需要重点考虑地形坡度。一般而言，坡度越小，用地适宜性就越好，坡度大于 30% 的用地就不适宜作为建设用地了 ➢ 坡向也是需要重点考虑的内容，南向坡可以争取到更好的建筑朝向和节能	√　利在三维地表面的基础上，利用 ArcGIS 快速地计算出坡度、坡向图

6.1.1　坡度分析

1. 对 TIN 数据的坡度分析

☞ **步骤 1：**启动 ArcMap，加载 TIN 数据【chp06＼练习数据＼坡度坡向和纵断面分析＼原始地表面】。

☞ **步骤 2：**在【目录】面板中，浏览到【工具箱＼系统工具箱＼3D Analysis Tools＼表面三角化＼表面坡度】，双击该工具，启动【表面坡度】对话框，设置如图 6-1 所示。

图6-1　表面坡度对话框

- 设置【输入表面】为【原始地表面】。
- 设置【输出要素类】为【chp06 \ 练习数据 \ 坡度坡向和纵断面分析
  \ 三维建模 .mdb \ 分析过程数据 \ 地表面坡度】。
- 设置【坡度单位】为【DEGREE】,即"度"。另一个可选项是【PERCENT】,
  即"百分比"。
- 认可其他默认设置,点【确定】开始计算。计算结果是一个多边形要
  素类,其【SlopeCode】属性记录的是坡度的分级,具体分为 1~9 级,
  1 级对应 0~10 度,每级递升 10 度。对它作基于【SlopeCode】的【唯
  一值类型】符号化后如图 6-2 所示。

图6-2　表面坡度分析结果

另一种显示 TIN 数据坡度的方式是直接使用【具有分级色带的表面坡
度】类型的符号化,参见第 5 章 5.2.2 节 "TIN 地表面的符号化"。该方式只适用于显示坡度,由于数据格式仍是
TIN,因而难以参与其他分析(例如叠加分析)。

2. 对栅格地表面的坡度分析

☞ **步骤 1**:启动 ArcMap,加载栅格数据【chp06 \ 练习数据 \ 坡度坡向和纵断面分析 \ 三维建模 .mdb \ 原始
地表面】。

☞ **步骤 2**:在【目录】面板中,浏览到【工具箱 \ 系统工具箱 \ 3D Analysis Tools \ 栅格表面 \ 坡度】,双击该
工具,启动【坡度】对话框,设置如图 6-3 所示。

点【确定】开始计算。计算结果是一个连续的栅格数据,它的【Value】值是每个栅格点的坡度值。对其作【分
级符号化】后如图 6-4 所示。

图6-3　栅格坡度分析对话框

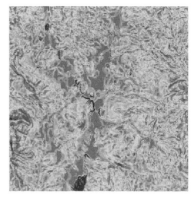

图6-4　栅格坡度分析结果

> **说明**:对TIN表面作【表面坡度】分析得到的结果是一个多边形要素类,其坡度属性【SlopeCode】记录的是坡度的分级而不是坡度值,具体分为1~9级,
> 1级对应0~10度,每级递升10度。而根据栅格地表面获得的坡度分析结果是每个栅格点的坡度值。很显然后者比前者精准,因而实际应用中,主要采用栅
> 格坡度这种方式,如果是TIN数据,则首先将其转换为栅格地表面,详见5.1.4节TIN转栅格地表面。

6.1.2 坡向分析

1. 对 TIN 数据的坡度分析

☞ **步骤 1**:启动 ArcMap,加载 TIN 数据【chp06 \ 坡度坡向和纵断面分析 \ 原始地表面】。

☞ **步骤 2**:在【目录】面板中,浏览到【工具箱 \ 系统工具箱 \ 3D Analysis Tools \ 表面三角化 \ 表面坡向】,
双击该工具,启动【表面坡向】对话框,设置如图 6-5 所示。

点【确定】开始计算。计算结果是一个多边形要素类,其【AspectCode】属性记录的是坡向的分级,具体分
为—1、1、2~9 级,分别代表平面、北、东北、东……西、西北、北。对它作基于【AspectCode】的【唯一值类型】

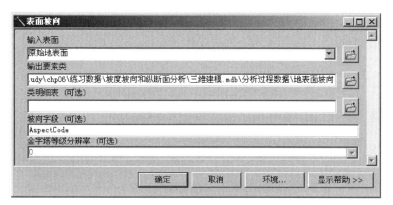

图6-5 表面坡向对话框　　　　　　　　　　　　　　　　　图6-6 表面坡向分析结果

符号化后如图 6-6 所示。

另一种显示 TIN 数据坡向的方式是直接使用【具有分级色带的表面坡向】类型的符号化，参见第 5 章 5.2.2 节 "TIN 地表面的符号化"。该方式只适用于显示坡向，由于数据格式仍是 TIN，因而难以参与其他分析（例如叠加分析）。

2. 对栅格地表面的坡向分析

☞ **步骤 1**：启动 ArcMap，加载栅格数据【chp06 \ 练习数据 \ 坡度坡向和纵断面分析 \ 三维建模 .mdb \ 原始地表面】。

☞ **步骤 2**：在【目录】面板中，浏览到【工具箱 \ 系统工具箱 \ 3D Analysis Tools \ 栅格表面 \ 坡向】，双击该工具，启动【坡向】对话框，设置如图 6-7 所示。

点【确定】开始计算。计算结果是一个连续的栅格数据（图 6-8），它的【Value】值是每个点的坡向值，其中—1 代表平面，0~22.5 代表北向，22.5~67.5 代表东北，67.5~112.5 代表东向，依次类推。

图6-7 栅格坡向分析对话框　　　　　　　　　　　　　　　图6-8 栅格坡向分析结果

6.2　道路纵断面分析和设计

应用技术提要　　　　　　　　　　　　　　　　　　　　　　　　　　表 6-2

规划问题描述	解决方案
➢ 对于山地丘陵地区的规划道路选线，哪个方案的道路纵坡相对更小？能否满足城市道路设计规范，例如行车速度为 20~30 公里 / 小时时最大纵坡 9% 的限制能否满足	√ 在三维地表面的基础上，利用 ArcGIS，沿着设计的道路中线，快速地计算出纵切面的断面图 √ 计算出多个道路选线方案的现状纵断面图，进行对比分析

☞ **步骤 1**：启动 ArcMap，加载 TIN 数据【chp06 \ 练习数据 \ 坡度坡向和纵断面分析 \ 原始地表面】和栅格数据【chp06 \ 练习数据 \ 坡度坡向和纵断面分析 \ 三维建模.mdb \ 用地规划图】。

☞ **步骤 2**：显示【3D Analyst】工具条。

　　在任意工具条上点右键，在弹出的菜单中选择【3D Analyst】，显示【3D Analyst】工具条（图6-9）。

图6-9　3D Analyst工具条

☞ **步骤 3**：绘制两条代表道路中心线的 3D 线。

　➡ 在【3D Analyst】工具条中，将【图层】栏设置为【原始地表面】。

　➡ 点击【线插值】工具 📐，然后如图 6-10 中偏南边的选线，从左向右描出一号方案的道路选线。

　➡ 点击【选择元素】工具 ▶，然后双击描出的道路中心线，显示【属性】对话框，将颜色改为蓝色，宽度改为【3】。

　➡ 类似地，再绘制一条二号方案的道路选线，将颜色改为【红色】，宽度改为【3】，如图 6-10 中偏北边的选线。

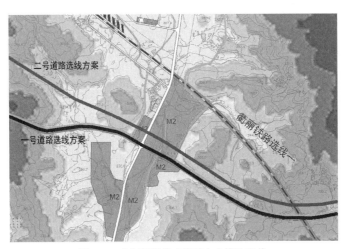

图6-10　绘制两条代表道路中心线的3D线

☞ **步骤 4**：生成现状纵断面图。

　➡ 点击【选择元素】工具 ▶，选中两条道路中心线（按住 Ctrl 键不放，可以允许选择多个要素）。

　➡ 点击【创建剖面图】工具 📈，显示【剖面图标题】对话框，如图 6-11 所示。图中 X 轴代表长度，Y 轴代表高程。从图中，可以非常明显地看到两个方案的坡度差异。

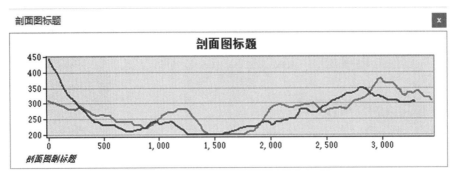

图6-11　道路剖面图

　➡ 右键点击【剖面图标题】对话框中的空白区域，在弹出菜单中选择【高级属性…】，点击左侧列表中的【资料】项，右侧表格中显示了道路纵断面数据，如图 6-12 所示。

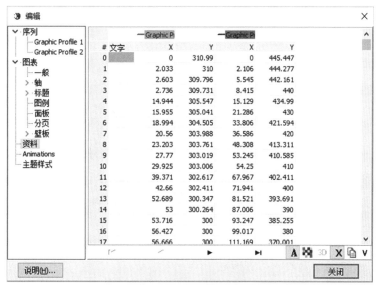

图6-12 查看剖面图的数据

6.3 构建规划地表面和场地填挖分析

应用技术提要 表 6-3

规划问题描述	解决方案
➢ 竖向规划时，地表面能否用三维模型直观表达，以辅助设计 ➢ 山地丘陵地区的用地竖向规划时，能否填挖平衡，填挖方量分别有多少	√ 构建出现状和规划的地表面模型 √ 利用 ArcGIS 对比现状和规划的地表面，生成填挖图，并计算出填挖量

目前在进行竖向规划时，规划师主要通过标高值在头脑中想象规划后的地貌，这对于山地丘陵地形的设计容易出现设计缺陷（例如挡土墙过高、场地平整难度过大等）。如果能利用 ArcGIS 模拟出场地的规划地表面，就可以直观地看到规划后的地形情况，并可以一边分析一边调整，直至达到满意的效果。

目前常规的基于 CAD 的土方计算软件适用于较小范围内的土方计算。对于较大范围（数平方公里以上）的计算，这些软件效率不高。相比之下，ArcGIS 提供的填挖方计算功能可以很好地适用于大范围的土方填挖计算。

要分析填挖方首先要有两套地表面，例如现状地表面和规划地表面，之后才能进行比对分析。本实验仍然使用上一章构建的地表面，在它的基础上构建铁路站场区域的规划地表面。

6.3.1 构建规划地表面

构建规划地表面的基本思路是：

➢ 首先勾出场地边界线；

➢ 然后清除场地边界线内的地形；

➢ 接下来根据竖向规划，绘制所有二维的标高控制线，并将其叠加到现状地表面以形成现状的三维标高控制线；

➢ 之后，逐折点调整标高控制线的折点标高至规划标高；

➢ 最后，用规划的三维标高控制线更新地形即可。

具体操作如下：

☞ **步骤 1：** 准备工作：

➜ 启动 ArcMap，新建一个空白地图。

➜ 复制【原始地表面】成【规划地表面】。在【目录】面板中，找到并右键点击 TIN 数据【chp06 \ 练习数据 \ 规划地表面构建 \ 原始地表面】，在弹出菜单中选择【复制】，然后再右键点击【规划地表面构建】目录，在弹出菜单中选择【粘贴】，重命名复制的数据为【规划地表面】。

➜ 加载 TIN 数据【规划地表面】，并在【内容列表】面板中，点击该图层下的【硬边】前的符号，显示【符号选择器】对话框，将硬边的【颜色】改为黑色，宽度改为【2】，使其更清楚地显示。

➜ 加载栅格数据【chp06 \ 练习数据 \ 规划地表面构建 \ 三维建模 .mdb \ 用地规划图】，并将其置于【规划地表面】图层之上。

➜ 调整【用地规划图】图层的透明度。打开【图层属性】对话框，调整其【显示】选项卡的【透明度】为【50】，此时透过【用地规划图】图层可以看到地形。

☞ **步骤 2：** 启动【TIN 编辑】工具条。

在任意工具条上点右键，在弹出菜单中选择【TIN 编辑】，显示【TIN 编辑】工具条如图 6-13 所示。

图6-13　TIN 编辑工具条

☞ **步骤 3：** 指定要编辑的 TIN 数据。

在【3D Analyst】工具条的【图层】栏选择【规划地表面】，注意该步骤切不可少（如果该工具条没有显示，可以在任意工具条上点右键，在弹出菜单中勾选【3D Analyst】）。

☞ **步骤 4：** 启动编辑【规划地表面】TIN。

在【TIN 编辑】工具条中，点击【TIN 编辑】按钮，在弹出菜单中选择【开始编辑 TIN】，之后该工具条上所有的工具被激活。

☞ **步骤 5：** 添加场地外边界线。

场地外边界线用于规定地形改变的外边界，例如边坡或挡土墙的外边界。场地外边界拥有原始地形的高程，在 TIN 模型中是硬断线类型。

➜ 点击【TIN 编辑】工具条中的【添加 TIN 线】按钮，显示【添加 TIN 线】对话框，设置【线类型】为【硬断线】，设置【高度源】为【自表面】，如图 6-14 所示。意味着绘制的 TIN 硬断线将跟着地形走。

➜ 按照图 6-15 所示绘制场地外边界线。注意尽量一次完成，ArcGIS 在该功能中没有回退操作。

图6-14　添加TIN线对话框

☞ **步骤 6：** 清除场地外边界线内的所有 TIN 断线。

➜ 点击【TIN 编辑】工具条中的【删除 TIN 结点】工具旁的下拉按钮，选择【按区域删除 TIN 结点】。然后沿着场地外边界线内部绘制一个多边形，多边形内部的所有 TIN 结点将被删除，删除后如图 6-16 所示。

➜ 进一步删除边界线内的剩余 TIN 断线。点击【删除 TIN 断线】工具，逐条删除边界线内的剩余 TIN 断线，删除过程中 TIN 会实时更新。

随书数据"chp06 \ 练习结果示例 \ 规划地表面构建 \ 规划地表面（场地外边界）"TIN 数据示范了该步骤完成后的结果。

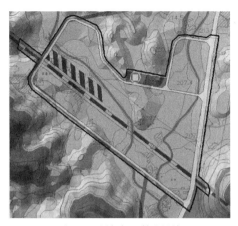

图6-15　添加场地外边界线

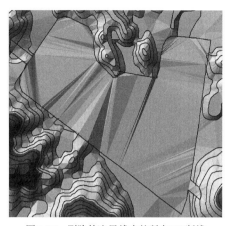

图6-16　删除外边界线内的所有TIN断线

☞ **步骤 7：绘制规划的二维标高控制线。**

竖向规划一般用道路的控制点标高来控制地形，因此我们主要沿道路绘制规划的二维标高控制线。

➡ 在【chp06 \ 练习数据 \ 规划地表面构建 \ 三维建模 .mdb \ 分析过程数据】下新建要素类【标高控制线（无标高）】，注意要在【新建要素类】对话框中勾选【坐标包括 Z 值（Z）。用于存储 3D 数据。】（图 6-17）。

➡ 编辑【标高控制线（无标高）】要素类。按图 6-18 中所示绘制标高控制线。这些控制线主要是道路中线或边线、坡脚线、坡顶线。

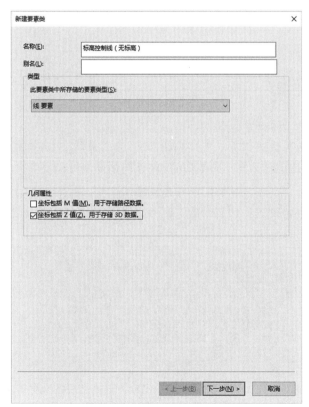

图6-17　新建要素类标高控制线（无标高）

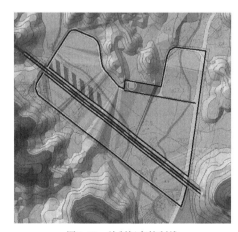

图6-18　绘制标高控制线

随书数据"chp06 \ 练习结果示例 \ 规划地表面构建 \ 三维建模 .mdb \ 分析过程数据 \ 标高控制线（无标高）"示范了该步骤完成后的结果。

☞ **步骤 8：生成现状的三维标高控制线。**

在【目录】面板中，浏览到【工具箱 \ 系统工具箱 \ 3D Analysis Tools \ 功能性表面 \ 插值 Shape】，双击该

图6-19　插值Shape对话框

工具，启动【插值 Shape】对话框，设置如图 6-19 所示。

- 设置【输入表面】为【原始地表面】，因为要获取原始地表面的标高。
- 设置【输入要素类】为【标高控制线（无标高）】。
- 设置【输出要素类】为【chp06 \ 练习数据 \ 规划地表面构建 \ 三维建模 .mdb \ 分析过程数据 \ 标高控制线（带高程）】。
- 勾选【仅插值折点】，否则系统将每隔一段距离新添一个折点并赋予它标高。
- 点【确定】后将生成要素类【标高控制线（带高程）】。

☞ **步骤 9**：设置每个标高控制线折点的规划标高。

- 启动编辑【标高控制线（带高程）】。
- 点击编辑工具 ▶，双击某条标高控制线，进入编辑折点状态，显示【编辑折点】工具条。
- 点击【草图属性】工具，显示【编辑草图属性】对话框（图 6-20），在该对话框中可以逐个折点地编辑其坐标和标高（Z）。
- 参考图 6-21 所示标高逐个折点修改其 Z 值。点击列表中任意行的【#】列，图形中对应的折点会闪烁，从而确定其位置。必要的情况下可以点击 工具增加折点。

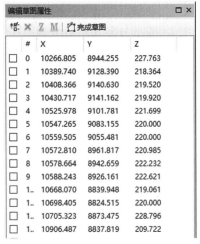

图6-20　逐点编辑坐标和标高

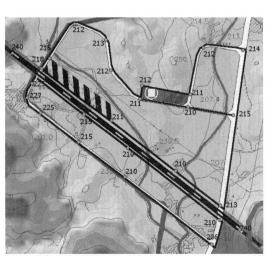

图6-21　各折点的标高值

随书数据"chp06 \ 练习结果示例 \ 规划地表面构建 \ 三维建模 .mdb \ 分析过程数据 \ 标高控制线 (带标高)"示范了该步骤完成后的结果。

☞ **步骤** 10 : 用【标高控制线（带高程）】更新规划地形。

在【目录】面板中，浏览到【工具箱 \ 系统工具箱 \ 3D Analysis Tools \ TIN 管理 \ 编辑 TIN 】，双击该工具，启动【编辑 TIN 】对话框，设置如图 6-22 所示。其中【 SF_type 】设置为【硬断线 】,【 height_field 】设置为【 SHAPE 】,【 use_z 】设置为【 true 】，意味着用几何的 Z 值作为高程属性。点【确定】后得到更新好的规划地形。

图6-22　编辑规划地表面TIN

在 ArcScene 下查看完成后的规划地表面（图 6-23），基于该地表面制作的三维用地规划图如图 6-24 所示。随书 TIN 数据 "chp06 \ 练习结果示例 \ 规划地表面构建 \ 规划地表面（最终效果）"示范了完成后的结果。

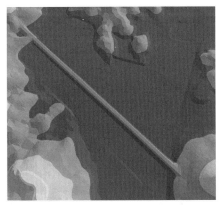

图6-23　构建完的规划地表面TIN

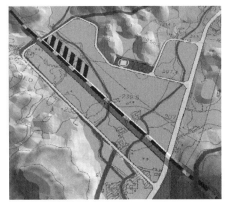

图6-24　基于规划地表面的三维用地规划图

6.3.2　填挖方分析

本小节将根据上节构建的【规划地表面】和【原始地表面】TIN，进行填挖方分析。

☞ **步骤** 1 : 启动 ArcMap，加载之前构建的【原始地表面】和【规划地表面】，也可以直接加载随书数据中提供的示例数据 "chp06 \ 练习数据 \ 填挖方分析 \ 规划地表面（最终效果）"。

☞ **步骤** 2 : 填挖方计算。

➧ 在【目录】面板中，浏览到【工具箱 \ 系统工具箱 \ 3D Analysis Tools \ Terrain 和 TIN 表面 \ 表面差异 】，

双击该工具，启动【表面差异】对话框，设置如图 6–25 所示。

- 点【确定】，之后将生成一个多边形要素类【填挖分析】。
- 打开【填挖分析】要素类的属性表（图 6–26）。其中【体积】字段代表每个多边形的填挖量，【编码】字段代表填或挖，其值为 0 代表没有填挖，1 代表填，—1 代表挖。

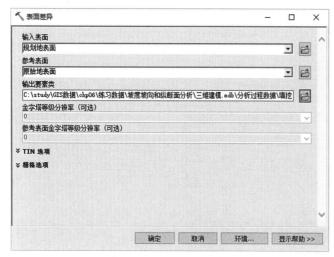

图6–25　表面差异对话框

表

填挖分析

OID *	Shape *	Volume	SArea	Code	Shape_Lengtl
1	面	0	8734552.426445	0	19525.374
2	面	16334.029275	18768.406447	-1	917.48
3	面	1375190.705257	340820.903238	1	5944.95
4	面	186489.721206	47888.887255	-1	1601.35
5	面	445780.344824	81753.074422	-1	2527.5
6	面	44.921072	321.354373	1	81.18
7	面	0	535.624584	0	142.16
8	面	1.097954	127.211133	-1	64.47

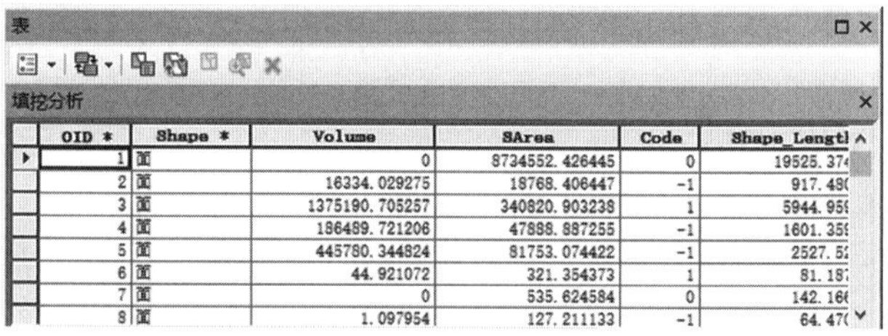

图6–26　填挖分析属性表

☞ **步骤 3**：制作填挖分析图。

对【填挖分析】图层进行【唯一值类别】的符号化，【值字段】取【编码】。调整其透明度为 50%，最终效果如图 6–27 所示（其中浅色代表挖，深色代表填）。

从图面上看到场地外也有少量地形变化，这主要是由于添加场地外边界线时对外部地形也有些许改变造成的，其填挖量可以忽略不计。也可以将其与场地外边界线作相交叠加，去除场地外的填挖多边形，以提升图面效果。

☞ **步骤 4**：计算填挖量。

打开【填挖分析】要素类的属性表，对【编码】字段作分类汇总。右键点击【编码】字段，在弹出菜单中选择【汇总…】，对【体积】字段求总和，打开汇总表（图 6–28）。

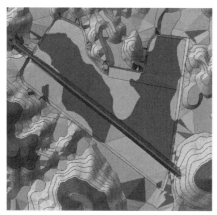

图6–27　填挖分析的结果图

表

Sum_Output

OBJECTID *	Code	Count_Code	Sum_Volume
1	-1	49	743791.571683
2	0	27	0
3	1	37	1403595.871142

(0 / 3 已选择)

Sum_Output

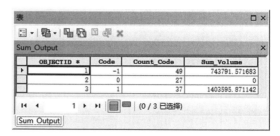

图6–28　填挖分析的结果表

从图 6–28 中可以看出填方有 140 万方，挖方有 74 万方，场地内不可能填挖平衡，需要在其他区域取土，或者修改竖向规划。

此外，对于栅格地表面，ArcGIS 也提供了填挖分析工具，工具位于【工具箱＼系统工具箱＼ 3D Analysis Tools ＼栅格表面＼填挖方】。

6.4 本章小结

根据地表面模型，就可以进行坡度、坡向分析。一般而言，坡度越小，用地适宜性就越好，而南向坡可以争取到更好的建筑朝向和节能。这些是考察用地适宜性的重要因子。

另外，通过比较规划地表面和原始地表面，GIS 可以进行填挖方分析。其中，构建规划地表面是填挖方分析的关键和难点。本章总结了一套快速构建规划地表面的方法，具体步骤是：

（1）勾出场地边界线；

（2）清除场地边界线内的地形；

（3）根据竖向规划，绘制所有二维的标高控制线，并将其叠加到现状地表面以形成现状的三维标高控制线；

（4）逐折点调整标高控制线的折点标高至规划标高；

（5）用规划的三维标高控制线更新地形即可。

本章技术汇总表　　　　　　表 6-4

规划应用汇总	页码	信息技术汇总	页码
地形的坡度、坡向分析	101	TIN 表面坡度计算工具	101
道路纵断面的分析和设计	103	TIN 表面坡向计算工具	102
规划地表面的快速构建	105	栅格表面坡度计算工具	102
场地填挖分析	109	栅格表面坡向计算工具	103
		绘制 3D 线	104
		3D 线的纵断面分析	104
		TIN 的实时编辑工具	106
		插值 Shape 工具，使 2D 要素拥有 Z 值	108
		编辑要素折点	108
		TIN 的再编辑	109
		表面差异工具	110

第7章 景观视域分析

景观视线分析是景观规划的重要内容。利用 ArcGIS 的景观视线分析功能，规划师可以分析观景点和观景线路的视域范围，以及景点的可视情况。这对于分析景点的可视效果，确定重要景点，规划观景点和观景线路具有重要作用。

本章所需基础：

➤ ArcMap 基础操作（详见第 2 章）；

➤ 地表面构建技术（详见第 5 章 5.1 节）。

7.1 简单的视线分析

| 应用技术提要 | 表 7-1 |

规划问题描述	解决方案
➤ 景观规划时，经常需要判断从某观景点能否看到另一景点，中间有没有遮挡，被什么遮挡	√ 在三维地表面的基础上，利用 ArcGIS 的【创建通视线】工具，沿着观景点和景点绘一条代表视线的直线，快速地计算出沿着这条视线，哪些地表面能被看到，哪些不能被看到

☞ **步骤 1**：启动 ArcMap，打开地图文档【chp07＼练习数据＼简单视线分析＼视线分析 .mxd】。这是一个临江靠山的居住小区的模型。

☞ **步骤 2**：启动【3D Analyst】工具条。

在任意工具条上点右键，在弹出菜单中选择【3D Analyst】，显示【3D Analyst】工具条。在【图层】栏选择【地表面】图层，意味着将对该图层进行三维分析。

☞ **步骤 3**：绘制视线。

➜ 在【3D Analyst】工具条上，点击【创建通视线】工具 ，显示【通视分析】对话框，如图 7-1 所示。

➜ 设置【观察点偏移】为【1.5】，意味着将观察点从地表面抬高 1.5，这是成年人眼睛的高度。

➜ 从山顶边缘拉一条视线至河流，如图 7-2 所示。

图7-1 通视分析对话框

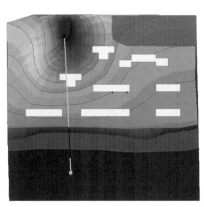

图7-2 绘制通视线

系统将实时计算出该视线的可视情况，图中视线的浅色部分是可以看到的地表面，而深色部分是不可见地表面。

从图中可以清晰地看到，由于河边堤岸的存在，从山顶是看不到陡坡下的河滩的。因此，如果该处设置滨河景观节点，它将不会被站在山顶的人看到。这一情况往往不容易被规划师发现，通过GIS可以直观地发现这一问题。

从图上看，建筑由于不是地表面的一部分，因而没有参与视线分析，这显然与实际情况不相符。为此，必须把建筑也加入到地表面中，成为地表面的一部分。

7.2　构建带建筑的栅格地表面

ArcGIS视线分析功能只能应用于地表面，而对于地表面上的二维半和真三维建筑则不会纳入计算。为此我们必须把建筑也做成地表面的一部分，这类似于图7-4。图7-3显示的是该栅格图的平面效果。

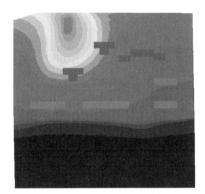

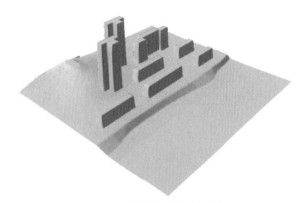

图7-3　带建筑的二维栅格图　　　　　　图7-4　带建筑的三维栅格图

由于ArcGIS下所有的景观视域分析都是在栅格表面上进行的，因此本节将介绍构建带建筑的栅格地表面的方法。其基本思路是：

（1）求得建筑的屋顶标高。根据建筑基地标高加上建筑高度，可以得到建筑屋顶标高。建筑基底标高可以从地形图上读取，也可以根据地表面求得。

（2）根据建筑屋顶标高把建筑转换成栅格数据，并且如果地表面是TIN的话，也将其转换成栅格数据。

（3）用栅格格式建筑替换栅格地表面上对应的建筑区域，使这些区域的栅格值变成建筑屋顶标高值。其中将用到【空间分析】扩展模块，如果没有加载该模块，请首先加载它。

7.2.1　计算建筑屋顶的标高

地形图中一般不会标注建筑的屋顶标高，因此只能根据基底标高和建筑层数粗略估算屋顶标高：

$$屋顶标高 = 基底标高 + 层数 \times 3$$

基底标高可以从地形图上读取，然后逐栋建筑录入，但这个工作量相对较大。更为高效的办法是生成地表面，然后从地表面中提取建筑基底区域的平均高程，具体操作如下：

☞ **步骤1**：启动ArcMap，打开地图文档【chp07＼练习数据＼构建带建筑的栅格地表面＼构建带建筑的栅格地表面.mxd】。其中【建筑】要素类已拥有【层数】属性，【地表面】是TIN数据。

☞ **步骤2**：求得建筑中部的点。

在【目录】面板中，浏览到【工具箱＼系统工具箱＼Data Management Tools＼要素＼要素转点】，双击该工具，启动【要素转点】对话框，设置如图7-5所示。其中，勾选【内部（可选）】，可保证新生成的点一定在多边形内部。

图7-5 要素转点对话框

打开生成的【建筑内部点】要素类的属性表（图7-6），【建筑】的所有属性都会被继承过来，其中【ORIG_FID】是【建筑】要素类的【OBJECTID】。

☞ **步骤3**：求建筑内部点的高程。

在【目录】面板中，浏览到【工具箱＼系统工具箱＼3D Analysis Tools＼功能性表面＼添加表面信息】，双击该工具，启动【添加表面信息】对话框，设置如图7-7所示。这将根据【地表面】TIN为【建筑内部点】添加高程"Z"属性，它将作为建筑的基底标高。

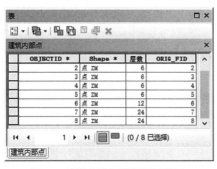

图7-6 建筑内部点要素类的属性表

图7-7 添加表面信息

☞ **步骤4**：连接【建筑内部点】表到【建筑】表。

右键点击【建筑】图层，在弹出菜单中选择【连接和关联】→【连接…】，显示【连接数据】对话框，设置如图7-8所示，它将根据【建筑】的【OBJECTID】和【建筑内部点】的【ORIG_FID】连接两个表。

☞ **步骤5**：计算建筑的屋顶标高。

打开【建筑】的属性表，新建双精度字段【屋顶标高】，然后计算【屋顶标高】字段，让其等于【［Z］+［层数］×3】（操作方法详见第2章2.5.4节"批量计算要素的属性值"）。完成后解除连接。

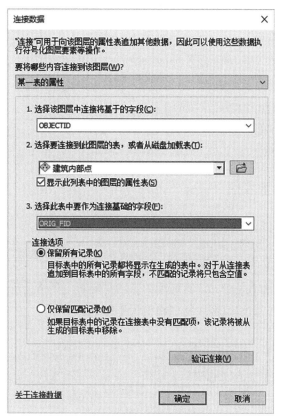

图7-8 连接建筑和建筑内部点

7.2.2 把 TIN 和建筑转换成栅格数据

☞ **步骤 1**：把 TIN【地表面】转换成栅格数据【栅格地表面】

详细步骤参见第 5 章 5.1.4 节"TIN 转栅格地表面"。其中设置【采样距离】为【CELLSIZE 0.2】，亦即每个栅格点的边长为 0.2 米，以获得较高的精度。

☞ **步骤 2**：把【建筑】要素类转换成栅格数据【栅格建筑】。

在【目录】面板中，浏览到【工具箱＼系统工具箱＼ Conversion Tools ＼转为栅格＼面转栅格】，双击该工具，启动【面转栅格】对话框，设置如图 7-9 所示。

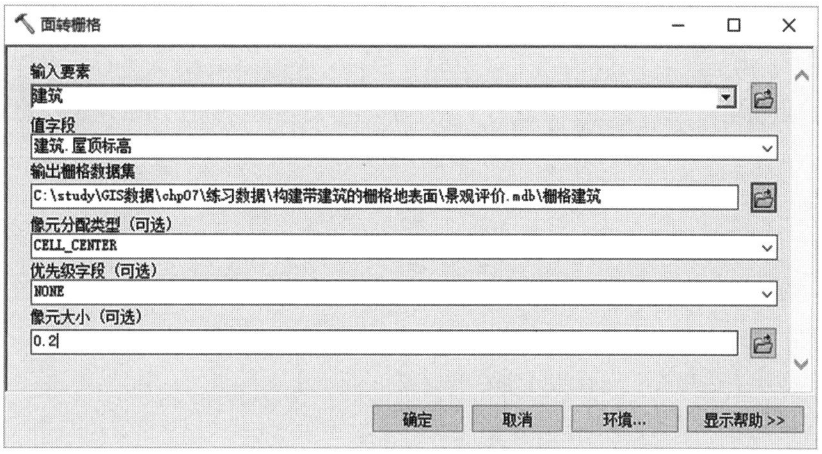

图7-9 建筑要素类转栅格对话框

- ➧ 设置【值字段】为【屋顶标高】。
- ➧ 其中设置【像元大小】为【0.2】，保持与【栅格地表面】的像元大小相同。
- ➧ 点击【环境…】按钮，在【环境设置】对话框中展开【处理范围】，设置【范围】栏为【与图层栅格地表面相同】。点【确定】。这保证了【栅格建筑】的范围与【栅格地表面】相同。

转换后如图 7-10 所示。特别要注意的是【栅格建筑】中的非建筑区域，其栅格值是【NoData】，显示为透明。

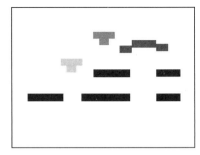

图7-10　建筑要素类转为栅格

7.2.3　用栅格建筑更新栅格地表面

用栅格建筑替换地表面上对应的建筑区域，使这些区域的栅格值变成建筑屋顶标高值。其中将用到【空间分析】扩展模块，如果没有加载该模块，请首先加载它。

利用【空间分析工具】中的【条件】工具，判断是否是建筑区域，如果【是】则栅格值取【栅格建筑】的值，否则取【栅格地表面】的值。而判断是否是建筑区域的方法是判断【栅格建筑】中的栅格值是否为【NoData】，在把【建筑】转换成栅格数据时，非建筑区域的栅格值为【NoData】。

☞ **步骤 1**：判断是否是建筑区域。

在【目录】面板中，浏览到【工具箱＼系统工具箱＼Spatial Analyst Tools＼数学分析＼逻辑运算＼为空】，双击该工具，设置如图 7-11 所示。点击【环境…】按钮，设置【处理范围】栏为【与图层栅格地表面相同】。点【确定】。

新生成的栅格【建筑栅格是否为空】如图 7-12 所示，其中，建筑区域的栅格值为【0】，非建筑区域为【1】。

图7-11　为空计算对话框

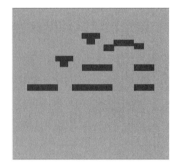

图7-12　栅格建筑为空计算结果

☞ **步骤 2**：更新【栅格地表面】。

在【目录】面板中，浏览到【工具箱＼系统工具箱＼Spatial Analyst Tools＼条件＼条件函数】，双击该工具，设置如图 7-13 所示。点击【环境…】按钮，设置【处理范围】栏为【与图层栅格地表面相同】。点【确定】。计算结果如图 7-14 所示。

☞ **步骤 3**：栅格地表面的三维显示，其效果如图 7-15 所示。

- ➧ 启动 ArcScene。
- ➧ 加载上一步生成的栅格地表面【带建筑栅格地表面】。
- ➧ 在【内容列表】面板中双击【带建筑栅格地表面】图层，打开【图层属性】对话框。
- ➧ 切换到【基本高度】选项卡，选择【浮动在自定义表面上】。
- ➧ 切换到【符号系统】选项卡，在【显示】栏中选择【已分类】，【类别】栏选择【1】，更改符号颜色为绿色。
- ➧ 切换到【渲染】选项卡，在【效果】栏中勾选【相对于场景的光照位置为面要素创建阴影】和【使用

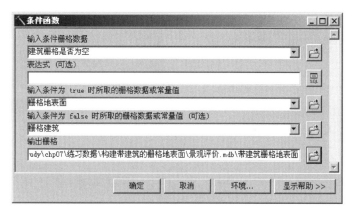

图7-13 条件函数对话框

图7-14 带建筑栅格地表面

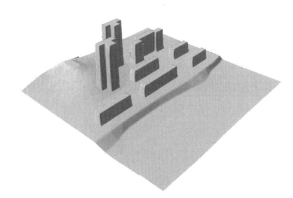

图7-15 带建筑栅格地表面的三维效果

平滑阴影】。

➡ 点【确定】。最后的效果如图 7-15 所示。

随书数据的【chp07 \ 练习结果示例 \ 构建带建筑栅格地表面 \ 构建带建筑栅格地表面 .mxd】，示例了该练习的完整结果。

7.3 观景点视域分析

应用技术提要 表 7-2

规划问题描述	解决方案
➢ 景观设计时，需要分析不同观景点分别可以看到哪些景致，从而找出最佳的观景点	√ 在三维地表面的基础上，利用 ArcGIS 的【视点分析】工具，分析不同观察点的视域范围

本实验将针对一个滨江居住楼盘的规划设计，分析建筑的不同单元、不同楼层的江景效果，以辅助规划师优化建筑布局。

实验数据详见 "chp07 \ 练习数据 \ 视域分析 \ 观景点视域分析 .mxd"，其中【栅格地表面 _ 带建筑】是上一节生成的带建筑的栅格地表面。

【观察点】图层是某住宅楼的 3 个观景阳台的位置，打开其属性表（图 7-16），查看【房号】字段可以看到，其中 0、2 号点位于一栋楼不同单元的同一楼层，1、2 号点位于同一单元的不同楼层，这两点的平面位置是重合的，如图 7-17 所示。

FID	Shape *	房号
0	点	5栋3单元401房
1	点	5栋1单元101房
2	点	5栋1单元401房

图7-16　观察点要素属性表

图7-17　观察点的位置图

之所以选择这 3 个阳台作为观景点是为了演示尽管位于同一栋建筑，不同单元、不同楼层的江景效果是完全不同的。

> 📌 技巧：如果准备自己构建观景点，特别要注意观景点要位于建筑外部一点点，如图7-18所示。如果点和建筑外围重合，计算结果可能会出现错误。

☞ **步骤 1**：启动 ArcMap，打开地图文档【chp07 ＼ 练习数据 ＼ 视域分析 ＼ 观景点视域分析 .mxd】，其中【观察点】图层是某住宅楼的 3 个观景阳台的位置。

☞ **步骤 2**：设置观景点高度位置参数。

【观察点】目前只是一些平面点，下面要把它们放置到指定的观景高度：

➡ 打开【观察点】的属性表，增加双精度类型的【SPOT】字段和【OFFSETA】字段，其中【SPOT】字段用于指定观察点的地面高程，【OFFSETA】字段用于指定观察点和地面高程之间的高差（例如人眼和地面的高差，人在楼房上和地面的高差等）。

➡ 启动编辑，按图 7-18 输入观察点属性值，然后停止并保存编辑。其中，【SPOT】字段的值均为 21.5，代表该栋楼的基底标高；【OFFSETA】字段中，2.1 米和 10.5 米分别是一楼和四楼人眼和地面的高差。

FID	Shape *	房号	SPOT	OFFSETA
0	点	5栋3单元401房	21.5	10.5
1	点	5栋1单元101房	21.5	2.1
2	点	5栋1单元401房	21.5	10.5

图7-18　编辑观察点要素类属性表

> 📌 说明一：ArcGIS视线分析工具主要通过观察点要素中的属性值来获取视线参数，这些属性的字段名是固定的，除了SPOT、OFFSETA，还有OFFSETB（被观察点高差，例如地表存在森林的情况）、AZIMUTH1、AZIMUTH2（水平视角起、止角度）、RADIUS1、RADIUS2（视距起、止距离）、VERT1、VERT2（垂直视角起、至角度）。
> 　　这些参数并不是必备的，如果全部缺省，则代表观察点位于地表面上，水平和垂直视角、视距均没有限制，即可以环视。
> 　　这些参数设置对于下一节的视域分析工具同样有效
> 📌 说明二：ArcGIS观察点工具最多只能同时分析16个观察点。

☞ **步骤 3**：观察点分析。

在【目录】面板中，浏览到【工具箱 ＼ 系统工具箱 ＼ 3D Analyst Tools ＼ 可见性 ＼ 视点分析】，双击该工具，设置如图 7-19 所示。点【确定】开始计算。计算结果如图 7-20 所示（已打开【建筑】图层），这是 3 个观察点的视域叠加图。

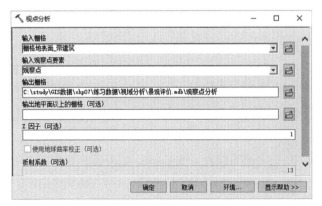

图7-19　视点分析对话框

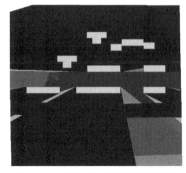

图7-20　观察点的视点分析结果图

👉 **步骤4：计算结果分析。**

打开刚生成的【观察点分析】栅格的属性表，如图7-21所示。其中【OBS1】、【OBS2】、【OBS3】字段分别对应3个观察点的视域，其值为【1】代表栅格点可视，【0】代表不可视，例如【Value】值为7的区域，其【OBS1】、【OBS2】、【OBS3】字段均为1，因此可以被0、1、2号观察点同时看到（注意【OBS1】、【OBS2】、【OBS3】编号是根据【观察点】要素的编号顺序来的）。

观察点分析

OID	Value	Count	OBS1	OBS2	OBS3
0	0	1789085	0	0	0
1	1	18004	1	0	0
2	4	146791	0	0	1
3	5	64928	1	0	1
4	6	59403	0	1	1
5	7	189025	1	1	1

图7-21 观察点分析的属性表

为了分别看到每个观察点的视域范围，可以按住键盘【Ctrl】的同时，选中某观察点值为【1】的记录，如图7-21所示，此时图面上对应的区域也会变成蓝色选中状态。图7-22、图7-23、图7-24分别显示了3个观察点的视域范围（图中浅色区域）。

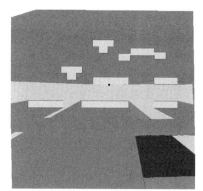

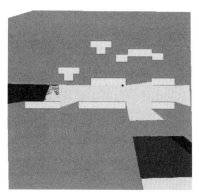

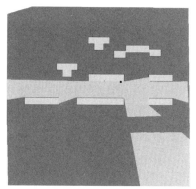

图7-22 1号观察点的视域　　　　　　图7-23 2号观察点的视域　　　　　　图7-24 3号观察点的视域

另外，也可以对【观察点分析】图层进行【唯一值】符号化，以查看单一观察点的视域范围，如图7-25所示。

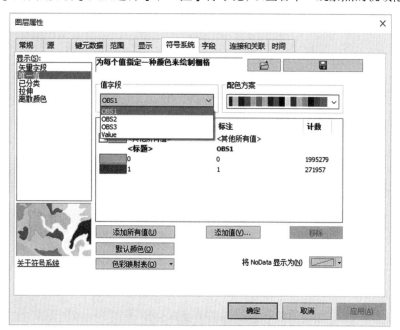

图7-25 观察点视域分析结果的符号化

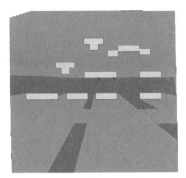

图7-26   改变临江建筑后中间单元的视域

在【值字段】栏选择对应的观察点字段。

通过分析可以看出，对于位于同一楼层的第0、2号观察点，中间单元的观江范围明显小于边侧单元，这是受临江建筑遮挡的结果。对于均位于边侧单元的1、2号观察点，一楼的观景效果明显劣于四楼的观景效果，这是由于滨江堤岸高差的影响。

为了改善中间单元的观江效果，应避免临江建筑面过长，因此如果把临江建筑打断，后排中间单元的观江效果会有很大改善，如图7-26所示。

7.4   观景面视域分析

应用技术提要   表7-3

规划问题描述	解决方案
➢ 景观规划时，需要分析人在一定的活动范围内可以看到的视域边界范围，以及视域范围内各区域被看到的频率，从而确定景观重点，或者限制活动场所，规避不良景观	√ 在观景面范围内均匀布上点阵，以点阵作为视点，利用ArcGIS的【视域】工具，分析点阵的综合视域范围

本节仍然以上述滨江楼盘为例，分析人在游园内活动时的视域范围。对于面状观景区域，由于面内任意点均可以为观景点，因此必须将其简化为有限的视点，例如可以按5米×5米点阵作为面的视点。

☞ 步骤1：启动ArcMap，打开地图文档【chp07＼练习数据＼视域分析＼观景面视域分析.mxd】（图7-27）。其中【游园视点】图层是游园内的5米×5米点阵，将代表游园的视点。其【OFFSETA】属性值均为1.5，没有SPOT属性，意味着视点将抬高地面1.5米。

☞ 步骤2：视域分析。

在【目录】面板中，浏览到【工具箱＼系统工具箱＼3D Analyst Tools＼可见性＼视域】，双击该工具，设置如图7-28所示。点【确定】开始计算。

图7-27   观景面视域分析的基础数据

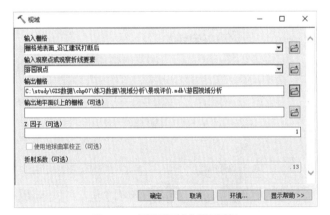

图7-28   观景面视域分析对话框

☞ 步骤3：计算结果分析。

对计算结果【游园视域分析】图层作基于【Value】字段的【唯一值】符号化，设置如图7-29所示，其中的符号是通过点击【添加所有值】按钮自动添加的，然后把【0】值对应的符号修改成黑色，图面最终效果如图7-30所示。

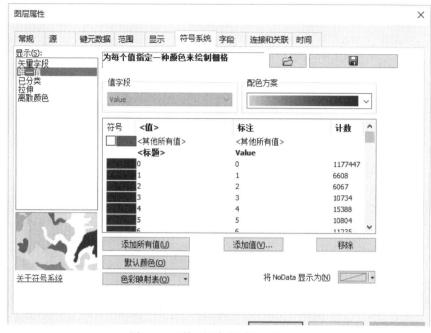

图7-29　观景面视域分析结果的符号化

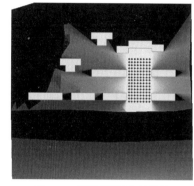

图7-30　观景面视域分析结果

该栅格图像的【Value】值是栅格点被看到的视点数目，例如值为 120 的栅格点代表它能被 120 个视点看到。由于【游园视点】共有 120 个视点，因此这些区域是最容易被看到的区域，如图 7-31 中的浅色区域。黑色区域代表栅格值为【0】，是不可见区域。

从图面上看，游园附近的建筑立面、建筑之间的庭院以及西北侧山坡均是视线比较集中的区域，这些区域应当作为公共开敞空间，并作为景观重点来处理。同时比较意外的是，河流以及堤岸的可视性相对较低，这主要是由于较陡的堤岸造成的。

7.5　观景线路视域分析

应用技术提要　　　　　　　　　　　　　　　　　　　　　　　　　　　表 7-4

规划问题描述	解决方案
➢ 景观规划时，需要分析人在某条行动线路上可以看到的视域边界范围，以及视域范围内各区域被看到的频率，从而确定景观重点，或者规划和选择行动线路	√　沿观景线路绘制行进路线 √　利用 ArcGIS【增密】工具，为线路每隔一定距离增添一个折点 √　利用 ArcGIS 的【视域】工具，分析线路的综合视域范围

本节仍然以上述滨江楼盘为例，分析人在沿河边道路行走时的视域范围。

☞ **步骤 1**：启动 ArcMap，打开地图文档【chp07 ＼练习数据＼视域分析＼观景线路视域分析 .mxd】。其中【沿河步行线】图层是沿河的一条步行景观线路。其【OFFSETA】属性值均为 1.5，没有 SPOT 属性，意味着视点将抬高地面 1.5 米。

☞ **步骤 2**：为线路增密折点。

在【目录】面板中，浏览到【工具箱＼系统工具箱＼ Editing Tools ＼增密】，双击启动该工具，设置如图 7-31 所示。

➔ 设置【输入要素】为【沿河步行线】。

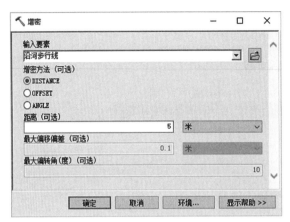

图7-31 增密对话框

➤ 设置【增密方法】为【DISTANCE】，在【距离】栏输入【5】，意味着每隔 5 米增密一个折点。

➤ 点【确定】。

之所以要增密是因为【视域】分析工具将把多义线上的折点作为视点，对多义线增密后，沿线的视点将均匀分布。

☞ **步骤 3**：视域分析。

在【目录】面板中，浏览到【工具箱＼系统工具箱＼3D 分析工具＼3D Analyst Tools＼可见性＼视域】，双击该工具，设置如图 7-32 所示。点【确定】开始计算。

☞ **步骤 4**：计算结果分析。

对计算结果【步行线视域分析】图层作基于【Value】字段的【唯一值】符号化，图面的最终效果如图 7-33 所示。该栅格图像的【Value】值是栅格点被看到的视点数目。

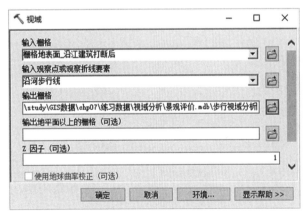

图7-32 观景线路视域分析对话框

图7-33 观景线路视域分析结果

7.6 本章小结

景观视线分析是景观规划的重要内容。本章介绍了最为常见的几类视线分析：

（1）通视分析，它可以确定从某观景点能否看到另一景点，中间有没有遮挡，被什么遮挡。

（2）观景点视域分析，它可以确定从各个观景点分别可以看到哪些地表面，从而可以对这些观景点进行评价。

（3）观景面视域分析，它可以确定在一定的空间范围内（例如人活动的区域），可以看到的视域边界范围，以及视域范围内各区域被看到的频率，从而确定景观重点，或者限制活动场所，规避不良景观。

（4）观景线路视域分析，它可以确定人在某条行动线路上可以看到的视域边界范围，以及视域范围内各区域被看到的频率，从而确定景观重点，或者规划和选择行动线路。

上述分析的前提条件是要有地表面，如果分析区域存在建筑，则要把建筑也构建到地表面之中。本章介绍了一种快速把建筑融入地表面中去的方法，具体步骤是：

（1）求得建筑的屋顶标高；

（2）根据建筑屋顶标高把建筑转换成栅格数据；

（3）用栅格格式建筑替换地表面上对应的建筑区域，使这些区域的栅格值变成建筑屋顶标高值。

本章技术汇总表   表7-5

规划应用汇总	页码	信息技术汇总	页码
简单视线分析	112	通视分析	112
观景点视域分析	117	构建带建筑的栅格地表面	113
观景面视域分析	120	要素（多边形）转点工具	114
观景线路视域分析	121	为要素添加表面信息的工具	114
		多边形转栅格工具	115
		栅格值是否为空的逻辑判断工具	116
		栅格的条件函数工具	117
		视点分析工具	118
		视域分析工具	120
		多义线增密工具	121

第4篇

交通网络分析

本篇将介绍与道路网相关的各类规划分析，这些分析都是比较成熟的定量分析，能能够比较真实地模拟现实情况，可以提高规划的科学性。具体包括服务设施的服务区分析、市政和公共服务设施的优化布局分析、交通的可达性分析等。

第8章 交通网络构建和设施服务区分析

本章将利用 ArcGIS 精确地构建城市交通网络,包括道路线形、道路通畅情况、车速、路口禁转、单行线、高架路、路障等。然后在此基础上计算最短车行路径和设施的服务区域。

本章和本篇接下来几章介绍的内容,主要通过 ArcGIS 的"网络分析"扩展模块来完成,该模块需要额外付费购买。在第一次使用该模块之前需要首先加载该模块,可点击菜单【自定义】→【扩展模块…】,在【扩展模块】对话框中勾选其中的【Network Analyst】选项。

本章所需基础:

➢ ArcMap 基础操作(详见第 2 章)。

8.1 基础数据准备

要进行和路网有关的分析,首先要在计算机中模拟出现实的道路情况。本章的实验数据是模拟的一个城市的局部路网 CAD 文件。下面需要首先将其转换成 GIS 数据,并按照构建网络模型的要求对其进行查错、修改、增加道路基本属性,之后才能构建网络模型构建。

8.1.1 基础数据简介

用 ArcMap 加载 CAD 文件"chp08\练习数据\道路交通网络的构建\道路 .dwg"的 Polyline,可以看到路网的基本情况,如图 8-1 所示(注:实验数据为虚拟的非真实数据,仅用于示例)。其中的要素均为道路中心线,并分别放置在不同的图层中,包括"过境公路"、"干道"、"支路"、"小路",用于区分道路的基本属性。

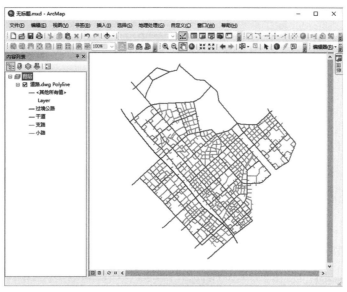

图8-1 路网基础数据

8.1.2　基础数据导入

☞ **步骤1**：新建工作目录。

利用 Windows 资源管理器创建工作目录（例如 C:\study\chp08\ 练习数据）。然后把随书数据的【chop08\ 练习数据】文件夹下的所有文件拷贝到工作目录。

☞ **步骤2**：新建个人地理数据库。

打开 ArcMap，选择新建【空白地图】后进入，打开【目录】面板，在【C:\study\chp08\ 练习数据 \ 数据准备】文件夹下新建个人地理数据库【交通网络】，在【交通网络】下新建要素数据集【路网】（图 8-2）。

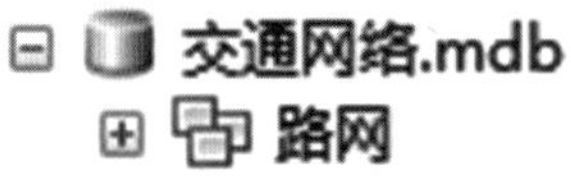

⊟ 🗄 **交通网络.mdb**
　　⊞ 🗗 **路网**

图8-2　新建数据库、数据集

> 💾 **说明**：在此处必须新建相应的个人地理数据库和要素数据集，并将道路要素以要素类的形式导入要素数据集下。只有这样才能开展下一步的拓扑检查和网络构建。

☞ **步骤3**：导入 CAD 要素。

右键点击【路网】要素数据集，点击【导入】→【导入要素（单个）】，弹出【要素类至要素类】对话框如图 8-3。

➡ 设置输入要素为【道路 .dwg\Polyline】。

➡ 设置输出要素类为【道路】。

➡ 字段映射只保留【layer】字段，单击该字段，将其重命名为【道路类型】。

➡ 点击【确定】。导入后如 8-4 所示。

图8-3　导入【道路】要素

图8-4　导入后的【道路】要素

8.1.3　基础数据编辑及检查

根据 ArcGIS 网络模型的要求，参与建模的路网由一系列线段构成，每条线段代表一段网络，只有首尾相连或者在折点处相连的多条线段才能实现网络连通，没有连接的两条线段，即使两者相交，都会被视为断开的两段网络。因此所有线段都需要在路口处打断，并首尾相接。但如高架或下穿类不互通路口不需要在路口处打断，因为它们尽管相交但本身就不连通。

☞　**步骤1**：分类合并各级道路。

对从CAD中导入的道路进行分类处理，使同类道路合并为同一整体，以避免出现本来是一条路但是却由多条线段首尾相连形成的情况。

→　点击【编辑器】工具栏的【编辑器】→【开始编辑】，对【道路】图层进行编辑。

→　在编辑状态下，右键打开【道路】要素的属性表，通过【按属性选择】，选择【道路类型】为【干道】的要素（图8-5）。

图8-5　选择【干道】要素

→　所有被选中的【干道】要素会在界面中显亮，点击 编辑器(R)▾ 下拉按钮，在下拉选项中选择【合并】，弹出【合并】对话框，点击【确定】进行合并。合并之后，所合并的要素将成为一个整体被选中。

→　按照相同的方式依次选中【过境道路】、【支路】、【小路】并分别进行【合并】操作（图8-6）。

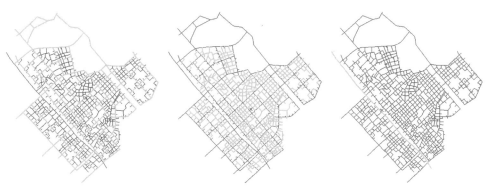

图8-6　分类合并各级道路

⊟　**说明**：在此处之所以分类合并不同等级的道路，而不是将所有等级的道路合并为同一整体是为了保留各级道路的【道路类型】属性，以方便后续的道路交通网络构建之后按照道路的不同属性进行相应的分析、计算过程，合并后的要素只有一条属性。

☞　**步骤2**：打断道路相交线。

运用【选择】工具将【道路】图层内所有要素全部选中，点击【高级编辑】工具栏中的【打断相交线】➕，对所有的道路要素在它们的交点处进行打断，这是构建道路交通网络的需要。

说明一：平面交叉口是多条道路相交的地方，一定要把所有道路在路口打断（图A），或者在道路交点处为每条道路增加一个中间折点（图B），只有这样ArcGIS网络模型才会认为这些道路是相交的，并识别这个路口。此外，也有不需要打断或增加中间折点的情况，例如一条路通过桥梁跨越另一条路，那么这两条路实际上是不相交的（图C）。

图A   图B   图C

说明二：为了把两条线在交点处打断，可以在编辑状态下，使用上述【打断相交线】工具，或者【高级编辑】工具栏中的【线相交】工具。

☞ **步骤3**：停止并保存编辑。因为只有在停止编辑的状态下，才能构建拓扑。

☞ **步骤4**：进行拓扑检查。

在前面两步骤中我们通过【合并】和【打断相交线】的方法对各级道路线段进行处理，但仍然有可能存在不满足网络构建的错误，例如没有相交、存在悬挂等问题，并且这些错误往往比较细微，肉眼难以发现。这时可以采用拓扑检查的方法来自动寻找它们。

说明：ArcGIS中的拓扑是指不同图形要素几何上的相互关系，图形在保持连续状态下即使变形，相互关系依然不变。拓扑关系有很多，例如面A和面B共享同一条线C，点A位于线B的端点上，点A位于面C内部等。

　　拓扑可以帮助确保数据完整性。ArcGIS基于拓扑提供了一种对数据执行完整性检查的机制。它将拓扑关系转换成拓扑规则，进行拓扑验证后，不符合拓扑规则的地方就会给出提示，根据提示修改要素后就保证了数据的完整性。例如如果要求点A和线B符合拓扑关系【点位于线的端点】上，那么可以要求它们满足拓扑规则【点必须被其他要素的端点覆盖】，拓扑验证后如果不满足这一规则就会给出提示。ArcGIS10.5目前提供了33种拓扑规则。点、线、面都有各自不同的拓扑规则。

➥ 新建拓扑。

打开【目录】面板，浏览到【chp08\ 练习数据\ 数据准备\ 交通网络 .mdb\ 路网】，右键点击【路网】要素数据集，选择【新建】→【拓扑】。弹出【新建拓扑】对话框（图8-7）。

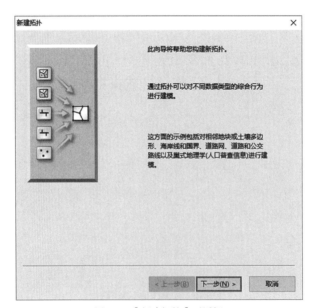

图8-7 【新建拓扑】对话框

➥ 设置拓扑规则。

点击【下一步】，默认系统的设置，选择【要参与到拓扑中的要素类】为【道路】要素类，默认系统拓扑等级点击下一步，在指定拓扑规则步骤点击【添加规则】选项，弹出【添加规则】对话框（图 8-8），依次添加三条规则：【不能相交或内部接触】、【不能自相交】、【不能有悬挂点】（图 8-9）。

图8-8　【添加规则】对话框图　　　　　　　　　图8-9　指定拓扑规则

说明一：关于添加的三条拓扑规则：
【不能相交或内部接触】是指两条线段只能在两端点处相交，不能出现端点与线段内部的相交或线段内部与内部的相交；
【不能自相交】是指线段不能首尾相连，即不能形成闭合的多段线；
【不能有悬挂点】是指线段不能出现一段悬垂的情况，即端点未与其他端点连接的情况。

➡ 验证拓扑。

点击下一步，在弹出的对话框中点击【完成】，出现提示【已创建新拓扑，是否立即验证】，点击【确定】开始验证。

➡ 加载新生成的拓扑【路网_Topology】，在弹出的【正在添加拓扑图层】对话框中选择【否】。添加之后的拓扑如图 8-10，不符合拓扑规则的点以红色点的形式标出。

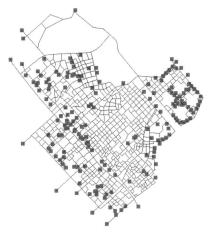

图8-10　完成后的拓扑

➡ 通过观察可以发现如图 8-11 所示的三个地方出现错误（不该有悬挂点的地方出现悬挂点，整个网络只有在尽头路才会有悬挂点），通过【延伸】和【打断】工具对错误的线段进行调整。

➡ 以图 8-11 中最上方的错误为例，它存在两条线本该相交却未相交的错误（图 8-12），从而产生了一个悬挂点。需要将右侧线段延伸至与左侧线段相交，然后将左侧线段在交点处打断。另外图左侧和图右侧两线相交处同样不应该出现悬挂点，需要删除出头的线段。

图8-11　拓扑检查中的报错点　　　　图8-12　需进行修改的悬垂点

➜ 验证修改后的拓扑。

在完成对各报错点的修改后，保持编辑状态，右键单击工具栏任何位置，调出【拓扑】工具条，点击🖳【验证当前范围中的拓扑】。可以看出所有出错位置均已经改正，没有再验证出报错信息。停止并保存编辑。

8.1.4　设置道路基本属性

现在的路段只有道路类型属性，这是无法用于网络分析的，需要将其转换成步行通过时间、车行通过时间、道路长度等网络属性。为了简化计算，我们作出如下假设：

所有道路的步行速度为 1.5 米 / 秒，即 90 米 / 分钟；

"过境公路"的车速为 60 公里 / 小时，即 1000 米 / 分钟；

"干道"的车速为 40 公里 / 小时，即 666.67 米 / 分钟；

"支路"的车速为 20 公里 / 小时，即 333.33 米 / 分钟；

"小路"的车速为 10 公里 / 小时，即 166.67 米 / 分钟。

据此可以求得各段路的步行时间和车行时间。

☞ **步骤1**：批量给【道路】要素类添加字段。

　➜ 在【目录】面板中，右键点击【道路】要素类，选择【属性】，打开【要素类属性】对话框。

　➜ 切换到【字段】选项卡。在【字段名】列直接输入需要增加的字段【DriveTime】和【WalkTime】,并设置为【数据类型】为【双精度】（图 8-13 ）。

图8-13　道路要素类的属性

☞ **步骤2**：求解步行时间【WalkTime】。

　➜ 打开【道路】要素类的属性表。计算【WalkTime】字段，WalkTime=Shape_Length/90。

☞ **步骤3**：求解车行时间【DriveTime】。

　➜ 点击【表】对话框工具栏上的下拉按钮🔲▾,选择【按属性选择】,设置选择条件【[道路类型] = ' 过境公路 ' 】,点击【应用】选中所有过境公路。

　➜ 计算【DriveTime】字段，DriveTime= Shape_Length/1000。

　➜ 类似的，分别选中"干道"、"支路"、"小路"，计算各类型路段的车行时间。

至此，我们完成了构建道路交通网络所需基础数据的导入、修改、检验、赋属性等工作。随书数据"chp08\ 练习结果示例 \ 基础数据准备 \ 基础数据 .mxd"示范了完成后的结果。

8.2　道路交通网络的构建

8.2.1　道路交通网络简单建模

交通网络建模是一项十分复杂的工作，为了方便读者学习，我们首先建立一个最简单的交通网络模型，不考虑单行线、路口禁转等情况。

☞ **步骤 1**：启动 ArcMap，打开地图文档【chp08\ 练习数据 \ 道路交通网络的构建 \ 交通网络 .mxd】，点击菜单【自定义】→【扩展模块…】，在【扩展模块】对话框中勾选其中的【Network Analyst】选项。

☞ **步骤 2**：新建网络数据集。

　　在【目录】面板中，浏览到【chp08\ 练习数据 \ 道路交通网络的构建 \ 交通网络 .mdb\ 路网】项，右键点击【路网】要素数据集，弹出菜单中选择【新建】→【网络数据集…】。之后会弹出【新建网络数据集】向导对话框，如图 8-14 所示。

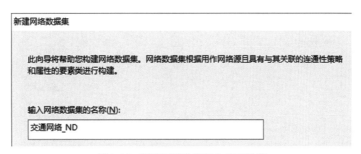

图8-14　新建网络数据集向导对话框

☞ **步骤 3**：输入网络数据集的名称【交通网络】，然后点【下一步】。

☞ **步骤 4**：选择要参与网络模型的要素类。

　　勾选【道路】要素类，然后点【下一步】。

☞ **步骤 5**：设置路口转弯。

　　接受默认【是】和【通用转弯】，意味所有路口均可以随意转弯，点【下一步】。

☞ **步骤 6**：设置连通性，规定线和线如何连通。

　　点击【连通性…】按钮，显示【连通性】对话框，如图 8-15 所示。该对话框列表显示了参与网络模型的要素类。这时模型中暂时只有【道路】要素类。

图8-15　设置网络的连通性

➡ 点击【道路】行的【连通性策略】列对应的单元格，弹出一个下拉列表，从中选择【端点】，意味着一条线只能通过端点和相接的另一条线连通（如果选择【任何节点】则意味着一条线可以通过其上的任何折点（包括端点）和另一条线连通，当然连通处也必须是另一条线上的折点）。

➡ 点【确定】返回，然后点【下一步】。

☞ **步骤7**：设置高程建模。

网络模型还可以根据高程建立连通性，例如两条线交于端点，但两端点的高程不同，则不会建立连通。这里接受默认设置，点【下一步】。

☞ **步骤8**：为网络指定通行成本、等级、限制等属性。

ArcGIS会从参与网络的要素类的属性中自动识别一些基本属性。这里系统自动识别了【Minutes】属性，作为网络通行成本，单位是【分钟】，如图8-16所示。

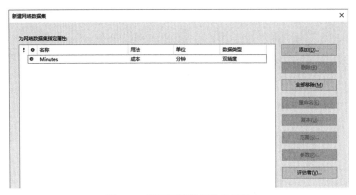

图8-16 设置网络数据集的属性

➜ 选中【Minutes】行，然后点击【赋值器…】（或者直接双击该行），可以查看该设置的详细参数，如图8-17。其中有两条记录：

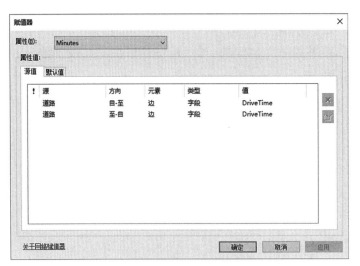

图8-17 网络属性的赋值器对话框

➜ 两条记录的【源】都是【道路】要素类。

➜ 两条记录的【方向】分别是【自-至】和【至-自】，分别代表道路通行的两个方向，一个是从道路起点到终点，另一个是从终点到起点（注：线的起点是绘制该线的第一点，终点是最后一点）。

➜ 两条记录的【元素】都是【边】，代表路网上的路段。

➜ 两条记录的【类型】都是【字段】，其【值】是【DriveTime】，意味着根据【道路】要素类的属性字段【DriveTime】中的值来确定通行成本。

➜ 系统识别的是正确的，点【确定】返回前一对话框。

➜ 右键点击【Minutes】行，弹出菜单中选择【重命名】，将【Minutes】更名为【车行时间】。

☞ **步骤9**：新建路程成本属性。

➔ 点击【添加…】按钮，显示【添加新属性】对话框，如图 8-18 所示，设置名称为【路程】，使用类型选择【成本】，单位选择为【米】，数据类型选择【双精度】，点【确定】返回。

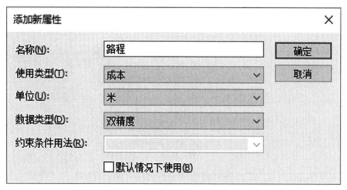

图 8-18　为网络添加路程属性

➔ 这时属性列表中新添了【路程】属性行，但是该行前面有警告符号⚠️ 路程，意味着设置还存在问题。选择【路程】属性后，点击【赋值器…】按钮，显示【赋值器】对话框，按图 8-19 所示进行设置，这样设置意味着用【道路】要素类的长度字段【Shape_Length】的值作为网络模型中网段的双向通行成本。点【确定】返回。

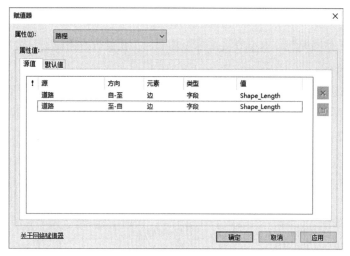

图 8-19　设置路程属性

➔ 将【路程】属性作为默认属性。右键点击【路程】属性，在弹出菜单中选择【默认情况下使用】，之后该属性前会出现符号⊙ 路程，【D】代表"default"。之后进行网络分析时会把它作为默认的网络属性，而不是之前的【车行时间】属性。

☞ **步骤10**：完成设置。

点【下一步】，为网络建立行驶方向设置时，选择【否】，点【下一步】，然后点【完成】结束设置。

之后会弹出对话框，询问【新网络数据集已创建，是否立即构建？】，点【是】。网络构建完成后提示【是否还要将参与到"交通网络"中的所有要素类添加到地图？】，点【是】。

至此，一个简单的网络模型已经构建完毕，完成后如图 8-20 所示，【路网】数据集下新增了两个要素类：【交通网络】代表该网络数据集，【交通网络 _Junctions】代表路口的交汇点。它们也被加载到当前地图文档中。

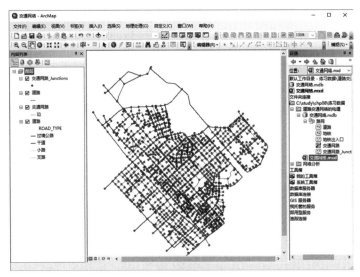

图8-20 构建好的交通网络

放大到局部可以查看系统自动生成的路口是否正确，例如如果某路口没有交汇点，则说明【道路】要素类中的线段在该路口没有被打断，这时需要对【道路】要素类的相关线段进行编辑，之后还需要重新构建网络模型。重新构建网络模型的操作为：在【目录】面板中右键点击【路网】要素数据集下的【交通网络】，在弹出菜单中选择【构建】。

8.2.2 模拟单行线

前面建立了一个简单的路网模型，本小节将接着为其增加一些单行线路段。

紧接之前步骤，操作如下：

☞ 步骤1：为【道路】要素类新添【Oneway】字段。网络模型将根据该字段确定是否单行，什么方向单行。

↳ 在【目录】面板中右键点击【道路】要素类，在弹出菜单中选择【属性…】，显示【要素类属性】对话框，切换到【字段】选项卡。

↳ 在【字段名】列点击任意一个空单元格，输入【Oneway】，【数据类型】选择【短整型】，【字段属性】栏设置如图8-21所示，默认值设为【0】意味着所有路段默认都不是单行线。

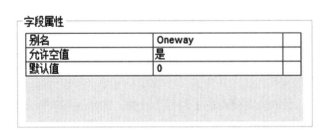

图8-21 设置道路要素类的Oneway字段

↳ 点【确定】完成。

☞ 步骤2：让【道路】图层显示线段方向。

↳ 右键点击【道路】图层，在弹出菜单中选择【属性…】，显示【图层属性】对话框，切换到【符号系统】选项卡。

↳ 点击【符号】栏中的样式按钮，弹出【符号选择器】，选择【Arrow Right Middle】样式，并把颜色设为墨绿（图8-22），点【确定】。

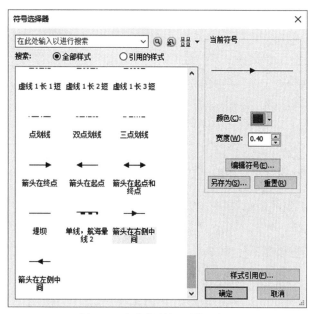

图8-22 让道路图层显示线段方向

→ 点【确定】完成图层属性设置。

设置完成后，图中每条路段中间都多了一个表示线段绘制方向的箭头，如图 8-23 所示。

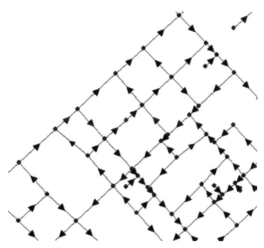

图8-23 显示线段方向后的效果

☞ **步骤 3**：录入【Oneway】字段的属性。

→ 点击【编辑器】工具条中的选择元素工具 🔧，然后按住【Shift】键，依次选择图 8-24 所示路段，该路段位于路网的左下角。

→ 右键点击【道路】图层，在弹出菜单中选择【打开属性表】，显示【表】对话框，右键点击表头【Oneway】，在弹出菜单中选择【字段计算器…】，显示【字段计算器】对话框，在【Oneway=】下输入【1】，点【确定】。这里设为【1】意味着只允许沿道路箭头方向通行。

→ 按住【Shift】键，依次选择路网左下角的第二条路，如图 8-25 所示，将这条路的【Oneway】属性设为【-1】，设为【-1】意味着只允许沿道路箭头的反方向通行。

→ 停止并保存编辑，点【编辑器】工具条中的 编辑器(R)· 下拉按钮，下拉菜单中选择【停止编辑】，弹出保存对话框时，点【是】保存编辑内容。

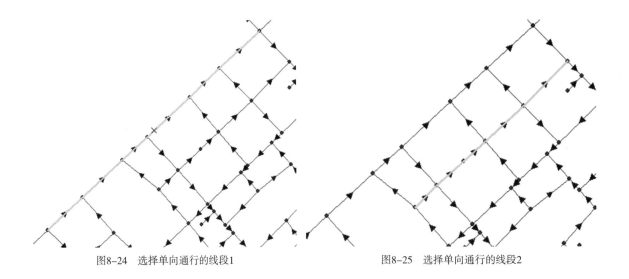

图8-24 选择单向通行的线段1　　　　　　图8-25 选择单向通行的线段2

☞ **步骤4**：设置网络属性。

→ 在【目录】面板中,右键点击【交通网络】,显示【网络数据集属性】。在该对话框中可以对路网作全面调整。

→ 切换到【属性】选项卡。

→ 添加道路限行属性。点击【添加…】按钮,显示【添加新属性】对话框（图8-26）,输入【名称】为【道路限行】,【使用类型】选择【限制】,意味着该属性是用于限制网络通行的;勾选【默认情况下使用】,使该属性默认参与所有网络分析。设置好后如图8-26所示。点【确定】。

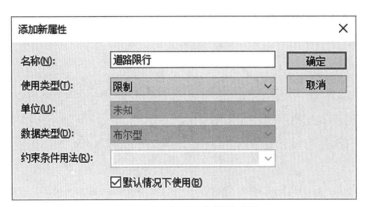

图8-26 为网络添加道路限行属性

→ 选择前面新建的【道路限行】属性,点击【赋值器…】按钮,显示【赋值器】对话框,将道路的【自－至】行和【至－自】行的类型都设置为【字段】。

→ 右键点击道路【自－至】行,在弹出菜单中选择【值】→【属性…】,显示【字段赋值器】对话框（图8-27）。

→ 在【预逻辑 VB 脚本代码】栏输入：

【restricted=False

If［Oneway］=–1Then restricted=True】

→ 在【值＝】栏输入【restricted】。设置好后如图 8-27 所示。该设置的含义是如果【Oneway】的值等于–1,那么沿道路箭头方向限行（因为限行的是【自－至】方向）,亦即只允许沿道路箭头的反方向通行。点【确定】返回。

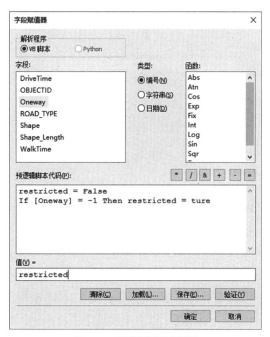

图8-27　字段赋值器对话框

➡ 双击道路【至 – 自】行，弹出【字段赋值器】对话框。

在【预逻辑 VB 脚本代码】栏输入

【restricted=False

If［Oneway］=1Then restricted=True】

➡ 在【值 =】栏输入【restricted】。该设置的含义是如果【Oneway】的值等于1，那么沿道路箭头反方向限行（因为限行的是【至 – 自】方向），亦即只允许沿道路箭头的方向通行。

➡ 点击【确定】完成【道路限行】属性的设置。

➡ 点击【确定】完成网络数据集属性的设置。

☞ **步骤 5**：重新构建网络模型。

在【目录】面板中，右键点击【交通网络】，在弹出菜单中选择【构建】。

8.2.3　模拟禁止转弯

本小节将接着为网络增加一些禁止转弯的路口。

紧接之前步骤，操作如下：

☞ **步骤 1**：新增转弯要素类。

➡ 在【目录】面板中，右键点击【路网】要素数据集，在弹出菜单中选择【新建】→【要素类…】，显示【新建要素类】对话框（图 8-28）。

➡ 将【名称】设为【路口转弯】，【类型】选择【转弯要素】，【选择转弯要素类所属的网络数据集】栏选择之前构建好的【交通网络】，设置好后如图 8-28 所示。

➡ 点【下一步】，然后点【完成】。

之后，新建的【路口转弯】要素类被添加到当前地图文档，并显示在【内容列表】面板中。

☞ **步骤 2**：编辑转弯要素类。

➡ 启动编辑。点击【编辑器】工具条中的 编辑器(R)▾ 下拉按钮，在下拉菜单中选择【开始编辑】，显示【创

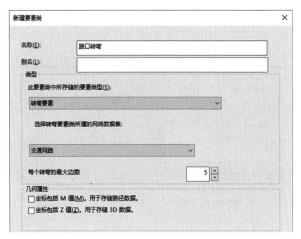

图8-28 新建转弯要素类

建要素】面板。

➡ 启动捕捉。右键点击任意工具条,在弹出菜单中选择【捕捉】,显示【捕捉】工具条。工具条中保证【边捕捉】、
【折点捕捉】和【端点捕捉】处于选中状态;点击【捕捉】下拉按钮,勾选【使用捕捉】和【交点捕捉】。

➡ 在【创建要素】面板中点击【路口转弯】绘图模板(如果系统没有自动添加该模板,可以手工添加。点击【创
建要素】面板上的【组织模板】工具 📄,显示【组织要素模板】对话框,再点击 🔳新建模板 按钮,在弹出的【创
建新模板向导】对话框中选择【路口转弯】图层,点【完成】返回)。

➡ 绘制转弯要素,禁止图 8-29 中由北至南的小路进入主干道时左转。利用捕捉,依次点击小路、交叉点,
然后双击主干道,如图 8-29 所示,如此就绘出了左转弯的通行轨迹。

➡ 绘制转弯要素,禁止主干道掉头。利用捕捉,依次点击主干道、掉头地点,再回过头再次点击主干道,
如图 8-30 所示,如此就绘出了掉头的通行轨迹。

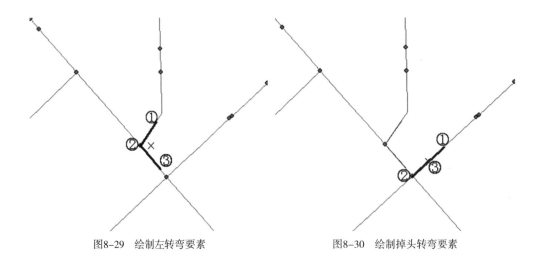

图8-29 绘制左转弯要素　　　　　图8-30 绘制掉头转弯要素

➡ 停止并保存编辑,点【编辑器】工具条中的 编辑器(R)▾ 下拉按钮,在下拉菜单中选择【停止编辑】,弹出保
存对话框时,点【是】保存编辑内容。

☞ **步骤 3:设置网络属性。**

➡ 在【目录对话框】中,右键点击【交通网络】,在弹出菜单中选择【属性…】,显示【网络数据集属性】。

➡ 切换到【转弯】选项卡。由于【路口转弯】要素类在创建时已经选择属于【交通网络】,所以这里已经出
现在转弯列表中(图 8-31),如果之前没有设置,这需要点击【添加…】按钮,为网络添加转弯要素类。

图8-31 添加转弯要素类到交通网络

→ 切换到【属性】选项卡，添加转弯属性。点击【添加…】按钮，显示【添加新属性】对话框（图8-32），设置新属性的【名称】为【转弯限制】，设置【使用类型】为【限制】，勾选【默认情况下使用】，使该属性默认参与所有网络分析；点【确定】完成新属性的添加。

图8-32 为网络添加转弯限制属性

→ 选择上面新建的【转弯限制】属性，点击【赋值器…】按钮，显示【赋值器】对话框（图8-33），将【路口转弯】行的【类型】设置为【常数】，【值】设置为【使用约束条件】，意味着只要存在该要素的位置都不许按要素方向转弯。点【确定】。

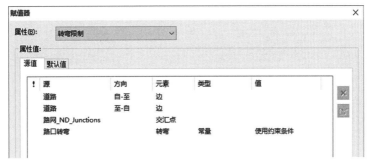

图8-33 设置转弯限制属性

→ 点【确定】，完成网络属性设置。
☞ **步骤4**：重新构建网络模型。
在【目录】面板中，右键点击【交通网络】，在弹出菜单中选择【构建】。

8.2.4 模拟路口红灯等候

实际交通中，路口红灯等候时间是不可忽略的要素，它往往会占据总行车时间的很大比例。本小节将接着为路网模型添加路口通行时间。

紧接之前步骤，操作如下：

☞ **步骤1**：在【目录对话框】中，右键点击【交通网络】，在弹出菜单中选择【属性…】，显示【网络数据集属性】。

☞ **步骤2**：切换到【属性】选项卡，选择【车行时间】属性，然后点击【赋值器…】按钮，显示【赋值器】对话框。

☞ **步骤3**：在【赋值器】对话框中，切换到【默认值】选项卡（图8-34）。

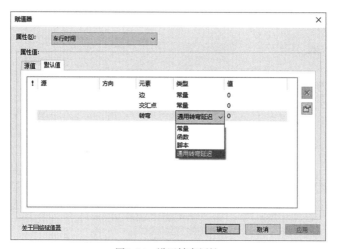

图8-34 设置转弯属性

➡ 将【转弯】属性的【类型】设置为【通用转弯延迟】。

➡ 双击【转弯】行的【值】列对应的单元格，显示【通用转弯延迟赋值器】对话框（图8-35）。

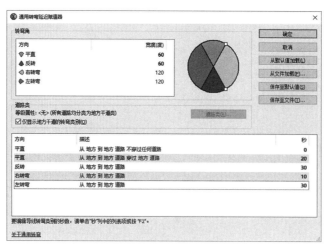

图8-35 设置通用转弯时间

➡ 设置各个方向的平均通行时间（图8-35），其单位是秒，其中【平直从地方到地方道路不穿过任何道路】是指两条路首尾相接，相接处没有路口，此时通行时间一般是"0"。

☞ **步骤4**：在所有弹出对话框中，点【确定】完成设置。

☞ **步骤5**：重新构建网络模型。在【目录】面板中，右键点击【交通网络】，在弹出菜单中选择【构建】。

8.2.5 模拟地铁

前面模拟了城市路网的一般路况，ArcGIS还可以模拟更加复杂的多层复合交通网，例如地铁、地面道路和高架桥组合而成的交通网，三层交通网之间相对独立，只在地铁口、高架桥上下口，才会和地面道路网发生关系。下面我们接着为路网模型添加地下轨道交通网。

紧接之前步骤，操作如下：

☞ **步骤1**：将【路网】要素数据集下的【地铁】和【地铁出入口】要素类添加到当前地图文档，如图 8-36 所示。

☞ **步骤2**：设置网络。

➡ 在【目录】面板中，右键点击【交通网络】，在弹出菜单中选择【属性…】，显示【网络数据集属性】。

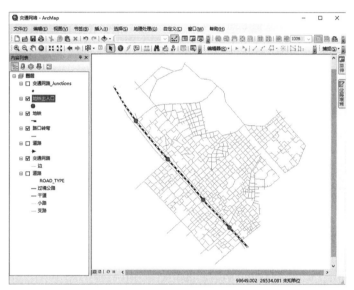

图8-36 地铁和地铁出入口要素类

➡ 切换到【源】选项卡。点击【添加…】按钮，为网络添加【地铁】和【地铁出入口】要素类，如图 8-37 所示（注：只有带高程的 3D 要素类才能在这里被加载，因为之前构建网络时默认使用几何的 Z 坐标值作为高程属性，若要使用 D 要素类，则需要在构建网络时选择不使用高程建模）。

图8-37 把地铁和地铁出入口要素类添加到网络

➡ 切换到【连通性】选项卡（图 8-38）。将【组列数】栏设置为【2】，意味着将有 2 组网络；将【地铁】设置到组【2】：取消勾选【地铁】行的列【1】，然后勾选【地铁】行的列【2】；类似地将【道路】设置到组【1】；对于【地铁出入口】，同时勾选该行的列【1】和列【2】，意味着它将被两组共享。设置好后如图 8-38 所示。

图8-38　网络要素源的分组

> 说明：对网络分组后，各个组内的网络是相对独立的，即交通流不会从一个组窜到另一个组，除非两个组共享一个点状网络元素，这时就可以也仅可以通过这个共享元素在组之间传递交通流。

➡ 点击【地铁出入口】的【连通性策略】，将其从【依边线连通】更改为【交点处连通】，意味着该要素拥有更高的连通权利，它将不遵循【道路】或【地铁】在端点处连通的属性，它将在任何重合节点处连接到各组网络的边。

➡ 切换到【属性】选项卡，由于新添的要素改变了以前设置好的属性，此时很多属性都出现了错误警告，如图 8-39 所示。下面一个个进行修改：

图8-39　修改网络的属性

➡ 双击【车行时间】，显示【赋值器】对话框（类似于点击了【赋值器…】按钮）。这时地铁的两条属性都因为存在错误而被自动选择了，右键点击它们，在弹出菜单中选择【类型】→【常数】，如图 8-40 所示；再次点击右键，在弹出菜单中选择【值】→【属性…】，弹出【常量值】对话框，输入【–1】，敲回车键，如图 8-41 所示。这样设置意味着不允许通行，很显然地铁是不允许车辆通行的；此时警告已经消除，点【确定】完成车行时间的设置。

图8-40　设置网络属性的类型为常数

图8-41　设置网络属性的值为–1

> 🔄 说明：这里把网络属性【车行时间】的【地铁】行设置为-1的常量，意味着地铁内不允许车行。

➡ 双击【路程】，将两条【地铁】和两条【道路】的【类型】设置为【字段】，【值】设置为【Shape_Length】。

➡ 点【确定】，完成网络属性设置。

☞ **步骤3**：在地铁出入口处打断地铁和道路线条。

由于【地铁】和【道路】的连通性策略都是在线的端点处才能连通，所以必须在地铁出入口处打断地铁和道路线条，具体操作为：

➡ 启动编辑。点【编辑器】工具条中的 编辑器(R)▼ 下拉按钮，在下拉菜单中选择【开始编辑】，然后再在下拉菜单中选择【更多编辑工具】→【高级编辑】，显示【高级编辑】工具条。

➡ 交点处打断。在【高级编辑】工具条中选择【线相交】工具 ⊿，然后依次点击地铁出入口处的道路和地铁线条，最后在空白处再点击一次左键确认，则两条相交线在交点处相互被打断成四条线。

➡ 停止并保存编辑，点【编辑器】工具条中的 编辑器(R)▼ 下拉按钮，在下拉菜单中选择【停止编辑】，弹出保存对话框时，点【是】保存编辑内容。

☞ **步骤4**：重新构建网络模型。

在【目录】面板中，右键点击【交通网络】，在弹出菜单中选择【构建】。

至此，一个比较复杂的城市交通路网已经构建完毕。随书数据"chp08＼练习结果示例＼道路交通网络的构建＼交通网络.mxd"示范了完成后的结果。

8.3 最短路径的计算

应用技术提要   表8-1

规划问题描述	解决方案
➢ 规划选址中，经常需要回答离规划地点距离最近的消防站有多远，最近的大型超市有多远等	✓ 在构建了交通网络模型后，利用【Network Analyst】模块的【新建路径】功能建立起止点之间的最短路径，并计算路径长度

规划选址中，经常需要回答离规划地点距离最近的消防站有多远，最近的大型超市有多远等。目前主要通过两点间的直线距离大致进行估算，现在有了路网模型后，我们可以真实地计算出两地点在现实路网上的交通距离或交通时间。

☞ **步骤1**：启动ArcMap，打开随书数据【chp08\练习数据\网络分析\最短路径分析.mxd】，其中包含一个完整的交通网络模型。

☞ **步骤2**：启动【Network Analyst】工具条。

在任意工具条上单击右键，在弹出菜单中选择【Network Analyst】，显示出【Network Analyst】工具条，如图8-42所示。这时工具条中的【网络数据集】栏显示为【交通网络】，证明系统已自动识别了该网络模型，并把它作为默认的网络分析对象。

图8-42 Network Analyst工具条

☞ **步骤3**：启动路径分析。

点击【Network Analyst】工具条上的按钮【Network Analyst】，在下拉菜单中选择【新建路径】，之后会显示【Network Analyst】面板（如果没有显示该面板，可点击【Network Analyst】工具条上的【显示/隐藏 Network Analyst 窗口】工具），并且，【内容列表】面板中新添了【路径】图层，如图8-43所示。

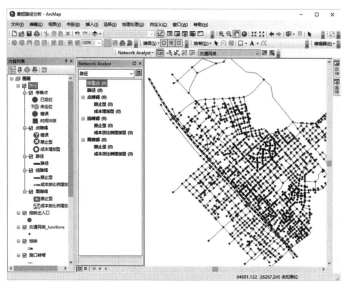

图8-43 启动新建路径分析

> **说明**：启动网络分析工具后，系统提供了两套可视化操作的方式：
> （1）【Network Analyst】面板中的树状列表，通过它可以设置各类网络分析要素。
> （2）【内容列表】中会增加一个分析图层，它用于控制网络分析的图形效果。它可以控制网络分析要素（例如停靠点、点障碍、路径等）的显示/隐藏，以及这些要素的显示方式（例如颜色、线形等）。此外，删除该图层将删除整个分析设置和分析结果。

☞ **步骤4**：分析工具的设置。

➜ 设置停靠点。在【Network Analyst】面板中选择【停靠点】，然后点击【Network Analyst】工具条上的【创建网络位置工具】，在图面上的路径分析起点和终点各点击一次，这两个点会被同步添加到【Network Analyst】面板的【停靠点】项目下，如图8-44所示。

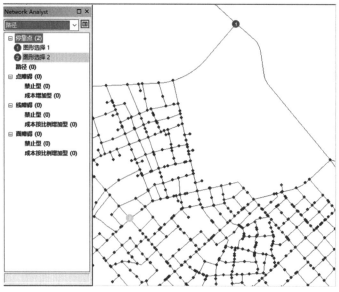

图8-44 设置路径分析的起止点

➜ 设置障碍，例如某条路正在维修不能通行。在【Network Analyst】面板中选择【点障碍】，然后还是点击【Network Analyst】工具条上的█，再点击图面上的障碍路段，该路段会标记一个障碍标志◎。

➜ 设置分析属性。点击【Network Analyst】面板右上角的【属性】按钮▣（或者右键点击【Network Analyst】面板空白处，在弹出菜单中选择【属性…】），显示【图层属性】对话框。切换到【分析设置】选项卡（图8-45）。其默认【阻抗】是【路程（米）】，将其更改成【车行时间（分钟）】，意味着根据车行时间来计算最短路径。点【确定】完成设置。

图8-45 设置路径分析的属性

> **说明**：这些阻抗都是在网络建模时设置的"成本"类型的网络属性（参见8.2.1节道路交通网络简单建模的步骤9）。而右侧【限制】栏中的【转弯限制】和【道路限行】也是之前设置的"限制"类型的网络属性。
> 网络分析只允许使用一种"成本"类型的属性，但允许同时使用多种"限制"类型的属性。

☞ **步骤 5**：路径求解。

点击【Network Analyst】工具条上的【求解】工具▦，短暂运算后，得到计算结果如图 8-46 所示；如果在步骤 4 设置分析属性时将阻抗设为【路程】，那么得到的最短路径将完全不同，如图 8-47 所示。

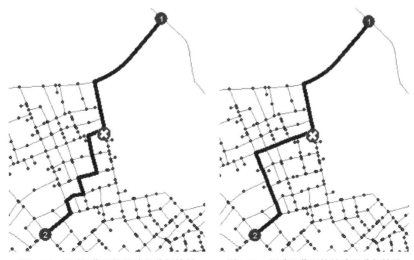

图8-46 用时间作阻抗的路径分析结果　　图8-47 用路程作阻抗的路径分析结果

☞ **步骤6**：查看详细数据。

右键点击【Network Analyst】面板中【路径】项下的路线【图形选择1– 图形选择2】，在弹出菜单中选择【属性…】，显示【属性】对话框，如图8-48 所示。列表中【Total_车行时间】为累计的阻抗值，这里是车行时间。

图8-48　查看路径分析的详细数据

8.4　设施服务区分析

	应用技术提要		表 8-2
规划问题描述		解决方案	
➢ 城市规划对很多公共服务设施都有服务半径的限制，那么在现实路网中，某设施一定距离的服务半径究竟可以覆盖多大区域		√ 在构建了交通网络模型后，利用【Network Analyst】模块的【新建服务区】功能计算某设施在服务半径内能覆盖的区域	

城市规划对很多公共服务设施都有服务半径的要求，例如小学的服务半径为 500 米。现在大多以设施为圆心，服务半径为圆半径，画一个圆，粗略地估计设施的有效服务区域。现在有了路网模型后，我们可以在现实路网上按照交通距离更准确地模拟设施在服务半径内可以覆盖的区域。

下面我们还是在上述交通网络的基础上，对小学的服务区进行分析，一般城市小学的服务半径为 500 米。

☞ **步骤1**：启动 ArcMap，打开随书数据【chp08\ 练习数据 \ 网络分析 \ 设施服务区分析 .mxd】，其中包含一个完整的交通网络模型，以及一个【小学】图层。

☞ **步骤2**：启动服务区分析。

点击【Network Analyst】工具条上的按钮【Network Analyst】，在下拉菜单中选择【新建服务区】，之后会显示【Network Analyst】面板（如果没有显示该对话框，可点击工具条上的【显示 / 隐藏网络分析窗口】工具💻），并且，【内容列表】面板中也新添了【服务区】图层。

☞ **步骤3**：加载设施点。

在【Network Analyst】面板中，右键点击【设施点】项，在弹出菜单中选择【加载位置…】，显示【加载位置】对话框，如图 8-49 所示。将【加载自】栏设置为【小学】，意味着根据【小学】要素类确定设施点的位置。

点【确定】后，18 个小学的位置被提取出来成为了设施点，如图 8-50 所示。该工作在上一节最短路径的分析中是手工点上去的。

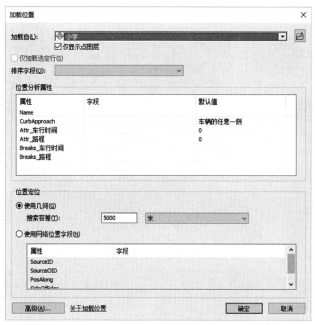

图8-49 从要素类加载位置

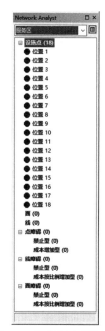

图8-50 加载位置到设施点

☞ **步骤4**：设置服务区分析的属性。

点击【Network Analyst】面板右上角的【属性】按钮，显示【图层属性】对话框，切换到【分析设置】选项卡。选择【阻抗】为【路程（米）】，【默认中断】设为【500 800】，在【限制】栏取消勾选【道路限行】和【转弯限行】（图8-51），这意味着将生成小学的500米和800米服务区。点【确定】。

图8-51 设置服务区分析的属性

☞ **步骤5**：服务区求解。

点击【Network Analyst】工具条上的【求解】工具，短暂运算后，得到计算结果如图8-52所示。系统为每所小学都计算了两个服务区，其中深色为500米服务区，浅色为800米服务区。

可以看到，基于真实路网得到的服务区是不规则多边形，而不是圆形。图面直观地显示了小学的服务覆盖情况，很多区域都超过了规范规定的500米服务半径，但距离大多没有超过800米。说明该区域的小学服务水平一般。

如果按照传统以服务半径画圆来估算服务区的方法，得到的结果将会如图8-53所示。这是利用ArcGIS多

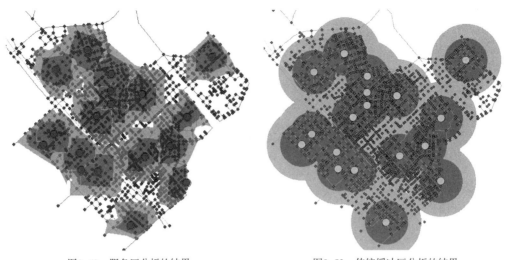

图8-52 服务区分析的结果
图8-53 传统缓冲区分析的结果

环缓冲区工具生成的（详细操作参见第 4 章 4.2.1 节的"1. 计算省道和县道的缓冲区"）。可以看到传统方法的计算结果更加粗略，且设施服务区范围更大。

8.5　本章小结

ArcGIS 可以精确地模型现实交通网络。要构建网络模型，首先要构建网络数据集，然后把线状要素类（例如道路、地铁、高架等）以及代表交汇点的点状要素类（地铁出入口、高架出入口）加入到该模型中，并设置网络的连通性、通行成本、转弯等网络属性。在此基础上，还可以模拟单行线、路口禁转、路口红灯等待、地铁和道路多层交通网络等常见路况。此外，ArcGIS 还可以模拟分时路况，更准确地模拟不同时段的交通情况。

构建了网络模型之后，我们可以根据网络进行许多分析，本章介绍了最短路径分析和设施服务区分析。各类分析的步骤都是类似的，首先启动分析工具，然后在【Network Analyst】面板中设置分析参数，最后点击【Network Analyst】工具条上的【求解】工具进行求解。分析结果主要以两种方式表达：一是以图形的方式（例如服务区范围）直观显示在图形窗口中，二是以要素方式（例如服务区 1、服务区 2 等）罗列在【Network Analyst】面板中。

本章技术汇总表 表 8-3

规划应用汇总	页码	信息技术汇总	页码
模拟实际交通网络	127	新建网络数据集	133
交通网络的实际距离量算	145	显示线段方向	136
设施的服务区域分析	148	模拟道路单行线	136
		模拟路口转弯限制	139
		模拟路口红绿灯等候	142
		模拟地铁	143
		最短路径分析	145
		设施服务区分析	148

第 9 章　设施优化布局分析

城市公共及市政公用设施是以公共利益和公共使用为基本特征的，它们是城市物质文明程度、现代化水平的重要标志。因此，城市规划对于公共设施的合理布局也越来越关注。许多城市还开展了城市公共设施专项规划。

设施布局的优化包含非常丰富的含义，例如设施的可达性最佳、设施的使用效率最高或设施的服务范围最广等。此外，针对不同的设施其优化的重点也不尽相同，例如小学布局优化的重点是使小学生能更方便安全地到达，商业设施布局的重点是使其拥有更多的顾客，消防站布局的重点是使消防车在规定时间内未能覆盖的区域最少等。因此，设施优化布局模型的种类也是非常丰富的。

本章将以消防站的布局选址为例，介绍基于 ArcGIS "位置分配（Location-allocation）"功能的设施优化布局分析。

本章所需基础：

➢ ArcMap 基础操作（详见第 2 章）；

➢ 交通网络构建（详见第 8 章 8.2 节）。

应用技术提要　　　　　　　　　　　　　　　　　　　　　　　　　　表 9-1

规划问题描述	解决方案
➢ 进行公共和市政设施布局规划时，如何合理地确定设施的数量、位置、规模和服务范围，以实现设施布局的优化	√ 利用 ArcGIS 的"位置分配"工具进行优化布局 √ 模拟服务需求的空间分布（例如居住区分布） √ 模拟已有设施的空间分布 √ 用户找出所有可能的设施候选位置 √ 用户指定位置分配的优化模型 √ 系统自动挑选合适的设施选址 √ 分析计算结果，必要的情况下进行调整后再次模拟分析

9.1　"位置分配"原理

9.1.1　基本原理

空间位置对于一个设施的服务具有举足轻重的作用。合适的空间位置可以让零售店盈利、让公益设施提供更好的服务、让学校更容易到达等。

ArcGIS "位置分配"的基本原理是：在给定需求和已有设施空间分布的情况下，在用户指定的系列候选设施选址中，让系统从中挑选出指定个数的设施选址，而挑选的原则是根据特定优化模型来的，挑选的结果是实现模型设定的优化方式，例如设施的可达性最佳、设施的使用效率最高或设施的服务范围最广等。

根据原理可以看出"位置分配"的基本过程包括：

➢ 模拟服务需求的空间分布（例如居住区分布）；

➢ 模拟已有设施的空间分布；

➢ 用户找出所有可能的设施候选位置；

➢ 用户指定优化模型，并设置模型参数；

➢ 系统自动挑选合适的设施选址；

➢ 分析计算结果，必要的情况下进行调整后再次模拟分析。

9.1.2 优化模型简介

ArcGIS 目前提供了 6 种典型的优化模型：最小化抗阻、最大化覆盖范围、最小化设施点数、最大化人流量、最大化市场份额、目标市场份额。下面分别介绍。

1. 最小化抗阻模型（P-Median model）

该模型的目标是在所有候选的设施选址中按照给定的数目挑选出设施的空间位置，使所有使用者到达距他最近设施的出行成本之和最短。

其现实意义在于使出行代价最小化。

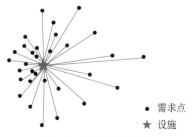

图9-1 显示了运用该模型布局一个设施的情况，显然，设施被布局在所有使用者的重心位置。该模型也可用于挑选多个设施，在这种情况下，模型假定使用者只到距他最近的设施进行"消费"。此外，出行路径不仅可以采用如图所示的空间直线路径，还可以采用更符合现实的实际出行路径。

● 需求点
★ 设施
图9-1 最小化抗阻模型

由于该模型的最终目标是使得总出行路径最短，因而不可避免地会牺牲那些极少数位置偏远的用户，如图 9-1 最右点所示。于是出于公平的考虑，又提出了受最大出行距离限制的最小化抗阻模型，它在上述模型的基础上加了一个限制条件，即所有用户到与之最近的设施的距离不得超过某一极限距离。

该模型主要用于学校的优化布局。

2. 最大化覆盖范围模型和最小化设施点数模型

最大化覆盖范围模型的目标是在所有候选的设施选址中挑选出给定数目的设施的空间位置，使得位于设施最大服务半径之内的设施需求点最多。与上述模型不同，它关注的是设施的最大覆盖问题（Maximum Covering Location Problem），至于设施需求点到设施的距离，它认为只要在服务半径之内，设施点就享受到了足够的服务，而不论距离的长短，如图 9-2 所示。

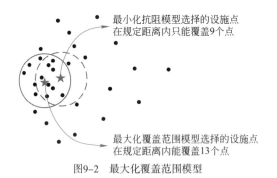

最小化抗阻模型选择的设施点
在规定距离内只能覆盖9个点

最大化覆盖范围模型选择的设施点
在规定距离内能覆盖13个点

图9-2 最大化覆盖范围模型

该模型主要用于由政府出资建设的具有强制性服务半径限制的急救防灾等保障设施，例如急救中心、消防站等。很显然，倘若有足够的财力布置尽量多的设施，那么这些设施就能够在规定的时间或距离内覆盖所有的消费者。但现在大多数城市所面临的主要问题是缺乏布局足够设施的财力，那么问题的关键就在于至少布置多少设施就可以覆盖绝大多数的需求者。该模型为政府选择财力能负担的设施数量提供了科学的依据。

该模型在运用时可能仍会有一些需求点在设施覆盖范围之外，这对于应急救灾是非常不利的。因此，该模型也衍生出了受限的最大化覆盖范围模型。它在最大覆盖模型的基础上增加了一个限制条件：对于位于最大覆盖范围之外的需求点，它到与之最近的设施之间的距离也不得超过某一更大的范围。

最小化设施点数模型是最大化覆盖范围模型的改进型，其目标是在所有候选的设施选址中挑选出数目尽量少的设施，使得位于设施最大服务半径之内的设施需求点最多。也就是说，该模型自动在设施数量和最大化覆盖范围中计算平衡点，自动求得合适的设施数量和位置，而不需要用户指定设施数量。

3. 最大化人流量模型

该模型的目标是在所有候选的设施选址中按照给定的数目挑选出设施的空间位置，使得设施被使用的可能性最大。该模型是建立在这样一个行为假设下的：使用者前去某设施进行消费的可能性随着出行距离的增加而减少。该模型的目标也即为通过使周边使用者使用该设施的可能性最大化，从而使该设施的服务效率最高。

该模型可用于那些选择使用或可被替代使用的设施，例如文化娱乐设施、商业服务设施、家政服务设施、体育场馆等，居民在能方便享用的情况下或许会使用它，否则就不会使用它。在这种情形下，争取更多的潜在消费者是这些设施得以生存的前提。因此，该模型就会将设施布局在潜在消费可能性最密集的区域，如图9-3所示。很显然该模型会更加忽视分散的偏远消费者。

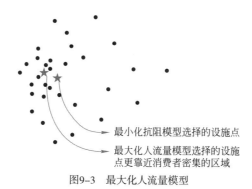

最小化抗阻模型选择的设施点

最大化人流量模型选择的设施点更靠近消费者密集的区域

图9-3　最大化人流量模型

4. 最大化市场份额模型和目标市场份额模型

这两个模型主要用于竞争性设施点的布局问题，例如大型超市布局。在市场总份额一定的情况下，位置和设施状况对于争取更大的市场份额具有决定性的影响。

最大化市场份额模型的目标是在所有候选的设施选址中按照给定的数目挑选出设施的空间位置，使得当存在竞争性设施点时可最大化市场份额。

目标市场份额模型的目标是在所有候选的设施选址中自动挑选出合适数量的设施，使得当存在竞争性设施点时可达到指定目标的市场份额。

上述两个模型都是建立在以下假设下的：

（1）总市场份额是所有能被服务到的需求点的需求的总和；

（2）当某个需求点位于多个设施点服务范围内时，该需求点的需求将被所有设施点瓜分。但是，权重大的设施（例如规模大）更有吸引力，因此能瓜分到更多的需求；同时，距离近的设施，出行成本更低，能瓜分到更多的需求。

9.2　实验基础数据简介

本章将以消防站的布局选址为例，介绍"位置分配"的方法。研究区域仍然是第8章研究的某城市独立区域，该区域面积为15.2平方公里，总人口为29.6万人，现在仅有一所消防站。根据《城市消防规划建设管理规定》，"消防站的布局，应当以接到报警五分钟内消防队可以到达责任区边缘为原则，每个消防站责任区面积宜为四至七平方公里"，研究区域应有2～4个消防站。究竟需要多少个消防站，其责任区如何划分，现试图通过最大化覆盖范围模型、最小化设施点数模型和最小化抗阻模型模拟分析之。但在分析之前，首先要对现实状态进行建模，建好的模型详见随书数据"chp09＼练习数据＼位置分配运算＼消防站优化布局.mxd"。

9.2.1 道路网模型

本章直接利用上一章构建的路网模型，但是稍作改动。首先是行车时间，由于消防车具有道路优先权，同样路程的行车时间更短，我们把路段的行车时间缩短 10%；其次是路口，消防车不受路口禁转的限制，也没有红灯等候时间；最后是没有单行线的限制。

9.2.2 火灾发生点模拟

理论上讲每一栋建筑都有发生火灾的可能，都应为潜在的火灾发生点，但这样建模工作就太大了。根据陈驰的研究，可根据地籍图将若干栋相邻建筑合并到一个消防基本单元中，然后用各单元的中心点代表该单元的火灾发生位置。

本实验将城市的火灾发生点简化成 292 个平均面积约为 3.5 公顷的消防基本单元。然后用各消防基本单元的中心点代表火灾发生位置。最后，根据各消防基本单元与城市道路的实际连接方位，用小路连接火灾发生位置和路网。经过这样的简化，误差基本控制在 150 米以内。模拟结果如图 9-4 所示。

9.2.3 消防站候选地址模拟

本研究将消防站分为现有消防站和候选消防站两种，分两个要素类存放。所谓候选消防站是指用地条件允许的，供模型从中挑选的虚拟消防站。本次研究从城市空地中，挑选出面积大于 2000 平方米，紧靠城市干道的 116 个地块作为候选消防站。加上现存的一个消防站，总共 117 个候选消防站位置，如图 9-5 所示。

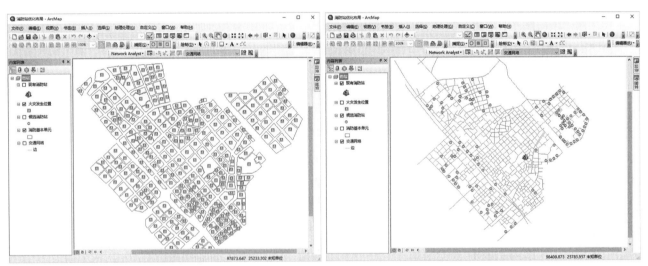

图9-4 模拟火灾发生点　　　　　　　　　　图9-5 模拟消防站候选地址

9.3 设施选址和位置分配运算

本实验首先使用最小化设施点数模型分配消防站，可以让系统自动计算出最少几个消防站可以基本满足要求，这里假设最终结果是 N 个。然后再用最大化覆盖范围模型，分别计算消防站个数为 $N-1$、N、$N+1$ 个的选址情况。最后在分析计算结果的基础上确定合适的消防站个数。

9.3.1 使用最小化设施点数模型

☞ **步骤1**：打开随书数据【chp09＼练习数据＼位置分配运算＼消防站优化布局 .mxd】，其中包含完整的交通网络模型、消防基本单元、火灾发生位置、现有消防站、候选消防站。

☞ **步骤2**：启动分析工具。

点击【Network Analyst】工具条上的按钮【Network Analyst】（如果没显示【Network Analyst】工具条，可在任意工具条上单击右键，在弹出菜单中选择【Network Analyst】），在下拉菜单中选择【新建位置分配】，之后会显示【Network Analyst】面板，【内容列表】面板中也新添了【位置分配】图层，如图9-6所示（如果没有显示该面板，可点击工具条上的【显示／隐藏网络分析窗口】工具 ）。

☞ **步骤3**：加载现有消防站。

在【Network Analyst】面板中，右键点击【设施点】项，在弹出菜单中选择【加载位置…】，显示【加载位置】对话框，如图9-7所示。将【加载自】栏设置为【现有消防站】。将【位置分析属性】栏【Facility Type】的【默认值】设置为【必选项】，意味着这些现有消防站是必选的消防站。点【确定】。

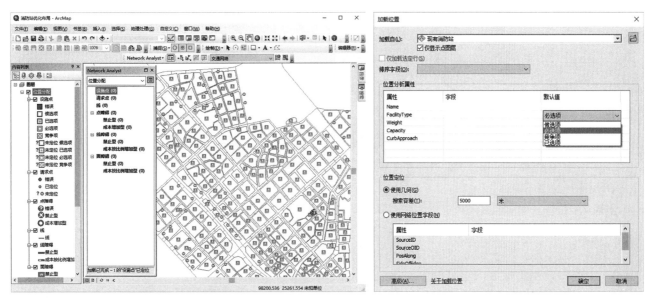

图9-6　启动位置分配　　　　　　　　　　图9-7　加载现有消防站位置

☞ **步骤4**：加载候选消防站。

在【Network Analyst】面板中，还是右键点击【设施点】项，在弹出菜单中选择【加载位置…】，显示【加载位置】对话框。将【加载自】栏设置为【候选消防站】。将【Facility Type】的【默认值】设置为【候选项】，意味着这些消防站是候选设施点。点【确定】后，【Network Analyst】面板中出现这些设施点，如图9-8所示。其中带五角星的【位置1】代表必选的设施点，其他都是候选设施点。

☞ **步骤5**：加载火灾发生位置。

在【Network Analyst】面板中，右键点击【请求点】项，在弹出菜单中选择【加载位置…】。在【加载位置】对话框中将【加载自】栏设置为【火灾发生位置】。点【确定】。

☞ **步骤6**：设置"位置分配"的属性。

◆ 点击【Network Analyst】面板右上角的【属性】按钮▦，显示【图层属性】对话框：

◆ 切换到【常规】选项卡。设置【图层名称】为【最小化设施点】。

◆ 切换到【分析设置】选项卡。选择【阻抗】为【车行时间（分钟）】。

◆ 切换到【高级设置】选项卡。选择【问题类型】为【最小化设施点数】，如图9-9所示。

图9-8　加载消防站位置后的结果

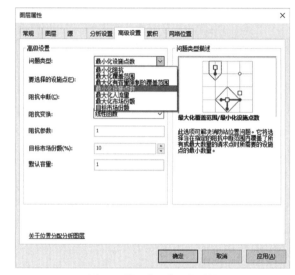

图9-9　设置位置分配的属性

◆ 将【阻抗中断】设为【4.3】，意味着设施的最大服务范围是4.3分钟车行时间（假设消防站从接到报警到上路需要40秒的准备时间，因此行车时间只允许4.3分钟）。

◆ 点【确定】。

☞ 步骤7：位置分配求解。

点击【Network Analyst】工具条上的【求解】工具▦，短暂运算后，结果如图9-10所示。

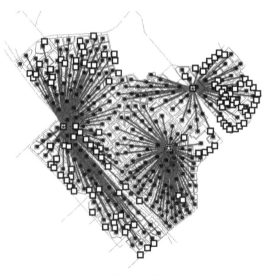

图9-10　基于最小化设施点数的位置分配结果

☞ **步骤 8**：更改指向不同设施点的连线的颜色，以便于区分。

右键单击【内容列表】面板【最小化设施点】图层下的【线】，在弹出菜单中选择【属性…】，显示【图层属性】对话框。切换到【符号系统】选项卡，按照图 9-11 所示进行设置，点【确定】。更改符号显示之后的效果如图 9-12 所示。

图9-11 位置分配结果的符号化

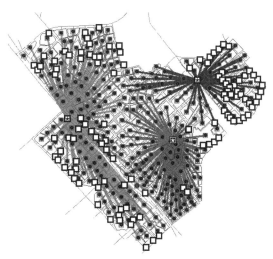

图9-12 位置分配结果的符号化效果

从计算结果来看，模型自动选择了两个消防站，加上现有的一共三个。但是西部的消防站选址有些出乎预料，它的服务范围涵盖了西南狭长片的全部区域，而该区域从图面上看很多地方都离中部现有消防站更近。分析路网后发现，西部消防站服务该片区时主要通过横贯东西的过境公路，该公路路面宽、路况好、车速很快。相比之下，中部消防站要到达该区域只能通过比较拥堵的城市干道，耗时更长。因此，得到这个结果也就不难理解了。

9.3.2 使用最大化覆盖范围模型

上一小节使用最小化设施点数模型分配消防站，系统自动计算出最少 3 个消防站可以基本满足要求。接下来，我们用最大覆盖模型，分别计算当消防站个数为 1、2、3、4 个时的选址情况。1 个消防站的情况也就是现状，主要用于对比优化效果。

☞ **步骤 1**：隐藏上一次分析的结果。

取消勾选【内容列表】面板的【最小化设施点】图层，这时分析结果都从图面上隐藏了起来。

☞ **步骤 2**：分析 2 点的最大化覆盖范围。

具体操作与上一小节步骤 2 ~ 步骤 7 类似，这里就不重复了，只是在步骤 5 设置"位置分配"的属性的时候，将【图层名称】设为【2 点最大化覆盖】，将【问题类型】设为【最大化覆盖范围】，【要选择的设施点】设为【2】，如图 9-13 所示。计算结果如图 9-14 所示，我们可以看到东北角有一些火灾发生点没有被覆盖。

☞ **步骤 3**：类似地，分析 1 点的最大化覆盖范围（图 9-15）、3 点的最大化覆盖范围（图 9-16）和 4 点的最大化覆盖范围（图 9-17）。

可以看到 1 点的最大化覆盖漏掉了很多火灾发生位置，3 点最大化和最小化设施的分析结果是一样的，而 4 点的最大化覆盖范围可以无一遗漏地覆盖所有火灾发生位置，其结果最为理想，但建设和运营消防站需要更多的成本。

图9-13 设置位置分配的属性

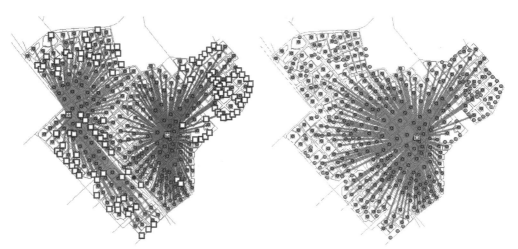

图9-14 2个消防站的最大化覆盖分配结果   图9-15 1个消防站的最大化覆盖分配结果

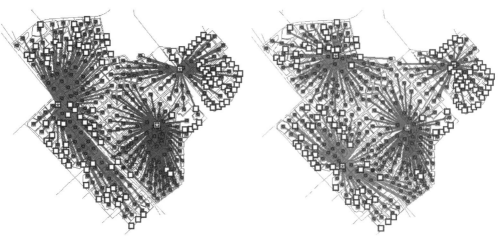

图9-16 3个消防站的最大化覆盖分配结果   图9-17 4个消防站的最大化覆盖分配结果

9.3.3 分配结果的深入分析

前面以图形的方式直观显示了布局1、2、3、4个消防站的结果，但是要确定究竟布局几个消防站还需要更多的数据支撑。为此，我们需要查看分析结果的数据表。以4点最大化覆盖范围为例，查询步骤为：

☞ **步骤1**：切换到【4点最大化覆盖】分析结果。

在【Network Analyst】面板中点击顶部的下拉箭头，从列表中选择【4点最大化覆盖】，如图9-18所示。

☞ **步骤2**：查看选中的设施点的属性。

在【Network Analyst】面板中，展开【设施点】项，从中选择标记有⊡号或⊡号的项目（⊡号代表已选项，⊡号代表必选项，具体颜色参见【内容列表】中的图层符号），右键点击它，在弹出菜单中选择【属性…】，显示【属性】对话框，如图9-19所示。我们从中获取这样两个关键信息：【DemandCount】代表覆盖范围内的需求点总数，【Total_车行时间】代表设施点到达覆盖范围内的各个需求点的行车时间总和。将这两个数据登记到表9-2。

图9-18 切换分析结果　　　　图9-19 查看选中的设施点的属性

消防站模拟布局的结果汇总表　　　　表 9-2

消防站个数（个）	消防站代号	能在4.3分钟内到达的火灾发生点个数	4.3分钟内能到达的总耗时（分钟）	4.3分钟内能到达的平均耗时（分钟）	未能在4.3分钟内到达的火灾点个数	覆盖比例（%）
1	1	223	623.1	2.8	69	76.4
2	1	147	344.7	2.4	7	97.6
	2	138	339.5			
3	1	100	197.3	2.2	0	100
	2	134	326.4			
	3	58	109.0			
4	1	82	148.0	1.8	0	100
	2	82	159.0			
	3	39	59.7			
	4	89	171.3			

☞ **步骤3**：类似地查看并记录布局1、2、3个消防站的结果。表9–2汇总了所有结果，以数字的方式反映了优化布局情况。

对上述数据进行分析如下：

现实只有一个消防站的情况下，5分钟内只能到达292个潜在火灾发生点中的223个，平均耗时2.8分钟，覆盖率为76.4%。目前存在较大的消防隐患。

当布局两个消防站时已能覆盖97.6%的潜在火灾发生点，较之一个消防站的情况，覆盖面有大幅提升。到达能被覆盖的火灾发生点的平均时间减少为2.4分钟，与一个消防站相比时间有大幅缩短。两个消防站服务的火灾发生点个数分别为147个和138个，基本相当。因此，布局两个消防站已基本能满足要求。

当布局三个消防站时，火灾发生点的覆盖率进一步提高到100%，到达能被覆盖的火灾发生点的平均时间有小幅缩小，减少到2.2分钟。三个消防站服务的火灾发生点个数分别为134个、100个和58个，两大一小。因此，三个消防站已能够全面满足要求。

当布局四个消防站时，火灾发生点仍然是全覆盖，而到达能被覆盖的火灾发生点的平均时间大幅缩小到1.8分钟。显然，布局四个消防站有点浪费。

通过模拟可以得出如下结论：在经费紧张的情况下，通过合理布局，两个规模为大致相同的一级消防站已基本能满足要求。若布置三个消防站，则可完全覆盖全部区域。在规模上可两大一小，即两个一级消防站，一个二级消防站。至于布置四个消防站，完全没有必要。

9.4 服务区划分和再分配

9.4.1 消防站服务区划分

上述模拟没有考虑到管理上的要求，各个消防站的服务区边界比较零碎，且相互穿插。从管理方便的角度出发，应划定更为清晰的服务区边界。以布局三个消防站为例，根据之前的分析结果，可以划定各自的服务区范围如图9-20所示。

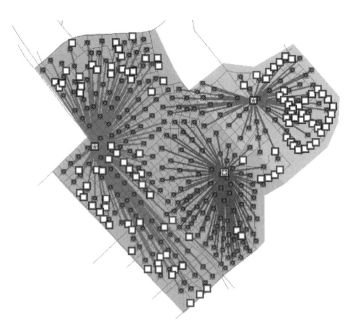

图9–20 消防站服务区的划分结果

9.4.2 消防站再选址

从理论上分析，当消防站数量不能满足实际需求时，优化布局的重点是最大覆盖问题；而当布局 3 个消防站，能充分满足实际需求时，重点应转移到提高服务效率、缩短出勤时间上来，即转变为受最大出行距离限制的最小化抗阻问题。因此，最佳解决办法是将两类模型结合起来。首先通过最大化覆盖范围模型研究适宜的设施数量、规模和责任区范围；然后，用受最大出行距离限制的最小化抗阻模型对每个消防责任区求得使总出勤距离最短的设施位置。

具体求解步骤如下：

☞ **步骤 1**：加载【chp09 \ 练习数据 \ 服务区划分和再分配 \ 消防站再选址 .mxd】，其中包含一个【3 点最大化覆盖】图层和【消防站服务区】图层。

☞ **步骤 2**：启动并设置分析属性。

➥ 点击【Network Analyst】工具条上的按钮【Network Analyst】，在下拉菜单中选择【新建位置分配】。

➥ 点击【Network Analyst】面板右上角的【属性】按钮，显示【图层属性】对话框。将【图层名称】设为【西片消防站】，将【问题类型】设为【最小化阻抗】，【要选择的设施点】设为【1】，【阻抗中断】设为【4.3】，如图 9-21 所示。

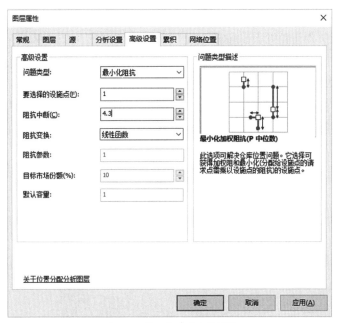

图9-21 设置位置分配的属性

☞ **步骤 3**：加载西片消防站服务区内的火灾发生点。

➥ 使用选择要素工具，选择【消防站服务区】要素类的西片消防站服务区。

➥ 点击菜单【选择】→【按位置选择…】，显示【按位置选择】对话框。按图 9-22 所示进行设置：

➥ 将【选择方法】设置为【从以下图层中选择要素】。

➥ 勾选【目标图层】栏下的【火灾发生位置】。

➥ 将【源图层】设置为【消防站服务区】。

➥ 勾选【使用所选要素】。

➥ 点【确定】。短暂计算后，位于所选西片消防站服务区内的火灾发生点均被选中，如图 9-23 所示。

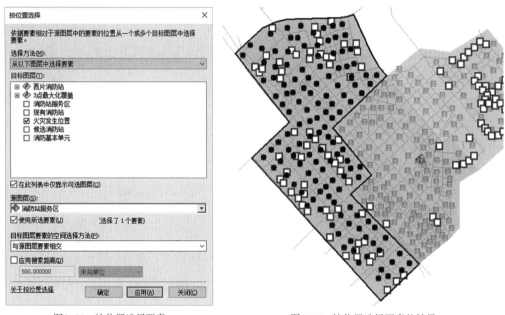

图9-22　按位置选择要素　　　　　　图9-23　按位置选择要素的结果

➡ 右键点击【Network Analyst】面板中的【请求点】,在弹出菜单中选择【加载位置…】,显示【加载位置】对话框。将【加载自】设为【火灾发生位置】,并确定勾选了【仅加载选定行】。这意味着只有上一步骤中被选中的【火灾发生位置】元素才会被加载。点【确定】。最终加载了131个火灾发生位置。

☞ **步骤4**：加载候选消防站。

在【Network Analyst】面板中,右键点击【设施点】项,在弹出菜单中选择【加载位置…】,显示【加载位置】对话框。将【加载自】栏设置为【候选消防站】。点【确定】。

☞ **步骤5**：位置分配求解。

点击【Network Analyst】工具条上的【求解】工具▦,短暂运算后,结果如图9-24所示。求得一个消防站选址。在【Network Analyst】面板中,查看该设施点的属性发现所有131个火灾发生位置均在4.3分钟内被覆盖。

☞ **步骤6**：类似地求得东片消防站的选址（图9-25）。

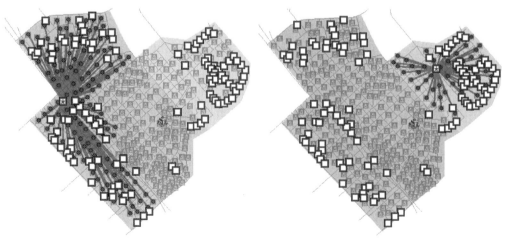

图9-24　西片消防站选址　　　　　　图9-25　东片消防站选址

9.5 本章小结

城市规划经常会涉及设施空间优化布局的问题。ArcGIS"位置分配"工具提供了强大的空间优化配置功能，它能在给定需求和已有设施空间分布的情况下，在用户指定的系列候选设施选址中，根据特定的优化配置模型，挑选出合适数量和合适位置的设施。

由于不同类型的设施其优化的方式有很大差别，例如有的设施要求可达性最佳，有的要求使用效率最高，有的要求服务范围最广，有的要求市场占有量最大等。为此，ArcGIS 提供了 6 种典型的优化模型：最小化抗阻、最大化覆盖范围、最小化设施点数、最大化人流量、最大化市场份额、目标市场份额。

本章以消防站的选址布局为例，介绍了 ArcGIS"位置分配"的使用方法和技巧。分析的基本过程为：①模拟服务需求的空间分布；②模拟已有设施的空间分布；③用户找出所有可能的设施候选位置；④用户指定优化模型，并设置模型参数；⑤系统自动挑选合适的设施选址；⑥分析计算结果，必要的情况下进行调整后再次模拟。

利用该方法可以很好地解决三方面问题：①需要设置多少个设施才合适；②设施布置在什么空间位置最优化；③设施的规模应该有多大。

本章技术汇总表

表 9-3

规划应用汇总	页码	信息技术汇总	页码
公共和市政设施的选址和布局优化	152	位置分配工具	154
消防站的选址和布局优化	154	位置分配模型（最小化设施点数）	155
		位置分配模型（最大化覆盖范围）	157
		位置分配模型（最小化阻抗）	161
		按位置选择要素	161

第10章 交通可达性分析

交通可达性是城市规划要考虑的一个重要因素,交通可达性分析可在路网优化、土地使用规划、地价评估、区位分析等方面发挥重要作用。所谓可达性一般指某一地点到达其他地点的交通方便程度,也可指其他地点到达这一地点的交通方便程度。

本章所需基础:

➢ ArcMap 基础操作(详见第 2 章);

➢ 交通网络构建(详见第 8 章 8.2 节)。

	应用技术提要	表 10-1

规划问题描述	解决方案
➢ 如何评价一个城市地段的交通便捷程度 ➢ 如何评价一个城市路网的优劣	✓ 利用 ArcGIS 计算 O–D 成本矩阵 ✓ 选择合适的交通可达性模型计算可达性,常用模型有基于最小阻抗的可达性、基于平均出行时间的可达性和基于出行范围的可达性等

10.1 实验简介和基本原理

本章仍以第 8 章的城市区域作为研究对象,从以下三个方面去分析考察该区域的交通可达性。

1)分析该区域各位置至其他任意位置的交通便捷程度

这里我们将采用 Allen(1995)提出的基于最小阻抗的可达性分析方法,该方法用中心点至所有目的地点的平均最小阻抗作为中心点的可达性评价指标。

基于最小阻抗的可达性分析方法应用非常广泛,但它不考虑出行目的,可对路网作一般性评价,如式(10-1)和式(10-2)所示。

$$A_i = \frac{1}{n-1} \sum_{\substack{j=1 \\ j \neq i}}^{n} (d_{ij})$$
(10-1)

$$A = \frac{1}{n} \sum_{i=1}^{n} (A_i)$$
(10-2)

式中,A_i 表示网络上的节点 i 的可达性;A 为整个网络的可达性;d_{ij} 表示节点 i、j 间的最小阻抗,可以为距离、时间或费用等。

式(10-1)表明,节点 i 的可达性,为该节点到网络上其他所有节点的最小阻抗的平均值,最小阻抗可以为最短距离、最短时间、最少费用等。

式(10-2)表明,整个网络的可达性为各个节点可达性的平均值。

该模型的主要优点是计算方便,所需基础数据简单。但主要缺陷是它把所有目的地都作同等对待,因而没有考虑出行目的的差异。

本实验用最小出行时间作为阻抗,将区域内的所有路口既作为出行点,也作为目的点,计算各路口到其他路口的平均最短交通时间,以此作为可达性评价指标,衡量各路口至其他任意位置的交通便捷程度,并汇总各路口可达性的平均值，得到整个路网的平均可达性。

2）研究该区域各位置到商业中心的可达性

上一分析没有考虑出行目的的差异，然而实际上出行是有选择性的，例如购物、上下班、访亲会友等；即使对于同一类出行，例如购物，存在多个可选目的地时，出行也存在着选择性，例如更近的、更大的购物中心更有吸引力。

由于购物出行是居民选择性出行中非常重要的一部分，因此我们将进一步分析该区域各位置到商业中心的可达性，其结果可以客观地反映各个位置的商业区位。

这里我们将采用 Geertman 等（1995）提出的基于平均出行时间的可达性评价方法。该方法用中心点至所有吸引点的平均加权出行时间作为点的可达性评价指标。所谓加权出行时间是指，某中心点至吸引点的出行时间和出行概率的乘积。因此，该模型更能反映实际交通出行中考虑出行目的地的情况。

从中心点 i 出发，到所有吸引点的平均加权出行时间可表示为：

$$t_i = \frac{1}{n-1} \sum_{\substack{j=1 \\ j \neq i}}^{n} (p_{ij} t_{ij}) \tag{10-3}$$

式中，p_{ij} 代表中心点 i 至吸引点 j 的出行概率；t_{ij} 代表中心点 i 至吸引点 j 的最短出行时间。

p_{ij} 可以根据统计数据得到。比如，若能够得到从中心点 i 到所有吸引点 j 的出行数量统计数据 c_{ij}，则可以根据下面的公式得到出行概率：

$$p_{ij} = \frac{p_{ij}}{\sum_j c_{ij}} \tag{10-4}$$

在没有统计数据的情况下，p_{ij} 也可以根据势能模型得到。势能模型表明，实际从中心点 i 出发到吸引点 j 的出行量与吸引点 j 对中心点 i 的吸引力成正比，与距离衰减成反比。因此，出行概率可表示为：

$$p_{ij} = \frac{m_j/d_{ij}^a}{\sum_j \frac{m_j}{d_{ij}^a}} \tag{10-5}$$

式中，m_j 代表吸引点 j 的规模值；a 代表衰减系数，可以采用 1.0 ~ 3.0 的先验值；d_{ij} 代表中心点 i 出发到吸引点 j 的距离，m_j/d_{ij}^a 代表出行势能。

本分析将把研究区域的所有路口作为中心点，三个成规模的商业区作为吸引点，用势能模型计算各路口至三个商业中心的出行概率，进而得到各路口到商业中心的平均加权出行时间，以此作为可达性评价指标，分析区域各位置到商业中心的可达性。

3）研究区域内各位置的出行机动能力

这里采用基于出行范围的交通可达性评价方法，分析区域内各个位置在给定时间内的出行范围的大小，范围的大小用面积来衡量，出行范围面积大的位置，出行机动能力强，反之，能力弱。

一个点的出行范围是指在给定的时间内（例如步行 15 分钟、车行 30 分钟等），从该点沿各个方向出发能够到达的地点构成的范围。该范围与前进方向的道路设施密切相关的，该方向的道路设施越好、交通越方便，则在给定的时间内，沿该方向就能到达越远的地方，范围面积就越大，反之，越近，面积越小。

该模型的主要优点是计算简单。但主要问题是它只考虑了交通出行点，完全没有考虑交通出行的目的地，没有考虑社会经济等相关因素。因而用该模型得到的可达性结果会与前述两种模型完全不同，例如，很显然，郊区快速路周边的出行范围远大于中心区道路拥堵区域的出行范围。但该模型也比较客观地反映了区域交通设施的优劣和不同区位的交通机动能力。

本分析将研究各路口的 10 分钟车行出行范围，计算其面积，以此作为可达性评价指标，分析区域各位置的出行机动能力。

当然，交通可达性分析方法远不止上述三种，例如还有等距可达范围分析等时可达范围分析、公共交通可达性分析（宋小冬、钮心毅，2000）等。读者可以参考相关文献。接下来的 10.2 节、10.3 节和 10.4 节将分别从上述三个方面去分析该区域的可达性。

10.2　基于最小阻抗的可达性评价

本节主要分析区域各位置至其他任意位置的交通便捷程度，利用基于最小阻抗的可达性评价方法。本实验基于第 8 章构建的交通网络，研究各路口至整个区域的可达性。可达性评价包括三个主要步骤：

（1）利用 ArcGIS 网络分析功能下的【新建 OD 成本矩阵】工具计算各路口至其他路口的最短出行时间；

> 📖 **说明：** 【新建OD成本矩阵】工具主要用于在交通网络中查找从多个起始点到多个目的地的最小成本路径，并计算出其成本。成本可以是路程、时间、费用等。

（2）根据公式（10-1）、（10-2）统计各路口的可达性和路网的可达性；

（3）利用【插值】工具生成整个研究区域的可达性分布图。

10.2.1　计算 O-D 成本矩阵

☞ **步骤 1：** 打开随书数据【chp10 ＼练习数据＼基于最小阻抗的可达性评价＼可达性研究 .mxd】，其中包含一个完整的交通网络模型。

☞ **步骤 2：** 启动 O-D 分析工具。

点击【Network Analyst】工具条上的按钮【Network Analyst】，在下拉菜单中选择【新建 OD 成本矩阵】，之后会显示【Network Analyst】面板（如果没有显示该对话框,可点击工具条上的【显示／隐藏网络分析窗口】工具），【内容列表】面板中随后新添了【OD 成本矩阵】图层，如图 10–1 所示。

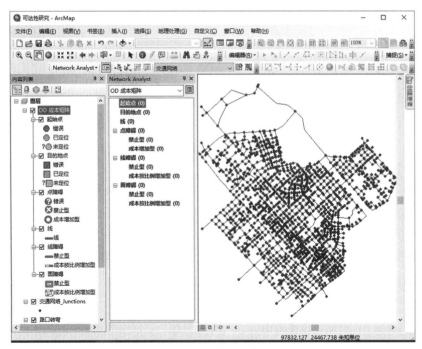

图10–1　启动新建OD成本矩阵

☞ **步骤3**：加载起始点。

在【Network Analyst】面板中，右键点击【起始点】项，在弹出菜单中选择【加载位置…】，显示【加载位置】对话框。将【加载自】栏设置为【交通网络_Junctions】，该要素类实际上对应各个路口，这将把所有路口作为起始点。点【确定】。

☞ **步骤4**：加载目的地点。

在【Network Analyst】面板中，右键点击【目的地点】项，在弹出菜单中选择【加载位置…】，将【加载自】栏也设置为【交通网络_Junctions】，这将把所有路口作为目的地点。点【确定】。

☞ **步骤5**：设置"位置分配"的属性。

点击【Network Analyst】面板右上角的【属性】按钮 ▦，显示【图层属性】对话框。切换到【分析设置】选项卡。选择【阻抗】为【车行时间（分钟）】。点【确定】。

☞ **步骤6**：位置分配求解。

点击【Network Analyst】工具条上的【求解】工具 ▦。由于路口很多，计算需要较长时间。计算完成后得到一张 O-D 图。由于 O-D 线太多，图面上反映不出有效信息，这时候需要通过 O-D 表来分析计算结果。

☞ **步骤7**：查看 O-D 成本表。

右键点击【Network Analyst】面板的【线】项，在弹出菜单中选择【打开属性表】，显示【表】对话框（图10-2）。其中【OriginID】字段是起始点编号，【DestinationID】字段是目的地点编号，【Total_ 车行时间】字段是起始点和目的地点之间的车行时间。

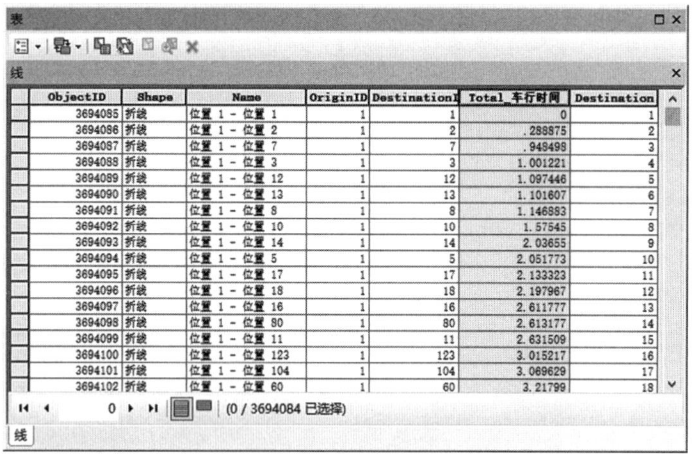

图10-2　OD成本矩阵表

10.2.2　计算可达性

紧接之前步骤，根据公式（10-1），计算各路口可达性的具体操作如下：

☞ **步骤1**：对各个起始点的【Total_ 车行时间】求和。

在【线】表中右键点击【OriginID】字段，在弹出菜单中选择【汇总…】（注：【OriginID】是起始点的编号），如图 10-3 所示。

　　♦ 将【选择要汇总的字段：】设为【OriginID】。

　　♦ 勾选【汇总统计】栏下【Total_ 行车时间】的【总和】选项。这意味着按照【OriginID】分类汇总【Total_车行时间】，汇总方法是求总和。

→ 将【指定输出表】设置为【chp10 ＼ 练习数据 ＼ 基于最小阻抗的可达性评价 ＼ 可达性计算表 .dbf 】。

→ 点【确定】开始计算。汇点完成后将生成的结果表添加到地图中。打开【可达性计算表】，其中【Sum_Total_ 车行时间】字段是各个起始点的【Total_ 车行时间】的总和。

☞ **步骤 2 :** 计算各起始点的可达性。

为【可达性计算表】添加【双精度】字段【可达性】(具体操作详见第 2 章 2.5.2 节 "增加或删除要素属性")。然后按照公式(10-1):[可达性]=[Sum_Total_ 车行时间]/([Count Origin ID]-1)批量计算【可达性】字段的值(注 : 式中 [Count Origin ID] 是按【Origin ID】字段分类后各个子类的个数，亦即目的地点总个数。具体操作详见第 2 章 2.5.4 节 "批量计算要素的属性值")。

☞ **步骤 3 :** 将【可达性】属性添加到【起始点】表上。

→ 将可达性值连接到起始点上。右键点击【内容列表】面板中的【起始点】项，在弹出菜单中选择【打开属性表】。点击【表】对话框上的【表选项】按钮，在弹出菜单中选择【连接和关联】→【连接…】，显示【连接数据】对话框。设置基于【起始点】表【ObjectID】字段和【可达性计算表】的【OriginID】字段的连接，详细设置如图 10-4 所示。连接成功后，【起始点】表中将拥有【可达性】属性字段。

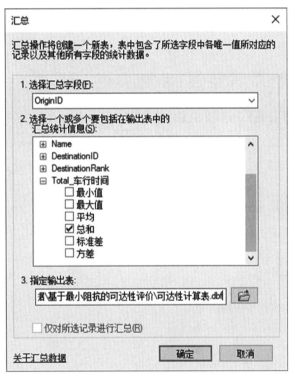

图10-3　汇总各起始点的车行时间

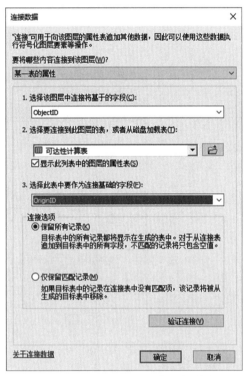

图10-4　连接可达性属性到【起始点】表

☞ **步骤 4 :** 图面可视化。

前面生成的表格阅读起来很不直观,下面通过图面反映各起始点的可达性。双击【内容列表】中的【起始点】图层，显示【图层属性】对话框，切换到【符号系统】选项卡，按图 10-5 所示进行设置,点【确定】。关闭不相关图层后，图面效果如图 10-6 所示。

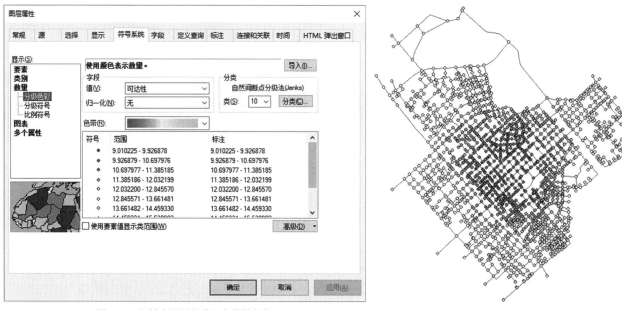

图10-5 起始点图层的分级色彩符号化　　　　　　图10-6 起始点图层的符号化效果

10.2.3 生成可达性分布图

根据前面步骤得到了各个路口的可达性，但是点图的方式看起来很不直观，并且点和点之间存在空白区域，这些区域的可达性也无从得知。对于这种情况，我们可利用【空间插值】工具来生成一幅直观的连续无空白的图纸。

> 说明：空间插值通过已知的空间数据来预测其他位置的空间数据值，最终生成一幅连续的栅格图纸。它依据的是已知观测点数据、显式或隐含的空间点群之间的关联性、数据模型以及误差目标函数。一个典型的例子是根据有限的气温观测点的气温数据预测整个区域各个地点的气温，并生成一幅气温图。

ArcGIS 在【空间分析】扩展模块提供了【插值】工具，此外在【3D 分析】扩展模块也提供了【栅格插值】工具，由于是扩展模块，需要额外付费购买，在使用前需要点击菜单【自定义】→【扩展模块…】，在【扩展模块】对话框中勾选【Spatial Analyst】或【3D Analyst】选项。

紧接之前步骤，生成可达性分布图的具体操作如下：

☞ **步骤1**：启动【插值】工具。

将鼠标移到主界面右侧的【目录】按钮上，在浮动出的【目录】面板中选择【工具箱 \ 系统工具箱 \ Spatial Analyst Tools \ 插值分析 \ 反距离权重法】，显示【反距离权重法】对话框（图 10-7）（注：在使用该工具前，必须确定已启用了【Spatial Analyst】扩展模块）。

☞ **步骤2**：设置插值参数。

设置【反距离权重法】对话框的参数如图 10-7 所示。点【确定】开始计算。计算完成后生成了【可达性】栅格图，如图 10-8 所示。

分析可达性图可以看到，研究区域中部可达性较高，东北部与中部只有三条联系道路，相对孤立，可达性较低。

> 进阶：ArcGIS提供了一系列插值工具，分别是克里金法、反距离权重法、趋势面法、自然邻域法、样条函数法、含障碍的样条函数法。这些插值方法各有特色，适用于不同的领域。下面简要介绍几种最常用的插值方法：
> （1）趋势面法是一种整体插值法，即整个研究区域使用一个模型、同一组参数。它适用于表达整体空间趋势、样本点有限、插值也有限的数据。需要注意的是样本点的插值结果往往不等于之前的样本值。
> （2）反距离权重法是以插值点与样本点之间的距离为权重的插值方法。它适用于对距离敏感的插值，例如本实验对可达性的插值。
> （3）克里金法在计算插值时，插值点的值是其周围影响范围内的几个已知样本点变量值的线形组合。它不仅考虑了距离远近的影响，还考虑了样本点的位置和属性，适用于样本点数量多的情况。

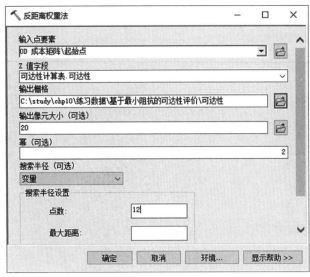

图10-7 反距离权重法插值对话框

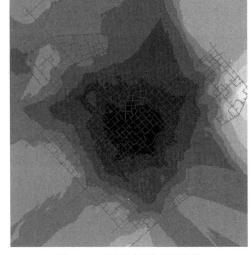

图10-8 基于最小阻抗的可达性

10.2.4 分析整个路网的可达性

根据公式（10-2）可以求得整个路网的可达性，可用于路网的多方案比较。

紧接之前步骤，操作如下：

☞ **步骤1**：打开【起始点】的属性表。

☞ **步骤2**：右键点击【可达性】字段，在弹出菜单中选择【统计…】，显示【统计数据Origins】对话框（图10-9）。

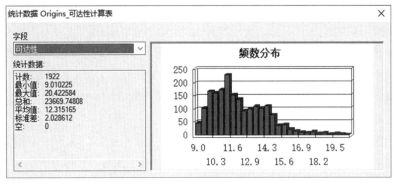

图10-9 统计数据对话框

对话框中显示可达性的【平均值】为12.3，即为整个路网的平均可达性。此外，从【频数分布】图中还可以看到大部分路口的可达性都在15.6以内。从分析结果来看，该城区任意两地点之间的车行时间平均在12.3分钟，并且大多控制在15.6分钟之内。相对于该区域15.2km² 的面积，其交通便捷程度还是比较好的。

10.3 基于平均出行时间的可达性评价

本节主要分析区域各位置到商业中心的可达性，利用基于平均出行时间的可达性评价方法。研究区域有三个成规模的商业区，主要分布在研究区域中部。具体包括三个主要步骤：

（1）利用ArcGIS提供的【新建OD成本矩阵】功能计算各路口至三个商业中心的最短出行路程和最短出行时间。

（2）根据公式（10-5）计算各路口至三个商业中心的出行概率。然后，根据公式（10-3）计算各路口的可达性。

（3）利用【插值】工具生成整个研究区域的可达性分布图。

10.3.1 计算 O-D 成本矩阵

☞ **步骤1**：打开随书数据【chp10＼练习数据＼基于平均出行时间的可达性评价＼可达性研究 .mxd】，其中包含一个完整的交通网络模型，以及一个【商业点】图层。

☞ **步骤2**：首先计算基于路程的 O-D 成本矩阵。启动 O-D 分析工具。

点击【Network Analyst】工具条上的按钮【Network Analyst】，在下拉菜单中选择【新建 OD 成本矩阵】，之后会显示【Network Analyst】面板。

☞ **步骤3**：加载目的地，目的地是商业点。

在【Network Analyst】面板中，右键点击【目的地点】项，在弹出菜单中选择【加载位置…】，在显示对话框如图 10-10 所示。

图10-10 加载商业点位置

➡ 将【加载自】栏设置为【商业点】。

➡ 将【Name】属性的【字段】设置为【OBJECTID】。如此设置后，【目的地点】的【Name】属性值将是【商业点】的【OBJECTID】。其目的是为了以后连接【目的地点】表和【商业点】表。

➡ 点【确定】。

☞ **步骤4**：加载起始点。

在【Network Analyst】面板中，右键点击【起始点】项，在弹出菜单中选择【加载位置…】，显示【加载位置】对话框。

➡ 将【加载自】栏设置为【交通网络 _Junctions】。

➡ 将【Name】属性的【字段】设置为【OBJECTID】。其目的是为了以后连接【起始点】表和【交通网络 _Junctions】表。

➡ 点【确定】。

☞ **步骤 5**：设置"位置分配"的属性。

点击【Network Analyst】面板右上角的【属性】按钮▣，显示【图层属性】对话框：

↳ 切换到【常规】选项卡，设置【图层名称】为【O-D 矩阵（路程）】。

↳ 切换到【分析设置】选项卡。选择【阻抗】为【路程（米）】。

↳ 点【确定】。

☞ **步骤 6**：位置分配求解，得到基于路程的 O-D 成本矩阵。

点击【Network Analyst】工具条上的【求解】工具▦，得到基于路程的 O-D 成本矩阵【O-D 矩阵（路程）】。

☞ **步骤 7**：计算基于车行时间的 O-D 成本矩阵。

重复步骤 2 ~ 步骤 6，在步骤 5 设置【图层名称】为【O-D 矩阵（时间）】，【阻抗】为【车行时间（分钟）】，得到基于车行时间的 O-D 成本矩阵【O-D 矩阵（时间）】。

10.3.2 计算可达性

1. 从 OD 分析结果中提取数据表

根据可达性计算的需要，需要提取【O-D 矩阵（路程）\目的地点】表、【O-D 矩阵（路程）\线】表、【O-D 矩阵（时间）\线】表。

☞ **步骤 1**：打开【内容列表】面板中的【O-D 矩阵（路程）\目的地点】表。

☞ **步骤 2**：点击【表】对话框主工具栏中的下拉按钮▣▾，选择【导出】，将其导出为【可达性研究 .mdb】数据库中的【路程分析_目的地】表。

☞ **步骤 3**：类似的，将【O-D 矩阵（路程）\线】表导出为【路程分析_线】表，将【O-D 矩阵（时间）\线】表导出为【时间分析_线】表。

2. 计算出行概率

下面，根据公式（5）计算各路口至三个商业中心的出行概率。紧接之前步骤，具体操作如下（下述步骤中的一些基础操作请参阅前面章节，其中关于增加字段的操作详见第 2 章 2.5.2 节"增加或删除要素属性"，关于连接表的操作详见本章 10.2.2 节步骤 3，关于计算字段的操作详见第 2 章 2.5.4 节"批量计算要素的属性值"）。

☞ **步骤 1**：针对【路程分析_线】表，根据公式【出行势能】=【规模】/【路程】^{2} 求各条 OD 出行线的出行势能。【路程分析_线】表中已经有了【路程】值，即【Total_路程】字段，但没有【规模】,【规模】属性位于【商业点】表中。尽管如此【路程分析_线】表中有目的地点的 ID（即【DestinationID】字段），而目的地点表中有【商业点】的【Name】表（即【商业点】的【OBJECTID】),据此可以将【路程分析_线】和【商业点】连接起来，使之拥有【规模】属性。

↳ 为【路程分析_目的地】增加长整型的【商业点 OBJECTID】字段，并令【商业点 OBJECTID】字段的值等于【Name】字段的值，该字段将用于连接【商业点】表（注：由于连接表时，连接字段必须具有相同的字段类型，所以用长整型的【商业点 OBJECTID】替代文本型的【Name】字段）。

↳ 为【路程分析_线】表增添双精度类型的【出行势能】字段，以及【出行概率】字段。

↳ 基于【路程分析_目的地】的【商业点 OBJECTID】字段和【商业点】表的【OBJECTID】字段，将【商业点】表连接到【路程分析_目的地】表，如此【路程分析_目的地】表就拥有了【商业点】表的【规模】属性。

↳ 基于【路程分析_线】表的【DestinationID】和【路程分析_目的地】表的【ObjectID】，再将【路程分析_目的地】表连接到【路程分析_线】表，如此【路程分析_线】表也拥有了【规模】属性。

↳ 计算【出行势能】字段，【出行势能】=【规模】/【Total_路程】^{2}。

☞ **步骤 2**：根据【路程分析 _ 线】表中【OriginID】汇总每条线的出行势能总和，生成【出行势能汇总表】。

☞ **步骤 3**：基于公共字段【OriginID】，连接【路程分析 _ 线】和【出行势能汇总表】表，并计算【出行概率】字段，【出行概率】=【出行势能】/【Sum_ 出行势能】。

☞ **步骤 4**：取消和【路程分析 _ 线】所有的连接，然后导出【路程分析 _ 线】表到【出行概率】。

　3. 计算可达性

根据公式（3）计算各路口至三个商业中心的可达性，紧接之前步骤，具体操作如下：

☞ **步骤 1**：为【时间分析 _ 线】表增添双精度类型的【加权时间】字段。

☞ **步骤 2**：根据【时间分析 _ 线】表的【Name】字段，连接上一小节得到的【出行概率】表，连接字段也是【Name】，并计算每条线的加权时间 = 出行概率 *Total_ 车行时间。

☞ **步骤 3**：针对【时间分析 _ 线】表，根据【OriginID】汇总【加权时间】总和，生成【加权出行时间汇总表】。

☞ **步骤 4**：针对【加权出行时间汇总表】表，增添双精度类型的【可达性】字段，并计算【可达性】=Sum_ 加权时间 /3。

☞ **步骤 5**：根据【加权出行时间汇总表】表的【OriginID】和【O-D 矩阵（时间）\ 起始点】的【ObjectID】，将【加权出行时间汇总表】表连接到【O-D 矩阵（时间）\ 起始点】表，使【O-D 矩阵（时间）\ 起始点】表拥有【可达性】属性。

10.3.3　生成可达性分布图

根据前面步骤得到了各个路口的可达性，由于点图的方式看起来很不直观，我们仍然利用【空间插值】工具来生成一幅连续无空白的栅格图纸。

☞ **步骤**：插值生成可达性分布图。

将鼠标移到主界面右侧的【目录】按钮上，在浮动出的【目录】面板中选择【工具箱】→【系统工具箱】→【Spatial Analyst Tools】→【插值】→【反距离权重法】，显示【反距离权重法】对话框：

- ➔ 设置【输入点要素】为【O-D 矩阵（时间）\ 起始点】。
- ➔【Z 值字段】为【可达性】。
- ➔【输出栅格】为【chp10\ 练习数据 \ 基于平均出行时间的可达性评价 \ 可达性】。
- ➔【输出栅格单元大小】为【20】。
- ➔ 点【确定】。计算完成后生成了【可达性】栅格图如图 10-11。从图中可以看到，靠近商业点的区域商业可达性较高，并沿着交通干道向外围发散。

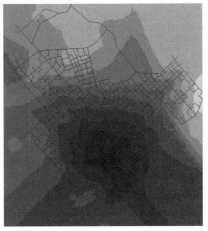

图10-11　基于平均出行时间的可达性图

10.4　基于出行范围的可达性评价

本节主要分析区域内各位置的出行机动能力，利用基于出行范围的可达性评价方法。本实验将研究各路口的 10 分钟车行出行范围，计算其面积，并据此生成可达性分布图。该方法相对比较简单，包含以下三个主要步骤：

（1）利用 ArcGIS 提供的【新建服务区】功能计算各路口的 10 分钟车行出行范围；

（2）统计各路口的 10 分钟出行范围的面积；

（3）利用【插值】工具生成整个研究区域的可达性分布图。

具体操作如下：

☞ **步骤 1**：打开随书数据【chp10\练习数据\基于出行范围的可达性评价\可达性研究 .mxd】，其中包含一个完整的交通网络模型。

☞ **步骤 2**：启动服务区分析工具。

点击【Network Analyst】工具条上的按钮【Network Analyst】，在下拉菜单中选择【新建服务区】，之后会显示【Network Analyst】面板。

☞ **步骤 3**：加载设施点。

在【Network Analyst】面板中，右键点击【设施点】项，在弹出菜单中选择【加载位置…】。将【加载自】栏设置为【交通网络 _Junctions】，点【确定】。

☞ **步骤 4**：设置"位置分配"的属性。

点击【Network Analyst】面板右上角的【属性】按钮，显示【图层属性】对话框：

➥ 切换到【分析设置】选项卡。选择【阻抗】为【车行时间（分钟）】。

➥ 设置【默认中断】为【10】。

➥ 点【确定】。

☞ **步骤 5**：位置分配求解。

点击【Network Analyst】工具条上的【求解】工具。该计算需要较长时间。

☞ **步骤 6**：求服务区面积。

➥ 右键点击分析得到的【面】图层，在弹出菜单中选择【打开属性表】。

添加双精度【面积】字段。将鼠标移到主界面右侧的【目录】按钮上，在浮动出的【目录】面板中选择【工具箱\系统工具箱\Network Analyst Tools\分析\向分析图层添加字段】，显示【向分析图层添加字段】对话框（图 10-12）（注：Network Analyst 工具中所创建的分析图层，不能直接在要素属性列表中添加字段，需利用【向分析图层添加字段】工具进行添加）。

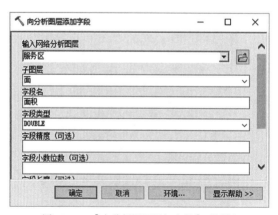

图 10-12　【向分析图层添加字段】对话框

➡ 右键点击【面积】字段，弹出菜单中选择【计算几何…】，显示【计算几何】对话框，在【属性】栏中选择【面积】，取消勾选【仅计算所选的记录】，点【确定】。

☞ **步骤7**：将【面】连接到【设施点】上。【设施点】的连接字段为【ObjectID】,【面】的连接字段为【FacilityID】。

☞ **步骤8**：插值生成可达性分布图。

➡ 具体步骤与本章10.2.3节"生成可达性分布图"基本相同,这里不再赘述。其中【输入点要素】为【服务区 \ 设施点】,【Z值字段】为【SAPolygons.面积】,即步骤6添加的【面积】字段。

最终生成的可达性分布图如图10-13所示。

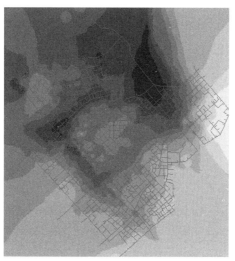

图10-13　基于出行范围的可达性图

从图中，我们可以看出，基于出行范围的可达性与之前的两种可达性有着较大差异。由于基于出行范围的可达性更关注交通设施水平和出行机动能力，因此有着较高车速的过境公路沿线，和北部交叉路口较少的区域拥有较高的可达性。相反，核心区域的可达性受车速和众多路口的限制，可达性反而不高。此外，东北部孤立区域的可达性最低，这与其他两种可达性计算结果相同。总体而言，基于出行范围 的可达性从市民出行的角度比较真实地反映了现实交通感受，即在市中心出行活动范围较小，而拥有较好交通条件的居住区居民的活动范围更大。

10.5　本章小结

本章介绍了三种交通可达性计算方法：基于最小阻抗的可达性、基于平均出行时间的可达性和基于出行范围的可达性，它们分别用于评价区域各位置至其他任意位置的交通便捷程度、区域各位置到目的地的可达性、区域内各位置的出行机动能力。前两种方法基于ArcGIS的OD成本矩阵计算，而后一种方法基于设施服务区计算。

可达性计算得到了各个交通点的可达性，但是点图的方式看起来很不直观，本章利用了【空间插值】工具来生成一幅直观的连续无空白的图纸。空间插值通过已知的空间数据来预测其他位置的空间数据值，最终生成一幅连续的栅格图纸。

可达性的计算方法较多，对于本章没有涉及的方法，也可以采用和本章类似的步骤来完成。交通可达性分析可在路网优化、土地使用规划、地价评估、区位分析等方面发挥重要作用。

本章技术汇总表

表 10-2

规划应用汇总	页码	信息技术汇总	页码
交通可达性分析	164	计算 O-D 成本矩阵	166
基于最小阻抗的可达性评价	166	栅格插值工具（反距离权重法）	169
基于平均出行时间的可达性评价	170		
基于出行范围的可达性评价	173		

本章技术汇总表

第5篇

空间研究分析

对于城市空间的分析研究，一直都是城市规划界研究的热点。对空间的分析研究既包括对空间本身的研究，也包括对城市地理事物空间作用关系的研究。本篇将重点介绍那些有成熟技术支持，易于在实际工作中推广的分析方法及其技术。

第 11 章　空间句法

空间句法是对空间本身的研究，可以有效地，以量化的方式揭示空间的结构，进而揭示空间组织与人类活动之间的关系。目前，空间句法在国内已成为研究热点，并开始应用到实际工程项目，起到了良好的效果。随着空间句法软件的日益成熟，相信它会被得到越来越广泛的应用。

空间句法和 GIS 的关系十分紧密，一方面，许多学者把空间句法当作一种 GIS 模型方法，增强 GIS 在空间拓扑分析、空间形态分析方面的功能；另一方面，空间句法的方法往往通过 GIS 平台来实现，例如空间句法软件 Axwoman 就是基于 GIS 平台 ArcView 二次开发得到的。因此，本书也将空间句法纳入介绍范围。

本章所需基础：

➤　无特殊要求。

<table>
<tr><td colspan="2" align="center">应 用 技 术 提 要</td><td align="right">表 11-1</td></tr>
<tr><td align="center">规划问题描述</td><td colspan="2" align="center">解决方案</td></tr>
<tr><td>➤　如何定量地分析建筑和城市空间结构，解释人类活动和空间构形之间的内在关系</td><td colspan="2">√　空间句法理论
√　空间句法软件 Depthmap</td></tr>
</table>

11.1　空间句法简介

在利用空间句法之前，读者需要掌握空间句法的一些基础理论，之后才能理解空间句法分析得到的一系列结果。

11.1.1　空间句法概述

空间句法是一种通过对包括建筑、聚落、城市甚至景观在内的人居空间结构的量化描述，来研究空间组织与人类社会之间关系的理论和方法（Bafna，2003）。

空间句法理论始于 20 世纪 70 年代，由比尔·希利尔和朱丽安妮·汉森提出。空间句法理论的切入点是"回归到空间本身"。与众多空间理论有所区别的是，空间句法把空间作为独立的元素进行研究，并以此为基点，进一步剖析其与建筑、社会和认知等领域之间的关系（伍端，2005）。

空间句法目前已经成为一种重要的城市空间形态分析方法，在公共建筑设计、城市公共空间设计、商业零售业设施规划、住区环境规划以及交通规划等方面得到了比较成功的应用。

11.1.2　空间构形和关系图解

空间句法的主要研究对象是空间构形。构形（configuration）是一组相互独立的关系系统，且其中每一关系都决定于其他所有的关系。

让我们用一个非常经典的案例来解释什么是空间构形，分析空间构形的重要性，以及如何去分析空间构形。图 11-1 中第一列显示的是 a、b、c 三个建筑平面，其形状几乎一样，只是内部隔墙开门略有不同，但是其空间构型有着巨大差异。第二列的三个平面，示意了第一列中各建筑内部空间的组成。第三列是建筑内部空间的结构图解，它用圆圈（即节点）代表各个建筑内部的矩形空间，用短线来表示它们之间的连接关系。从图中可以清楚地看到 a 建筑是个很深的"链形"结构,b 建筑则是相对较浅的"树形"结构,而 c 建筑是套接起来的两个"环形"结构,这三个建筑有着完全不同的空间构形。

上述这种用节点与连线来描述结构关系的图解被称为关系图解。关系图解为空间构形提供了有效的描述分析方法。关系图解本质上讲是一种拓扑结构图解,重在表达由节点以及节点间的连接关系组成的结构系统,而不强调距离、形状等要素。

11.1.3　空间构形的定量描述

在关系图解的基础上,空间句法提出了一系列形态变量,来定量地描述空间构形,这是空间句法对于空间形态研究最大的贡献之一。其中最基本的变量有以下四个:

(1)连接值(connectivity value)。与某节点邻接的节点个数即为该节点的连接值。以图 11-1 中三个建筑平面为例,各个节点的连接值如图 11-2 所示。从图中可以看到 b 建筑中部节点的连接值都非常高。在实际空间系统中,某个空间节点的连接值越高,则表示其空间渗透性越好。

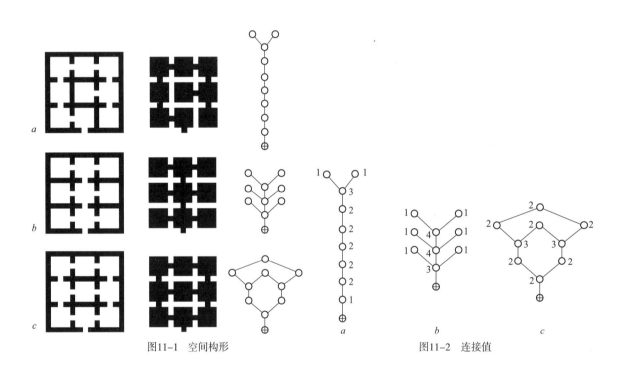

图11-1　空间构形　　　　　　　　　　　　　图11-2　连接值

(2)控制值(control value)。假设系统中每个节点的权重都是 1,则某节点 A 从相邻节点 B 分配到的权重为【1/(B 的连接值)】,那么与 A 直接相连的所有节点的连接值的倒数之和,就是 A 的控制值,控制值表示节点之间相互控制的程度。

(3)深度值(depth value)。规定两个邻接节点间的距离为一步,则从一节点到另一节点的最短路程(即最少步数)就是这两个节点间的深度。系统中某个节点到其他所有节点的最短路程(即最少步数)的平均值,即称为该节点的平均深度值(MD)。公式可表示为【MD=(∑深度 × 该深度上的节点个数)/(节点总数 −1)】。系统的总深度值则是各节点的平均深度值之和。

图 11-2 中,c 建筑最上面节点的平均深度值 MD=(1×2+2×2+3×3+4×1)/(9−1)=2.375,而 a 建筑最上面两个节点的平均深度值 MD=(1×1+2×2+3×1+4×1+5×1+6×1+7×1)/(9−1)=3.75。因而 a 建筑最上面两个节点的平均深度值远大于 c 建筑。

深度值表达的是节点在拓扑意义上的可达性，即节点在空间系统中的空间转换次数，这不是实际距离。深度蕴涵着重要的社会和文化意义，深度值高的节点，可达性差，人的活动强度低，这往往会与犯罪、盲区联系到一起。

（4）集成度（integration value）。"深度值"在很大程度上取决于空间系统中节点的数目。因此，为剔除系统中节点数量的干扰，P.Steadman 改进了计算方法，用相对不对称值（relative asymmetry）来将其标准化，公式是 $RA=2$（$MD-1$）/（$n-2$），其中 n 为节点总数。为与实际意义正相关，将 RA 取倒数，称为集成度。后来又用 RRA 来进一步标准化集成度，以便比较不同大小的空间系统。集成度反映的是某空间节点的相对可达性。

11.1.4 实际空间的构形分析方法

如前所述，要对空间构形进行关系图解分析，首先要把空间分析对象转化为节点和关系连线，其中，每个节点代表空间系统的一个组成单元。然而，不同人对空间单元的划分方法都不相同，因而分析的结论也会有很大差异。为此，空间句法提出了一套基于空间可视性的空间单元划分方法。其中三种最基本的方法是凸状、轴线和视区。

1. 凸状

凸状本是个数学概念。如果连接空间中任意两点的直线，皆处于该空间中，则该空间就是凸状（图11-3）。因此，凸状是"不包含凹的部分"的小尺度空间。从认知意义来说，凸状空间中的每个点都能看到整个凸状空间。这表明，处于同一凸状空间的所有人都能彼此互视，从而达到充分而稳定的了解和互动。

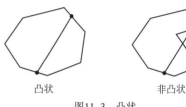

凸状　　　　　非凸状

图11-3　凸状

空间句法规定，用最少且最大的凸状覆盖整个空间系统，然后把每个凸状当作一个节点，根据它们之间的连接关系，便可转化为前述关系图解。

2. 轴线

轴线即从空间中一点所能看到的最远距离，每条轴线代表沿一维方向展开的一个小尺度空间（参见图11-8）。同时，沿轴线方向行进也是最经济、便捷的运动方式，所以轴线与凸状一样，也具有视觉感知和运动状态的双重含义。

空间句法规定，用最少且最长的轴线覆盖整个空间系统，并且穿越每个凸状空间，然后把每条轴线当作一个节点，根据它们之间的交接关系，便可转化为前述关系图解。

基于轴线的空间构形分析特别适用于城市道路网的空间形态分析。

3. 视区

简单地说，视区就是从空间中某点所能看到的区域。视区本是个三维的概念，而通常所说的视区是二维的，是指视点在其所处水平面上的可见范围。

用视区方法进行空间分割，就是首先在空间系统中选择一定数量的特征点，一般选取道路交叉口和转折点的中心作为特征点，因为这些地方在空间转换上具有战略性地位；接着求出每个点的视区，然后根据这些视区之间的交接关系，转化为关系图解。

基于视区的空间构形分析特别适用于建筑内部空间和城市公共空间的形态分析。

上述三种方法中，目前使用最广的是轴线和视区，与之对应的就是轴线图分析和可视图分析。本章将接下来结合具体软件来介绍这两种空间分析方法。

11.2　Depthmap 基础操作

关于空间句法的软件比较多，这里主要介绍 UCL 开发的免费软件 Depthmap，可以在网站 http : //www. spacesyntax.net 注册后免费下载。本章的所有案例都取自 Depthmap 官方的辅导数据，请在上述网站进行下载。辅导数据包括 :

（1）gallery.dxf ;

（2）barnsbury_centre.dxf ;

（3）barnsbury_axial.dxf。

11.2.1　新建 Depthmap 文件

Depthmap 文件是以 ".graph" 作为扩展名的文件，它用于保存分析的结果。新建 Depthmap 文件的具体操作为 :

☞　**步骤 1** : 启动 Depthmap，点击菜单【File】→【New】，或者点击工具条上的【new】按钮 □，新建文件后的主界面如图 11-4 所示。

图11-4　Depthmap主界面

☞　**步骤 2** : 点击菜单【File】→【Save】，或者点击工具条上的【save】按钮 ▣，保存 Depthmap 文件。

11.2.2　导入图形数据

新建 ".graph" 文件之后，需要导入用于空间分析的图形，具体操作为 :

☞　**导入 dxf 文件。**

点击菜单【Layer】→【Import...】导入图形文件。这里，我们导入 Depthmap 辅导数据中的 barnsbury_centre. dxf 文件，导入后如图 11-5 所示。

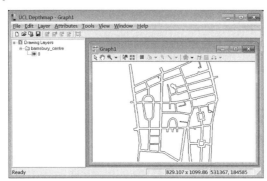

图11-5　Depthmap中导入barnsbury-centre.dxf

➡ 主界面右侧【Graph1】窗口显示了 barnsbury-centre.dxf 文件的图形内容，窗口上部是常用工具条。点击【Graph1】窗口的【最大化】按钮，使其最大化。

➡ 主界面左侧是一个树形层次列表，显示了该 ".graph" 文件的所有内容，点击列表上的加号、减号可以展开、折叠该层次。其中：

➡ barnsbury_centre 代表刚导入的那个 dxf 文件。

➡ 代表该 dxf 文件中的 "0" 图层。点击 "0" 图层前的眼睛符号可以控制该图层的显示和关闭。

> 🖳 说明一：Depthmap没有绘制底图的工具，所有底图均需从其他文件导入。。
> 🖳 说明一：Depthmap支持的底图格式主要有AutoCAD的dxf格式、MapInfo的mif格式以及GIS通用的gml的格式等。

11.2.3 查看图形

图11-6 放大、缩小工具

Depthmap 提供了查看图形的常用工具，如放大、缩小、平移、全屏等：

☞ **放大、缩小**。将鼠标置于图面上，向前滚动鼠标滑轮会放大图形，向后滚动鼠标滑轮则会缩小图形。或者，点击工具条上 ⚲ ▼ 工具旁的下拉箭头（图 11-6），在弹出菜单中选择【Zoom In】，然后点击图面则会放大图形；如果选择【Zoom Out】，点击图面则会缩小图形。

☞ **平移**。将鼠标置于图面上，按下鼠标右键不放，平移鼠标的同时图形也会随之平移。或者点击工具条上的 ✋ 工具。

☞ **全屏**。点击工具条上的 ▦ 工具，图形将缩放到撑满整个窗口。

☞ **查看坐标**。当鼠标在图形上移动时，主界面右下角会实时显示鼠标当前的坐标值 `530792, 184303` 。

11.3 轴线图分析

轴线图分析是空间句法中基于轴线的空间构形分析。特别适用于城市道路网的空间形态分析。

11.3.1 基本操作

☞ **步骤 1**：点击菜单【File】→【New】，新建一个 graph 文件。

☞ **步骤 2**：导入轴线图。

点击菜单【Layer】【Import...】导入 Depthmap 辅导数据中的 barnsbury_axial.dxf 文件。

> 🖳 技巧：尽管Depthmap也有手绘轴线的工具，但毕竟没有专业的AutoCAD来得方便，我们建议首先在AutoCAD下绘制轴线，并保存为dxf格式，然后导入Depthmap。

☞ **步骤 3**：转换成 Depthmap 轴线图。

步骤 2 导入的只是图形，我们还要对其进行转换。点击菜单【Layer】→【Convert Drawing Layers...】，显示【Make New Layer】对话框，如图 11-7 所示。

图11-7 Make New Layer对话框

在【New Layer Type】栏选择【Axial Map】，意味着将转换成轴线图；在【New Layer Name】栏输入图名为【轴线图】；点击【OK】确认。

转换好的轴线图如图11-8所示。这时已经对连接值（Connectivity）、线长（Line Length）等进行了计算，而图面上线条的颜色代表的正是连接值的大小。将鼠标置于线条上即可看到具体的连接值。

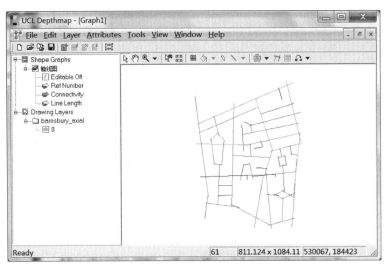

图11-8 转换好的轴线图

☞ **步骤4**：计算集成度。

点击菜单【Tools】→【Point/Axial/Convex】→【Run Graph Analysis...】，显示【Axial Analysis Options】对话框（图11-9），接受默认设置，点【OK】确认。

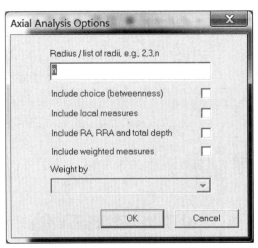

图11-9 Axial Analysis Options对话框

计算的结果如图11-10所示。Depthmap计算了几种集成度，罗列在主界面左侧的树状列表中，其中Integration［HH］代表Hillier和Hanson设计的集成度，Integration［Tekl］代表Teklenburg设计的集成度。点击树状列表中的相应项目，主界面右侧的图形窗口则会显示对应的图形内容。

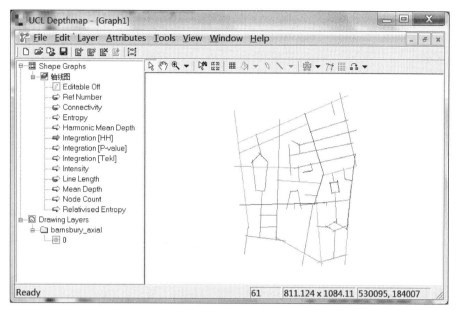

图11-10　集成度计算结果

☞ **步骤5**：计算某条轴线的深度值。

首先，点击工具条上的选择工具 ，在图面上点选某条轴线，然后点击工具条上的【Step Depth】工具 ，或者点击菜单【Tools】→【Point/Axial/Convex】→【Step Depth】，图面上即可显示出该轴线的深度值，同时左侧列表中也会多出一项【Step Depth】。

11.3.2　手绘轴线

上一小节介绍了导入轴线图的方式，Depthmap 也提供了手绘轴线图的工具，具体操作如下：

☞ **步骤1**：点击菜单【File】→【New】，新建一个 graph 文件。

☞ **步骤2**：导入底图。

点击菜单【Layer】→【Import...】导入 Depthmap 辅导数据中的 barnsbury-centre.dxf 文件。

☞ **步骤3**：新建轴线图层。

点击菜单【Layer】→【New...】，显示【New Layer】对话框（图11-11）。在【Layer type】栏选择【Axial Map】，在【Name】栏输入图层名称【手绘轴线图】，点【OK】确认。

之后，主界面左侧的树状列表中将增加"手绘轴线图"图层（图11-12），并且其下的【Editable On】项显示该图层处于可编辑状态。

☞ **步骤4**：绘制轴线。

点击工具条上的【Line】工具 ，开始在图面上绘制轴线。

☞ **步骤5**：编辑轴线。

点击工具条上的选择工具 ，在图面上点选某条轴线后，该轴线进入编辑状态，颜色变为黄色，线的两端出现编辑点（图11-13），拖拉编辑点可以改变轴线的端点位置；点键盘上的【Delete】键可以删除该轴线。

可以点 Ctrl+Z 取消上一步的绘图。

☞ **步骤6**：完成绘制。

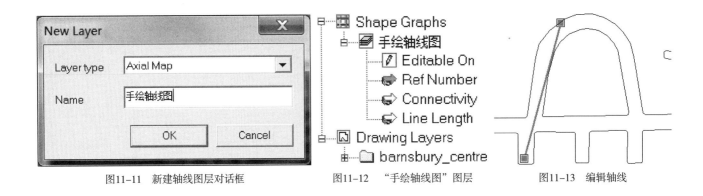

图11-11 新建轴线图层对话框　　　　　图11-12 "手绘轴线图"图层　　　　图11-13 编辑轴线

点击树状列表中【手绘轴线图】图层下【Editable On】左侧的铅笔图标 **Editable On**。之后铅笔图标变灰，文字变为【Editable Off】，【手绘轴线图】图层将不能再编辑。

11.3.3 自动生成轴线

Depthmap 还提供了自动生成轴线的工具，具体操作如下：

☞ **步骤1**：点击菜单【File】→【New】，新建一个 graph 文件。

☞ **步骤2**：导入底图。

点击菜单【Layer】→【Import...】导入 Depthmap 辅导数据中的 barnsbury-centre.dxf 文件。

> 🖳 **说明**：如果要使用自动生成轴线的工具，其底图代表的空间（道路、广场、建筑内部等）的边界必须是封闭的，否则程序不能识别空间边界，而导致计算错误。

☞ **步骤3**：生成全部可能的轴线。

点击工具条上的【Axial Map】工具，光标变成吸管形状，点击图面上空间的内部（例如道路红线内、广场边界内），之后 Depthmap 开始计算全部轴线，计算完成后如图11-14所示。此时，有很多冗余轴线。

☞ **步骤4**：减少至最少轴线。

点击菜单【Tools】→【Point/Axial/Convex】→【Reduce to Fewest Line Map...】。运算完成后如图11-15所示，此时冗余轴线已基本被清除，但是还是比手绘轴线多。

☞ **步骤5**：手工编辑轴线。

点击【Fewest-Line Map（Subsets）】图层下【Editable Off】前的铅笔图标，使该图层进入编辑状态。然后点击工具条上的选择工具，在图面上点选某条轴线后，编辑或删除它。编辑完成后如图11-16所示。

☞ **步骤6**：完成绘制。

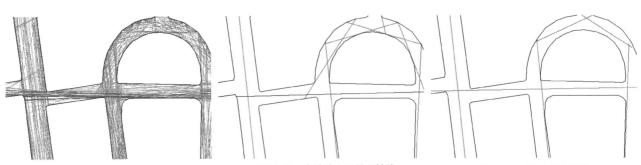

图11-14 自动生成全部可能轴线　　　　图11-15 自动减少至最少轴线　　　　图11-16 手工编辑轴线

点击树状列表中【Fewest-Line Map（Subsets）】图层下【Editable On】左侧的铅笔图标▱ Editable On，停止图层编辑。

11.3.4 轴线链接断开和轴线链接

对于高架桥跨越道路的情况，由于两条路的轴线在平面图上是相交的，这时需要处理一下，告诉程序这两条轴线是不相交的，具体操作如下：

☞ **步骤1**：使图层进入编辑状态。

☞ **步骤2**：点击工具条上的【Join】工具旁的下拉箭头🔒▾，选择【Unlink】项。这时开始进入【Unlink】操作，图面会变暗，光标会变成手形。

☞ **步骤3**：依次点选两条相交的轴线，之后交点处会显示一个红色圆圈，表示两条轴线不再相交（图11-17）。

有些情况需要把本不相交的两条轴线链接起来（例如一栋建筑的不同楼层之间的联系），具体操作如下：

☞ **步骤1**：使图层进入编辑状态。

☞ **步骤2**：点击工具条上的【Join】工具旁的下拉箭头🔒▾，选择【Link】项。这时开始进入【Link】操作，图面会变暗，光标会变成手形。

☞ **步骤3**：依次点选两条本不相交的轴线，之后会生成一条绿色直线连接两条轴线，代表两者已经链接（图11-18）。

> 📖 **说明：** 这些链接和断开链接的符号（红圈和绿圈）只有在点击【Join】工具后才能看到。退出该工具后，这些符号将自动隐藏起来。

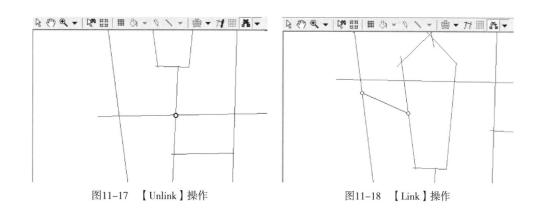

图11-17 【Unlink】操作   图11-18 【Link】操作

11.4 可视图分析

可视图分析是空间句法中基于视区的空间构形分析。特别适用于建筑内部空间、城市公共空间的形态分析。

11.4.1 初始设置

可视图分析将空间划分成规则的正方形网格，Depthmap将分析每个网格的连接值、集成度等。因此，首先要设置网格，之后才能进行可视图分析。

☞ **步骤1**：启动Depthmap，点击菜单【File】→【New】，新建一个图，然后点击菜单【Layer】→【Import...】导入Depthmap辅导数据中的gallery.dxf文件，如图11-19所示。

☞ **步骤2**：设置网格。

点击工具条上的【Set Grid】工具▦，显示【Set Grid Properties】对话框（图11-20），设置网格间距【Spacing】为0.02（注：gallery.dxf的图面比例尺是1：50，因此参数0.02的实际间距是1米，建议该间距实际取值0.75~1

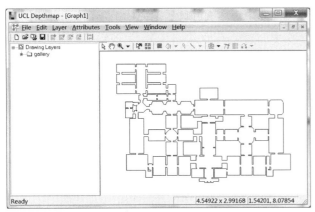

图11-19 Depthmap中导入gallery.dxf

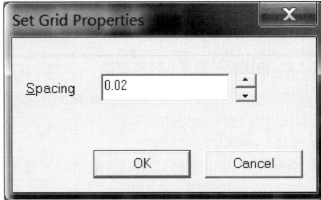

图11-20 设置网格对话框

米，这是人的尺度）。点【OK】确认后，图面上已经打上了密密的网格，如图 11-21 所示。

☞ 步骤 3：指定空间分析的范围。

点击工具条上的【Fill】工具 ⟨⟩，然后在图面上点击建筑的内部空间。系统将自动识别并指定建筑外墙内的空间为分析范围，并将其填充为灰色，如图 11-22 所示。

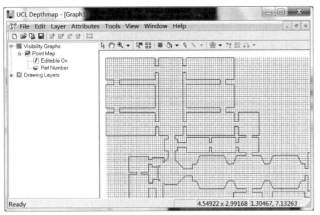

图11-21 设置网格后的结果

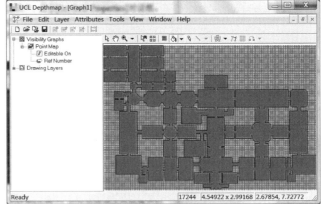

图11-22 指定空间分析的范围

有时候自动识别的空间范围不一定满足要求（例如不希望某块空间参与分析）。这时候可以对空间范围进行编辑：

➜ 绘制空间栅格。点击工具条上的【Pencil】工具 ⟨⟩，然后在图面上点鼠标左键绘制参与分析空间栅格。

➜ 删除单个空间栅格。点击工具条上的【Pencil】工具 ⟨⟩，然后在图面上点鼠标右键删除栅格。

➜ 删除指定区域。点击工具条上的【Select】工具 ⟨⟩，在图面上用鼠标左键拖拉出一个矩形框，框内的栅格将被选中并显示为黄色，之后点键盘上的【Delete】键，选中的栅格将全部被删除。

➜ 回撤。可以点 Ctrl+Z 取消上一步的操作。

11.4.2　生成可视图

设置好网格并指定了空间分析范围之后，就可以进行可视图分析了。

☞ **步骤1**：生成可视图。

点击菜单【Tools】→【Visibility】→【Make Visibility Graph...】，显示【Make Graph Option】对话框（图11–23）。这里我们选择默认设置，点【OK】确认。短暂计算后，显示出一幅彩色图纸。

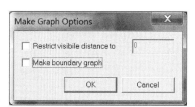

图11–23　生成可视图对话框

选项【Restrict visibile distance to】用于指定可视距离，例如设置为【5】，意味着从某个网格出发只能看到距它5个网格以内的空间；如果选择【Make boundary graph】，将只针对空间边界进行可视图分析。

☞ **步骤2**：关闭网格。

由于网格干扰了显示效果，取消勾选菜单项【View】→【Show Grid】，之后的效果如图11–24所示。

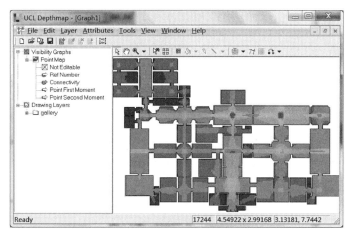

图11–24　关闭可视图的网格后的效果

图面上显示的内容是每个网格能被其他网格看到的个数。将鼠标停留在某个网格上，会显示一个数字，例如1323，意味着该网格可以被其他1323个网格看到。而颜色从蓝→绿→黄→红，代表着可被看到的个数的增加。

☞ **步骤3**：计算某个网格的步深。

点击工具条上的【Select】工具，在图面上用鼠标左键选择一个点或拖拉出一个区域；然后点击菜单【Tools】→【Visibility】→【Step Depth】→【Visibility Step】，计算结果如图11–25所示。

将鼠标停留在图面上的红色区域，显示步深为6。

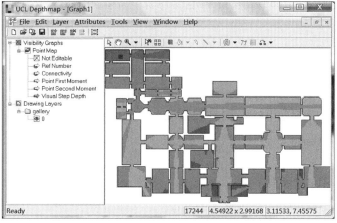

图11–25　计算某个网格的步深

☞ **步骤4**：可视图分析。

点击菜单【Tools】→【Visibility】→【Run VisibilityAnalysis...】，显示【Analysis Options】对话框（图11-26），这里可以选择多种可视图分析。我们以计算集成度为例，选择【Calculate visibility relationships】，点击【OK】确认。

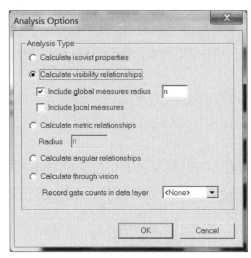

图11-26　可视图分析选项对话框

这个计算需要较长时间，其结果如图11-27所示。图面上显示的是每个网格的集成度，将鼠标停留在某个网格上，会显示其集成度。颜色越红代表集成度越高，意味着该网格更容易从其他位置看到，其公共性越强；相反，颜色越绿代表集成度越小，意味着越不容易被其他位置看到，私密性越强。

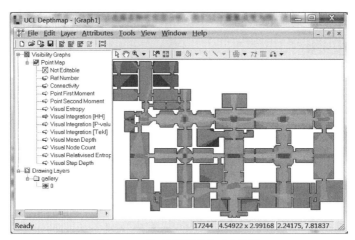

图11-27　基于可视图的集成度分析

11.5　查看分析数据

除了以图形方式查看分析结果，有时还需要查看具体的数据值。Depthmap提供了一系列工具。

本小节的示例都是基于Depthmap的辅导数据gallery.graph，所以请首先点击菜单【File】→【Open…】打开Depthmap的辅导数据gallery.graph。

11.5.1　查看数据表

☞ **步骤1**：选择图层。

点击树状列表中的【Fewest-Line Map（Minimal）】图层，该图层将成为当前图层，图面上将显示该轴线图。

☞ **步骤 2：查看数据表。**

点击菜单【Window】→【Table】，将显示当前图层的数据表，如图 11-28 所示。数据表里详细记录了每条轴线的各个参数值。

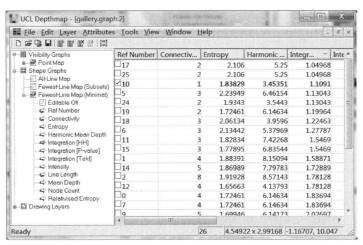

图11-28　查看数据表

☞ **步骤 3：图表同步查看。**

点击菜单【Window】→【Tile】，图和表将同时显示，如图 11-29 所示。当选中图上的轴线时，数据表中对应的数据行也会同步选中，反之亦然。

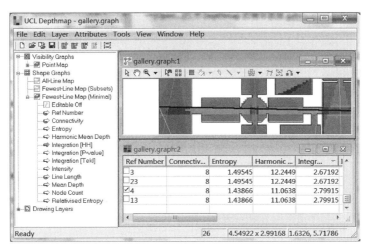

图11-29　图表同步查看

11.5.2　查看统计数据

☞ **显示指定图层的统计数据。**

右键点击树状列表中的【Fewest-Line Map（Minimal）】图层的【Integration［HH］】项，在弹出菜单中选择【Properties…】，在弹出的【Attribute Properties】对话框中详细列出了该图层的统计数据（图 11-30）。本例查看的是集成度图层，因此该对话框显示了集成度的平均值、最小值、最大值、标准差、数量。查看完后点【OK】退出。

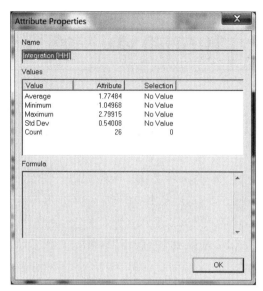

图11-30　查看图层的统计数据

☞ **显示选中图形的指定图层的统计数据。**

点击工具条上的【Select】工具，在图面上用鼠标左键拖拉选择多条轴线，然后再查看【Fewest-Line Map（Minimal）】图层的属性，这时【Attribute Properties】对话框的【Selection】列显示了选中轴线的统计结果。

☞ **显示全部图层的统计数据。**

点击菜单【View】→【Attribute Summary...】，显示【Attribute Summary】对话框，其中列举了当前图层的所有项目的统计数据（图 11-31）。

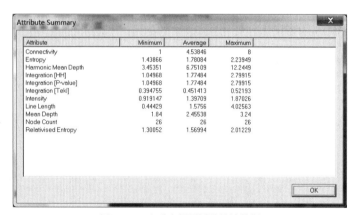

图11-31　查看全部图层的统计数据

11.5.3　查看散点图

☞ **步骤 1：显示出散点图。**

点击菜单【Window】→【Scatter Plot】，显示出散点图，如图 11-32 所示，该图上的每个点代表图面上的一条轴线，其 X 轴和 Y 轴分别是该轴线的属性值。

☞ **步骤 2：设置散点图的 X、Y 轴。**

点击【x=】栏旁的下拉按钮，选择【Connectivity】，点击【y=】栏旁的下拉按钮，选择【Integration［HH］】。该设置让 X 轴显示连接度，Y 轴显示集成度。

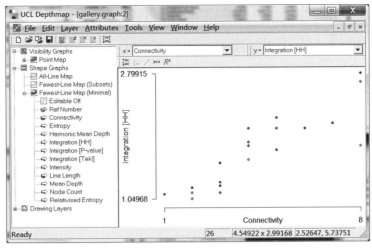

图11-32 查看散点图

之所以如此设置，是为了分析可理解度，如果连接值高的空间，其集成度也高，那么，这就是一个可理解性好的空间。散点图可以很好地同时对比两个属性值。

☞ **步骤3：** 同时显示散点图和图形。

点击菜单【Window】→【Tile】，散点图和图形将同时显示，然后点击菜单【Window】→【Colour Range】，显示【Set Colour Scale】对话框（图11-33），在下拉列表中选择【Equal Ranges（Grayscale）】选项，使轴线图以灰色显示，以利于接下来突出显示选中的轴线。

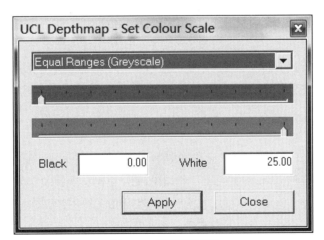

图11-33 设置图形颜色

☞ **步骤4：** 分析散点图。

在散点图中用鼠标左键拉框选择右上角的2个点（实际是两两重合的4个点），对应的图形也被同步选中，显示为黄色，如图11-34所示。右上角的这些点的连接值和集成度都相对较高，因此它们的可理解度也是最高的。分析图形不难发现选中的轴线构成了这栋建筑的核心轴线。

11.5.4 导出数据

为了方便用更专业的数学分析软件去研究空间分析结果，Depthmap还提供了导出数据功能。点击菜单【Layer】→【Export...】，可以把数据表导出为txt格式，它可以用Excel打开，或者导出为mif格式，可以用MapInfo打开。

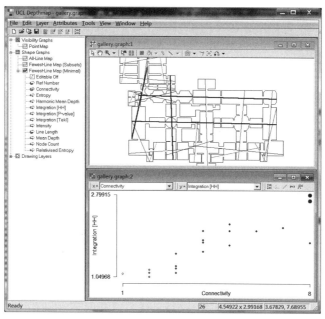

图11-34　散点图和图形同步查看

11.6　本章小结

空间句法是一种通过对包括建筑、聚落、城市甚至景观在内的人居空间结构的量化描述，来研究空间组织与人类社会之间关系的理论和方法。空间句法通过关系图解来分析空间构形，并用一系列参数来定量描述空间构形，其中最基本的有连接值、控制值、深度值、集成度等。空间句法还提出了一套基于空间可视性的空间单元划分方法，其中最基本的方法是凸状、轴线和视区。目前使用最广的方法是轴线和视区。

空间句法已经有了一些成熟的软件，例如Depthmap、Axwoman等。本章介绍了Depthmap的基本操作、轴线图分析、可视图分析。

本章技术汇总表　　　　　　　　　　　　　表 11-2

规划应用汇总	页码	信息技术汇总	页码
定量分析空间构形	179	Depthmap 软件（空间句法）	182
		轴线图分析（空间句法）	183
		可视图分析（空间句法）	187

第 12 章　空间格局分析

在进行城市研究时，不仅需要对空间格局进行定性分析，还需要定量分析。对空间格局的分析首先要判断空间分布是否存在规律，即空间分布是集聚的，还是发散的，或是随机的；然后还要分析空间集聚的类型（同类型事物的集聚，或异类事物的集聚），在什么区域集聚，集聚区域的位置、大小、形状等；最后还要分析集聚的原因。

本章利用 ArcGIS 提供的空间统计工具，以某广场上游客的空间分布研究和某城市不同收入家庭的居住分布研究为例，介绍目前得到广泛应用的格局识别方法，包括 Average Nearest Neighbor、Ripley's K、全局 Moran's I、Getis-Ord General G、Local Moran's I、Getis-Ord Gi*。

本章所需基础：

➤ ArcMap 基础操作（详见第 2 章）。

12.1　空间点格局识别

应 用 技 术 提 要	表 12-1
规划问题描述	解决方案
➤ 如何判断点状事物或现象的空间分布究竟是随机的，还是集聚的，或是发散的，例如开放空间中游客的空间分布、居民点的空间分布、犯罪地点的空间分布、交通事故的空间分布等。对其进行识别有助于发现事件的产生原因，研究其控制策略	√ 平均最近邻分析（Average Nearest Neighbor） √ 多距离空间聚类分析（Ripley's K 函数） √ 制作密度图，直观反映空间分布情况

规划研究经常会涉及空间格局识别的问题（例如开放空间中游客的空间分布），而首要的判断往往是空间分布究竟是随机的，还是集聚的，或是发散的（图 12-1）。

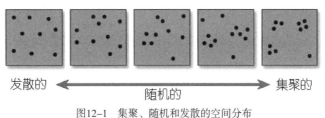

发散的　←　随机的　→　集聚的

图12-1　集聚、随机和发散的空间分布

空间点格局识别不考虑点上的属性值，而仅仅关注研究区域内的点在空间上分布的特征和相互关系。通过对其进行识别，来发现事件的产生原因及其控制策略。常用的空间点格局识别方法包括平均最近邻分析（Average Nearest Neighbor）和多距离空间聚类分析（Ripley's K 函数）。

下面以某广场上游客的空间分布格局识别为例，介绍具体的识别方法。

试验数据是某广场人流高峰时刻的游人空间分布，广场的平面图详见随书数据"chp12 \ 练习数据 \ 广场和人流 \ 广场影像图 .tif"；游人的空间分布详见"游人 .shp"，这是一个 ArcGIS 的 Shape 点类型的文件。将它们加载到 ArcMap 之后，如图 12-2 所示。

12.1.1　平均最近邻分析

平均最近邻（Average Nearest Neighbor）是指点间最近距离均值。该分析方法通过比较计算最近邻点对的平均距离与随机分布模式中最近邻点对的平均距离，来判断其空间格局。平均最近邻认为点格局随机分布时，上述两距离相等；点格局集聚时，前者会小于后者；而点格局发散时，前者会大于后者。

在 ArcGIS 平台下的具体操作为：

☞ **步骤 1**：启动 ArcMap，加载随书数据【chp12\ 练习数据 \ 广场和人流 \ 游人 .shp】。

☞ **步骤 2**：启动【平均最近邻】工具。

将鼠标移到主界面右侧的【目录】按钮上，在浮动出的【目录】面板中选择【工具箱 \ 系统工具箱 \Spatial Statistics Tools\ 分析模式 \ 平均最近邻】（图 12-3），双击它启动该工具，显示【平均最近邻】对话框（图 12-4）。

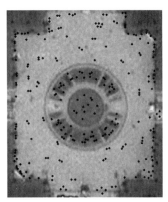

图12-2　试验数据

图12-3　平均最近邻工具

☞ **步骤 3**：进行【平均最近邻】分析。

设置【平均最近邻】对话框的参数（图 12-4）。点【确定】开始计算。计算完成后，选择菜单【地理处理】→【结果】，弹出【结果】对话框（图 12-5）。

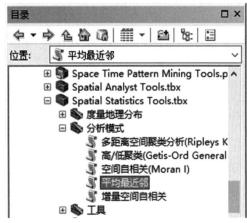

图12-4　平均最近邻对话框

图12-5　平均最近邻分析结果

计算结果有 5 个参数：

平均观测距离（NNObserved）：1.217446；

预期平均距离（NNExpected）：1.632695；

最邻近比率（NN 比率）：0.745666；

z 得分：–7.693160；

p 值：0.000000。

根据平均最近邻分析的原理，该广场上游客的空间分布处于比较显著的集聚状态。

> 👆 **说明一：** z得分是用来检验空间自相关分析的统计显著性的，即帮助用户检验或决定是否拒绝零假设或接受零假设。在空间模式分析中，零假设是指没有空间自相关，即空间要素不存在任何相关的空间模式。相反，非零假设即为存在空间相关或某种空间分布模式。该分析中，z得分为负代表集聚，为正代表发散。
>
> 👆 **说明二：** 与z得分一起的还有p值，该值是个概率值。非常高的正z得分或者非常小的负z得分，都对应一个非常小的p值，通常出现在标准正态分布曲线的尾部，这种情况可说明该空间要素不具有随机分布的特征，即可拒绝零假设。

👉 **步骤 4：查看报告。**

根据结果对话框中给出的报告路径（本文为"C：\ Users \ Documents \ ArcGIS \ 最邻近法结果 .html"），打开报告文件（图 12-6）。该文件以图形的方式显示了分析结果。结果对应图中的蓝色区域，该区域被注明是显著的集聚。

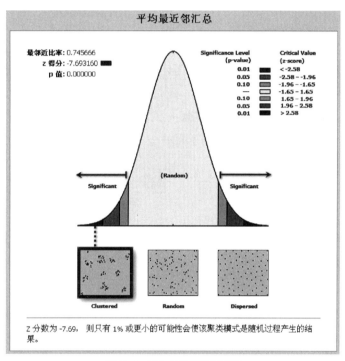

图12-6 平均最近邻分析报表

平均最近邻分析显示该广场上游客的空间分布不是随机的，而是处于比较显著的集聚状态。接下来可以进一步分析是什么原因导致了集聚。

12.1.2 多距离空间聚类分析

随着空间尺度的变化，点状地物的分布模式可能会发生变化。在小尺度下可能呈现集聚分布，而在大尺度下可能为随机分布或发散分布。多距离空间聚类分析（Ripley's K 函数）是分析各个尺度下的点状地物空间格局的常用方法。它按照一定半径的搜索圆范围来统计空间聚类。

下面仍以上述广场上游客的空间分布格局识别为例，介绍具体的分析方法。

👉 **步骤 1：** 启动 ArcMap，加载随书数据【chp12\ 练习数据 \ 广场和人流 \ 游人 .shp】。

👉 **步骤 2：** 启动【多距离空间聚类分析】工具。

将鼠标移到主界面右侧的【目录】按钮上，在浮动出的【目录】面板中选择【工具箱 \ 系统工具箱 \ Spatial Statistics Tools \ 分析模式 \ 多距离空间聚类分析】，显示【多距离空间聚类分析】对话框（图 12-7）。

☞ **步骤 3**：设置【多距离空间聚类分析】对话框的参数（图 12-7）。其中，

➥【开始距离】是搜索圆的初始距离。

➥【距离增量】是搜索圆每次增加的距离。这里设置为 0.7，这是人和人之间的最小间距。

➥【距离段数量】是搜索圆递增的次数。

☞ **步骤 4**：点【确定】开始计算。

计算完成后弹出结果对话框，如图 12-8 所示。其中对角线直线是期望值，而深色曲线是观测值，当观测值曲线在期望值对角线之上时意味着集聚，反之发散。

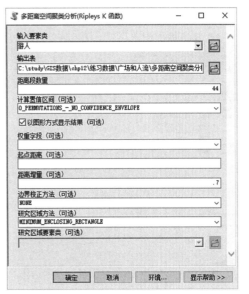

图12-7 多距离空间聚类分析对话框

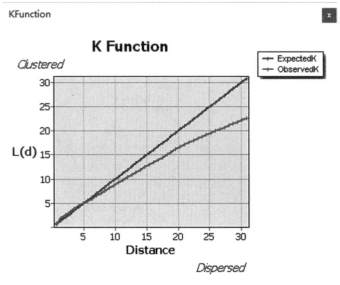

图12-8 多距离空间聚类分析结果

计算结果表明在 5 米以下的空间尺度里，游客呈现集聚分布，而在 5 米以上时则呈现发散分布。这意味着在该广场，人和人交往的聚集范围是 5 米，这是 5~10 个人聚集的范围，如果分析不同时段的集聚状态会发现游人少的时候集聚范围会缩短，这时集聚的人会更少。

12.1.3 密度制图

应 用 技 术 提 要 　　　　　　　　　　　　　　　　　　　　　　　　表 12-2

规划问题描述	解决方案
➢ 如何根据人口、犯罪、经济等统计数据，生成密度分布图，以直观反映其空间分布状况	✓ 制作密度图，直观反映空间分布情况

前面的分析只能从数值上得出广场游人分布处于集聚的状态，但是并不能直观看到人流集聚的位置，集聚的形状和大小。而这些可以通过密度图来反映。密度制图根据输入的点要素的数值及其分布，来计算整个区域的密度分布状况，并产生一个连续的栅格图形。

利用密度制图可以通过密度显示点的聚集情形，例如可以制作人口密度图反映城市人口聚集情况，或根据犯罪点数据来分析犯罪的分布情况，或根据企业布点和规模数据来分析经济分布情况。

下面仍以上述广场游客数据为例，介绍制作游人分布密度图的具体方法。

☞ **步骤1**：启动 ArcMap，加载随书数据中的试验数据【chp12\练习数据\广场和人流\游人 .shp】和【广场影像图】。

☞ **步骤2**：启动【核密度分析】工具。

将鼠标移到主界面右侧的【目录】按钮上，在浮动出的【目录】面板中选择【工具箱\系统工具箱\ Spatial Analyst Tools \密度分析\核密度分析】，显示【核密度分析】对话框，如图 12-9 所示（注：需要预先加载 Spatial Analyst 扩展模块，可点击菜单【自定义】→【扩展模块…】，勾选【Spatial Analyst】选项）。

☞ **步骤3**：设置【核密度分析】对话框的参数（图 12-9）。

➧ 【输入点或折线（polyline）要素】设为【游人】要素类。

➧ 【Population 字段】设为【NONE】（注：该字段用于指定每个点或线上包含的数量，例如人数、犯罪数、企业数，本例中每 1 个点对应 1 个人，因此无须设置）。

➧ 【输出栅格】设为【chp12 \练习数据\广场和人流\游客密度图】。

➧ 【搜索半径】设为【5】，其依据是前面得到的游客集聚尺度。

➧ 点【环境 …】按钮，展开【处理范围】，设置【范围】栏为【与图层广场影像图 .tif 相同】。

☞ **步骤4**：点【确定】开始计算。计算完成后得到【游客密度图】，如图 12-10 所示。

通过密度图，我们可以清晰地看到游人主要集中在中部下沉式小广场、广场四角、广场各入口两侧。这类分析对于研究广场游人活动规律具有重要意义。

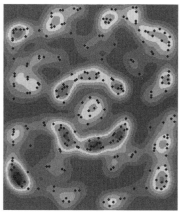

图12-9　核密度分析对话框　　　　　　　图12-10　游客密度图

12.2　空间自相关和事物属性的空间分布格局

应 用 技 术 提 要　　　　　　　　　　　　　　　　表 12-3

规划问题描述	解决方案
➢ 某类事物或现象的出现（例如犯罪、某类用地、某居住空间等），是否造成了周边同类或异类事物或现象的出现，即空间是否自相关 ➢ 找到某类事物或现象异常聚集的空间位置（例如低收入阶层聚集），以利于分析集聚的原因	√　全局空间自相关分析【全局 Moran's I，高 / 低聚类（Getis–Ord General G）等】 √　局域空间自相关分析【聚类和异常值分析（Anselin Local Moran's I）、热点分析（Getis–Ord Gi*）等】

空间自相关是指分布于不同空间位置的地理事物，它们的某一属性值存在统计相关性，通常距离越近的两值之间相关性越大。具体还可以分为空间正相关和空间负相关：空间正相关是指空间上分布邻近的事物其属性具

有相似的趋势和取值，例如房价高的街区会带动周边街区房价也升高；类似地，空间负相关是指具有相反的趋势和取值，例如一个大型超市落户某个街区后，其相邻街区再设立大型超市的可能性就会很小。因此，空间自相关分析主要是检验空间事物的某项属性是否存在高高相邻分布或高低间错分布。

空间自相关可进一步分为全局空间自相关（Global Spatial Autocorrelation）和局域空间自相关（Local Spatial Autocorrelation）：

> 全局空间自相关用于描述某现象的整体分布状况，判断此现象在空间中是否有聚集特性存在，但它并不能确切地指出聚集在哪些地区。常用的统计指标包括 Moran's I 统计、Getis G 和 Getis's C 比值，以及基于距离阈值范围的乘法测度等。

> 局域空间自相关用于度量聚集空间单元相对于整体研究范围而言，其空间自相关是否足够显著，若显著性大，该单元即是该现象空间聚集的地区；或者度量空间单元对整个研究范围空间自相关的影响程度，影响程度大的往往是区域内的特例，它们往往是空间现象的聚集点。局域空间的集聚性即是空间的热点区域，因此也常被称为空间热点分析。常用的统计指标包括 Local Moran's I、Local Getis's G、Kulldorf Space Scan、Anselin's Moran Scatterplot 等。

ArcGIS 主要提供了四种空间自相关性统计工具，其中用于统计全局空间自相关的工具有 Moran's I 统计、高/低聚类（Getis-Ord General G）；用于统计局域空间自相关的工具有聚类和异常值分析（Anselin Local Moran's I）、热点分析（Getis-Ord Gi*）。

下面以某城市家庭平均收入的空间分布研究为例，介绍上述工具的使用方法。

12.2.1 实验简介

城市居住空间的分布一直都是地理学和城市规划研究的重要领域。本实验将分析某城市不同收入家庭的居住空间分布情况，判断其是否存在高收入家庭和高收入家庭集聚，低收入家庭和低收入家庭集聚，或者高低收入家庭相邻分布等现象。一般情况下，适度的集聚可以更有效地满足不同阶层人的需求。但是过度的高/高收入家庭集聚和低/低收入家庭集聚会加剧居住空间分异，造成居住隔离、贫困固化以及阶层对立，也易引发各类环境问题以及社会矛盾。同时，集聚的位置也关乎社会资源的分配，例如，如果高/高收入家庭集聚在城市中心区，而低/低收入家庭集聚在城市郊区，则会加剧对低收入阶层的医疗、教育、交通、公共设置等资源的剥夺程度。

实验数据是某城市各个社区的家庭平均年收入，详见随书数据中的"chp12\练习数据\收入空间分布\家庭收入.shp"，ArcMap 加载该数据后如图 12-11 所示。

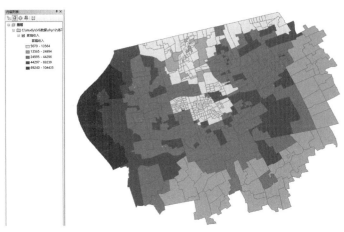

图12-11 某城市各社区家庭年收入

该城市北面是一条铁路，西面是一条景观良好且河面宽阔的河流，东面和南面都是农田，新市中心在城市西部临河，老市中心在城市中部老城区。

本实验的思路是：

首先统计全局空间自相关 Moran's I 指数，判断该城市家庭收入空间分布是否具有空间相关性；

如果存在空间正相关，然后用高/低聚类（Getis-Ord General G*）方法判断是哪种类型的集聚，即高/高收入家庭集聚或是低/低收入家庭集聚；

接下来用聚类和异常值分析（Anselin Local Moran.s I）和热点分析（Getis-Ord Gi*）来进行局域空间相关性分析，找出各类集聚的空间分布区域。因为全局空间自相关假定空间是同质的，不能反映局部空间关系。

12.2.2 全局 Moran's I 统计

全局 Moran's I 统计衡量相邻的空间分布对象属性取值之间的关系。取值范围为 -1~1，正值表示该空间事物的属性值分布具有正相关性，负值表示该空间事物的属性值分布具有负相关性，0 值表示不存在空间相关，即空间随机分布。

另外，全局 Moran's I 也用 z 得分来检验空间自相关的统计显著性，全局 Moran's I 也是首先假设研究对象之间没有任何空间相关性，然后通过 z 得分检验假设是否成立。z 得分为正意味着存在空间自相关，负值意味着空间分布是发散的。

下面，我们在 ArcGIS 下统计该城市家庭收入空间分布的全局 Moran's I：

☞ **步骤 1**：启动 ArcMap，加载随书数据【chp12＼练习数据＼收入空间分布＼家庭收入 .shp】。

☞ **步骤 2**：启动【空间自相关（Moran I）】工具。

【目录】面板中选择【工具箱＼系统工具箱＼Spatial Statistics Tools＼分析模式＼空间自相关（Moran I）】，显示【空间自相关（Moran I）】对话框（图 12–12）。

图12-12 空间自相关（Moran I）对话框

☞ **步骤 3**：进行【空间自相关（Moran I）】分析。

设置【空间自相关（Moran I）】对话框的参数（图 12-12）。其中，【输入字段】是要进行相关性分析的事物属性，这里是各个社区的家庭平均年收入。

点【确定】开始计算。计算完成后，选择菜单【地理处理】→【结果】，弹出【结果】对话框，如图 12-13 所示。

图12-13 空间自相关（Moran I）分析结果

从计算结果来看 Moran's I 指数为正数，并且有比较高的 z 得分和较低的 p 值，说明该城市家庭收入空间分布具有比较显著的空间正相关，即高 / 高收入家庭集聚或低 / 低收入家庭集聚。

☞ **步骤 4 : 查看报告。**

根据结果对话框中给出的报告路径（本文中为 "C : ＼ Users ＼ Documents ＼ ArcGIS ＼ MoransI_Result,html"），打开报告文件（图 12-14）。该文件以图形的方式显示了分析结果。结果对应图中的红色区域，该区域被注明是显著的集聚。

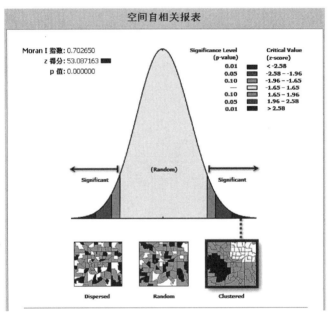

图12-14 空间自相关（Moran I）分析报表

12.2.3 高 / 低聚类（Getis–Ord General G）

由于 Moran's I 指数不能判断空间数据是高值聚集还是低值聚集，Getis 和 Ord 于 1992 提出了 General G 系数。类似于全局 Moran's I，它也用 z 得分来检验空间自相关的统计显著性，不同的是 z 得分为正意味着存在高 / 高集聚，负值意味着低 / 低集聚。

ArcGIS 下的具体步骤如下 :

☞ **步骤 1 :** 启动 ArcMap，加载随书数据中的试验数据【chp12 ＼ 练习数据 ＼ 收入空间分布 ＼ 家庭收入 .shp】。

☞ **步骤2**：启动【高/低聚类（Getis-Ord General G）】工具。

在【目录】面板中选择【工具箱\系统工具箱\Spatial Statistics Tools\分析模式\高\低聚类（Getis-Ord General G）】，显示【高/低聚类（Getis-Ord General G）】对话框（图12-15）。

☞ **步骤3**：进行【高/低聚类（Getis-Ord General G）】分析。

设置【高/低聚类（Getis-Ord General G）】对话框的参数（图12-15）。点【确定】开始计算。计算完成后，选择菜单【地理处理】→【结果】，弹出【结果】对话框，如图12-16所示。

从计算结果来看z得分为负，并且p值很低，说明该城市家庭收入空间分布具有比较显著的低值集聚的特征。

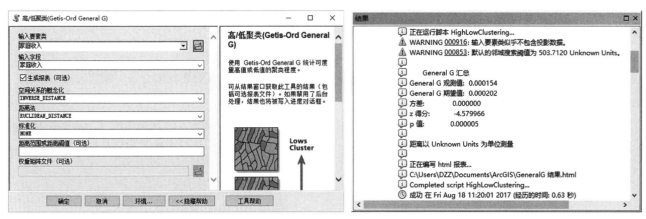

图12-15　高/低聚类（Getis-Ord General G）分析对话框　　　　图12-16　高/低聚类分析结果

☞ **步骤4**：查看报告。

根据结果对话框中给出的报告路径，打开该文件。该文件以图形的方式显示了分析结果（图12-17）。结果对应图中的蓝色区域，该区域被注明是显著的低值集聚。

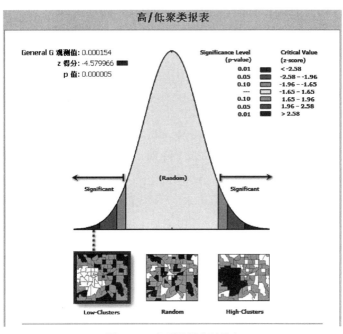

图12-17　高/低聚类分析报表

由此可以看出，从全局来分析，该城市家庭收入空间分布具有比较显著的低值集聚的特征，即低收入家庭和低收入家庭集聚。

但是就此认为该城市的局部空间里也不存在高／高收入家庭集聚和高／低收入家庭相邻还为时过早。因为全局空间自相关假定空间是同质的，即研究区域内的空间事物的某一属性只存在一种整体趋势。但是空间事物的空间异质性并不少见，即某些局部表现出空间正相关或负相关，而另一局部表现出发散。因此，还需要局域空间相关性分析。

12.2.4 聚类和异常值分析（Anselin Local Moran's I）

局域 Moran's I 亦称为 LISA，用于发现局域空间是否存在空间自相关，它计算每一个空间单元与邻近单元就某一属性的相关程度。

ArcGIS 下进行局域 Moran's I 分析的具体步骤如下：

☞ **步骤 1**：启动 ArcMap，加载随书数据中的试验数据【chp12 ＼练习数据＼收入空间分布＼家庭收入 .shp】。

☞ **步骤 2**：启动【聚类和异常值分析】工具。

将鼠标移到主界面右侧的【目录】按钮上，在浮动出的【目录】面板中选择【工具箱＼系统工具箱＼Spatial Statistics Tools ＼聚类分布制图＼聚类和异常值分析（Anselin Local Moran's I）】，显示【聚类和异常值分析（Anselin Local Moran's I）】对话框（图 12-18）。

图12-18 聚类和异常值分析对话框

☞ **步骤 3**：进行【聚类和异常值分析（Anselin Local Moran's I）】分析。

设置【聚类和异常值分析（Anselin Local Moran's I）】对话框的参数（图 12-18）。点【确定】开始计算。计算完成后会自动加载结果图层，如图 12-19 所示。该图用颜色区分了三种自相关，即 HH（高／高集聚）、HL（高／低集聚）、LL（低／低集聚）。

打开该图层的属性表（图 12-20），可以看到该图层记录了每个地块的 Local Moran,s I 指标（【LMiIndex IDW】字段）、z 得分（【LMiZScore IDW】字段）和 p 值（【LMiPValue IDW】字段）。

通过该分析可以看出，该城市不仅存在低收入家庭和低收入家庭集聚，而且还存在大量高／高收入家庭集聚（如图中黑色区域）和少量高／低收入家庭相邻（如图中深色区域）。此外，非常有价值的是，该分析还得到了集聚的空间位置：高／高收入家庭集聚主要位于西部沿河区域和东部新城，而低／低收入家庭集聚主要位于中部老城区和北部铁路沿线。

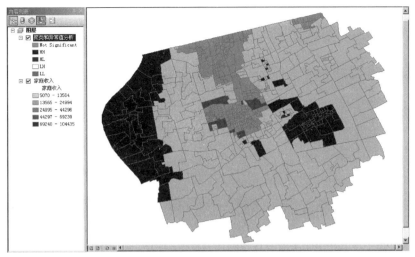

图12-19　聚类和异常值分析结果图

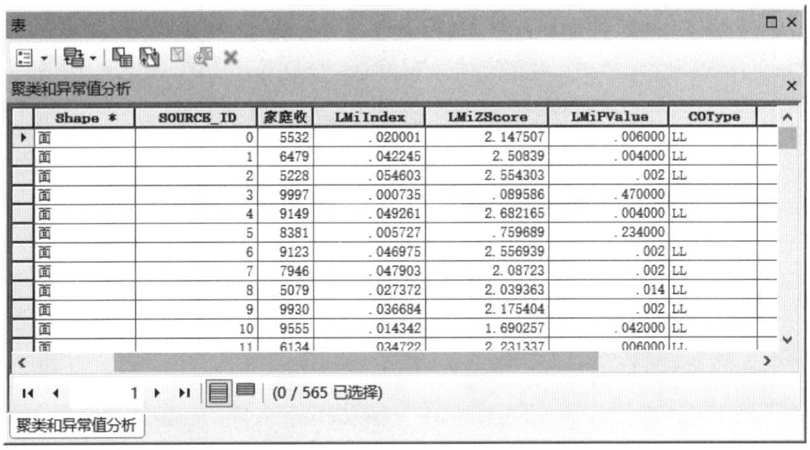

Shape *	SOURCE_ID	家庭收	LMiIndex	LMiZScore	LMiPValue	COType
面	0	5532	.020001	2.147507	.006000	LL
面	1	6479	.042245	2.50839	.004000	LL
面	2	5228	.054603	2.554303	.002	LL
面	3	9997	.000735	.089586	.470000	
面	4	9149	.049261	2.682165	.004000	LL
面	5	8381	.005727	.759689	.234000	
面	6	9123	.046975	2.556939	.002	LL
面	7	7946	.047903	2.08723	.002	LL
面	8	5079	.027372	2.039363	.014	LL
面	9	9930	.036684	2.175404	.002	LL
面	10	9555	.014342	1.690257	.042000	LL
面	11	6134	.034722	2.231337	.006000	LL

(0 / 565 已选择)

聚类和异常值分析

图12-20　聚类和异常值分析结果表

12.2.5　热点分析（Getis-Ord Gi*）

除了局域 Moran's I，局域 G 系数（Getis-Ord Gi*）也是常用的探测局域空间自相关的有效方法。并且和局域 Moran's I 各有所长：局域 G 系数能较准确地探测出聚集区域，而局域 Moran's I 一般对聚集范围的识别偏差较大，能大致探测出聚集区域的中心，但探测出的范围小于实际范围；此外，在同样的条件下，局域 Moran's I 探测高值聚集的能力要逊色于对低值聚集的探测。

ArcGIS 下进行局域 G 系数分析的具体步骤如下：

☞ **步骤 1**：启动 ArcMap，加载随书数据【chp12 \ 练习数据 \ 收入空间分布 \ 家庭收入 .shp】。

☞ **步骤 2**：启动【热点分析（Getis-Ord Gi*）】工具。

将鼠标移到主界面右侧的【目录】按钮上，在浮动出的【目录】面板中选择【工具箱 \ 系统工具箱 \ Spatial Statistics Tools \ 聚类分布制图 \ 热点分析（Getis-Ord Gi*）】，显示【热点分析（Getis-Ord Gi*）】对话框（图 12-21）。

☞ **步骤 3**：进行【热点分析（Getis-Ord Gi*）】分析。

设置【热点分析（Getis-Ord Gi*）】对话框的参数（图 12-21）。点【确定】开始计算。计算完成后会自动加载结果图层，如图 12-22 所示。该图用颜色区分了"热点"和"冷点"，即高 / 高集聚和低 / 低集聚。对比局域 Moran's I 可以看出，局域 G 系数探测出的聚集区域更大一些。

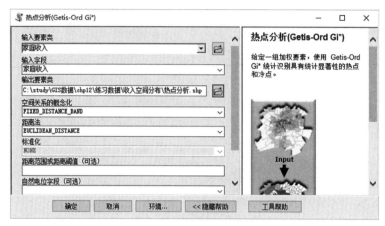

图12-21 热点分析对话框

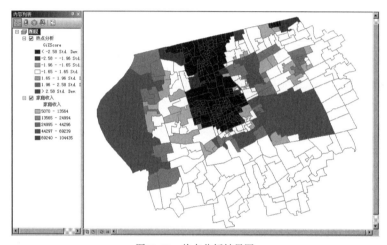

图12-22 热点分析结果图

打开该图层的属性表,可以看到该图层记录了每个地块的 z 得分(【 GiZScore 】字段)和 p 值(【 GiPValue 】字段)。统计面积发现高 / 高集聚和低 / 低集聚的地块面积占了总城区的 49.3%。

12.2.6 实验小结

通过该实验可以得出如下结论:该城市的不同收入水平的家庭在选择居住区位时具有比较明显的倾向性,高收入家庭和高收入家庭集聚,低收入家庭和低收入家庭集聚,并且低收入家庭和低收入家庭集聚的特征更强烈一些。集聚的地块面积占了总城区的 49.3%,整个城市的居住空间分异非常明显,这对于社会和谐发展十分不利。

该分析还得到了集聚的空间位置:高 / 高收入家庭集聚主要位于西部沿河区域和东部新城,占据了比较优越的自然景观和生态;而低 / 低收入家庭集聚主要位于中部老城区和北部铁路沿线,这些区域的社会服务和就业相对比较完善。这种空间分布对于社会资源的分配不存在过多的相互侵占,因此暂时不会引发较大的社会冲突,但是要特别注意防范旧城更新改造过程中的低收入阶层被迫郊区化的问题,以及老城区的没落。

12.3 本章小结

本章介绍了定量分析城市事物空间分布关系的一些基本方法:

对于点状事物的空间格局，可以首先从全局判断其是否具有集聚性，本章用到了平均最近邻分析（Average Nearest Neighbor）和多距离空间聚类分析（Ripley's K 函数）；然后，再分析其不同空间尺度下的集聚性，因为即使在大尺度下为随机分布或发散分布，但是在小尺度下仍可能呈现集聚分布，为此本章介绍了多距离空间聚类分析（Ripley's K 函数）；最后，为了在图面上清晰地看到集聚的分布位置，可以针对不同尺度制作点密度图。

空间自相关用于分析地理事物的某属性在空间上的统计相关性，即是否存在距离越近的两属性值之间相关性越大的情况。空间自相关可进一步分为全局空间自相关和局域空间自相关。对于全局空间自相关，本章介绍了 Moran's I 统计、高 / 低聚类（Getis-Ord General G），用于判断是否存在空间集聚，以及集聚的类型；对于局域空间自相关，本章介绍了聚类和异常值分析（Anselin Local Moran's I）、热点分析（Getis-Ord Gi*），用于分析各类集聚的空间分布位置。

本章技术汇总表 表 12-4

规划应用汇总	页码	信息技术汇总	页码
判断点状事物的分布格局	195	平均最近邻分析	196
分析不同空间尺度下的点分布格局	198	多距离空间聚类分析	198
制作密度图	199	核密度分析工具	199
判断事物在空间分布上的自相关性	200	全局 Moran.s I 统计	201
分析事物空间集聚的分布区域	204	高 / 低聚类（Getis-Ord General G）	202
		聚类和异常值分析（Anselin Local Moran's I）	204
		热点分析（Getis-Ord Gi*）	205

第13章 空间回归分析

上一章根据空间自相关分析了一种要素属性对周边要素同类属性的影响，但在城市规划分析中，经常还需要分析一种要素对周边其他要素的影响，例如地铁站点对周边房价的影响、公共设施分布和生活满意度的关系、城市用地增长对经济增长的贡献等。这时，可以利用回归分析来实现。

回归分析是一种统计分析工具，它利用两个或两个以上变量之间的关系，由一个或几个变量来预测另一个变量，而回归系数反映了变量之间的作用强度，它是处理变量之间相关关系的一种常用的数理统计方法。

一般的线性回归模型把研究区域作为一个整体来看待，其结果是对研究区域整体趋势的一种拟合或平均水平的一种描述，掩盖了许多有意义地理、社会、经济现象。而实际上，我们更需要了解研究区域内部的变化情况，这时就需要使用空间回归分析。其中最常用的就是地理加权回归方法。

本章将以某地区房价的影响要素分析为例，介绍基于 ArcGIS 的"普通最小二乘法（OLS）"一般线性回归，以及"地理加权回归分析（GWR）"空间回归方法，分析重点小学、地铁、河湖、商圈等对房价的影响，并比较两种方法的区别。

本章所需基础：

➢ ArcMap 基础操作（详见第 2 章）

应用技术提要 表 13-1

规划问题描述	解决方案
➢ 如何对影响某个城市现象的多个因素进行分析，衡量两者之间的关系，构建数学模型并进行预测，例如分析房价和重点小学、商圈、地铁、河湖等要素之间的关系，评价改善哪一要素会迅速提高该地区房价等	√ 普通最小二乘法分析（OLS） √ 地理加权回归分析（GWR）

13.1 线性回归分析原理

13.1.1 回归分析概念

"回归"这一概念是 19 世纪 80 年代由英国统计学家弗朗西斯·高尔顿在研究父代身高与子代身高之间的关系时提出来的。他发现在同一族群中，子代的平均身高介于其父代的身高和族群的平均身高之间。具体而言，高个子父亲的儿子的身高有低于其父亲身高的趋势，而矮个子父亲的儿子的身高则有高于其父亲的趋势。也就是说，子代的身高有向族群平均身高"回归"的趋势。这就是统计学上"回归"的最初含义。

如今，回归已经成为社会科学定量研究方法中最基本、最广泛的一种数据分析技术。我们在研究和分析数据时，总是尽可能地考虑所有的关键信息。但由于数据多而复杂，要完全理解和表达数据中的信息几乎是不可能的。所以我们常常利用回归这样一种简化数据的方法。它既可以用于探索和检验自变量与因变量之间的因果关系，也可以基于自变量的取值变化来预测因变量的取值，还可以用于描述自变量和因变量之间的关系。在现实生活中，影响某一现象的因素往往是错综复杂的，由于社会科学研究不可能像自然科学研究那样采用实验的方式来进行，为了弄清和解释事物变化的真实原因与规律，就必须借助一些事后的数据处理方法来控制干扰因素。而回归的优点恰恰在于它能通过统计这一操作来对干扰因素加以控制，从而帮助我们发现自变量和因变量之间的净关系。回归分析的目的是利用变量间的简单函数关系，用自变量对因变量进行"预测"，使"预测"尽可能地接近因变量的"观测值"。

13.1.2 简单线性回归

简单线性回归是只含有一个自变量的线性回归模型，也可以叫作一元线性回归。所谓的"线性"是指自变量和因变量基于自变量的条件期望之间呈线性规律，且结果项对未知参数而言是线性的。

一般地，简单线性回归模型可以表达为：

$$y_i = b + ax_i + \varepsilon \tag{13-1}$$

表达式中：

y_i 是因变量，该变量表示正尝试预测或了解的过程（如入室盗窃数、止赎数、降雨量等）。在回归方程中，因变量位于等号的左侧。尽管可使用回归法来预测因变量，但必须先给定一组已知的 y 值，然后可利用这些值来构建（或标定）回归模型。这些已知的 y 值通常称为观测值。

x_i 是自变量，这些变量用于对因变量的值进行建模或预测。在回归方程中，自变量位于等号的右侧，通常称为解释变量。例如，如果要预测商店每年的采购量，那么模型中可能需要使用一些解释变量来表示潜在客户的数量、与竞争对手之间的距离、店面是否显眼以及当地的消费模式。

a 是回归系数，需要根据样本去进行估计。回归系数是一些数值，表示解释变量与因变量之间的关系强度和类型，而且，每个解释变量都有一个对应的回归系数。当关系为正时，关联系数的符号也为正；当关系为负时，关联系数的符号也为负。如果关系很强，则系数也相对较大（相对于它所关联的解释变量的单位）；如果关系较弱，则关联系数接近于零。

b 为回归截距。它表示所有自变量（解释变量）均为零时因变量的预期值。

ε 是误差项，这里是表示无法用 x 来解释 y 的变化的部分，它是由一些不可观测的因素或者测量误差所引起的。

13.1.3 多元线性回归

在实际研究中，往往所有的问题都受到多个社会因素的影响，所以不止一个自变量对模型产生影响，而且仅仅依靠一个变量也难以对所研究的问题给出最全面的描述。例如我们之后会研究到的一个地区的房价将受到环境、教育、交通、商业等多方面的因素影响。如果我们只考虑其中的一个因素（比如环境）对因变量（房价）的影响，而忽略其他变量的影响，则我们所估算的模型参数是不准确的，从而整个模型都是不可靠的。所以简单的一元回归在解决现实问题时说服力就不强了，此时就需要用多元线性回归进行数据的分析研究。

多元线性分析适用于分析一个因变量和多个自变量的情况，假设一个回归模型中有 $p-1$ 个自变量，即 x_1, x_2, x_3, $\cdots$, $x_{(p-1)}$，则该回归模型可表示为：

$$y_i = \beta_0 + \beta_1 x_{i1} + \beta_2 x_{i2} + \cdots + \beta_k x_{ik} + \cdots + \beta_{(p-1)} x_{i(p-1)} + \varepsilon_i \tag{13-2}$$

这里 y_i 表示个体 i（$1, 2, \cdots, n$）在因变量 y 中的取值，β_0 为截距的总体系数，$\beta_1, \beta_2, \cdots, \beta_{(p-1)}$ 为斜率的总体系数，由于该回归模型包含多个自变量，因此将上式称为多元回归模型。

13.1.4 求解回归模型的普通最小二乘法（OLS）

以上我们对一元回归模型和多元回归模型都做了简单的介绍，接下来的问题就是如何估计回归方程中的截距系数 β_0 和斜率系数 β_1 呢？

在这里，我们通常使用普通最小二乘法（Ordinary Least Square，OLS）。该方法的基本思路是构造合适的截距系数和斜率系数，使得所有预测值和观测值之差（即残差）的平方和最小。

在 ArcMap 中进行 OLS 分析时，计算机已经将程序设定好了，我们只需要填入基础数据信息就可以进行计算，提高了工作效率和工作量。分析结果包含两部分，分别是"OLS 诊断表"和"OLS 结果汇总表"。

1. OLS 诊断表

该表用一系列指标反映了所构建的回归模型的质量，可以帮助识别和修复模型存在的问题（图 13-1）。对这些指标的含义简单解释如下：

OLS诊断			
输入要素：	楼盘	因变量：	房价
观测值个数：	911	阿凯克信息准则(AICc) [d]：	16537.009053
R 平方的倍数 [d]：	0.426705	校正 R 平方 [d]：	0.424174
联合 F 统计量 [e]：	168.584581	Prob(>F), (4,906)自由度：	0.000000*
联合卡方统计量 [e]：	491.942829	Prob(>卡方), (4)自由度：	0.000000*
Koenker（BP)统计量 [f]：	60.236498	Prob(>卡方), (4)自由度：	0.000000*
Jarque-Bera 统计量 [g]：	17.195936	Prob(>卡方), (2)自由度：	0.000184*

图13-1 OLS诊断

➡ R 平方的倍数（即 R^2）：决定系数或拟合优度，用于评价模型的拟合程度。值的可能范围为 0.0~1.0，越接近 1，模型拟合程度越好，相反地越接近 0，拟合程度越差。假设正在创建一个入室盗窃数据的回归模型，如果"R 平方的倍数"的值为 0.39，则表示该模型可解释因变量盗窃事件中大约 39% 的变化。

➡ 校正的 R 平方值（即校正 R^2）：其计算将按自由度对 R^2 进行正规化。这具有对模型中变量数进行补偿的效果，因此校正的 R2 值通常小于 R^2 值。由于校正 R^2 与数据本身相关，因而更能准确地衡量模型的性能。

➡ 阿凯克信息准则（AICc）：也是可以评价模型拟合程度的指标，AICc 不是一个绝对的拟合测量值，可以使用 AICc 值来比较不同的模型。AICc 值越小，模型拟合度就越好。如果两个模型的 AICc 值之差大于 3，则 AICc 值较小的就可以认为是一个较好的模型。

➡ Koenker（BP）统计量：用于检验自变量在地理空间和数据空间上与因变量是否具有一致性。地理空间的一致性，是指不同空间的自变量所表现的空间进程也呈现出一致性；数据空间的一致性，是指预测值与自变量的关系不会随着自变量数值的变化而变化。该检验的零假设为所检验的模型是稳定的。对于大小为 95% 的置信度，Prob 小于 0.05 表示 Koenker（BP）统计是显著的，即有 95% 以上的概率拒绝零假设，也就是说模型是非稳定的。在统计学上具有显著不稳定的回归模型通常考虑使用地理加权回归（GWR）来分析。

➡ 联合 F 统计量和联合卡方统计量：两个值均用于检验整个模型的统计显著性。"联合 F 统计量"只有在 Koenker（BP）统计量不具有统计显著性时，才可信。如果 Koenker（BP）统计量具有显著性，应参考"联合卡方统计量"来确定整个模型的显著性。这两种检验的零假设均为模型中的自变量不起作用。对于大小为 95% 的置信度，Prob 小于 0.05 表示模型具有统计显著性，可以拒绝零假设，即自变量对因变量有作用。

➡ Jarque-Bera 统计量：用于指示残差（已观测 / 已知的因变量值减去预测 / 估计值）是否呈正态分布。该检验的零假设为残差呈正态分布，因此，如果为这些残差建立直方图，这些残差的分布将与典型钟形曲线或高斯分布相似。当该检验的 p 值（概率）较小（例如对于大小为 95% 的置信度，其值小于 0.05）时，残差未呈正态分布，并指示模型有偏差。

2. OLS 结果汇总表

该表显示了回归模型中各个系数的估计值，以及系数标准差、t 统计等衡量系数估计值优劣的相关指标（图 13-2）。

OLS结果汇总								
变量	系数 [a]	标准差	t 统计量	概率 [b]	Robust_SE	Robust_t	Robust_Pr [b]	VIF [c]
截距	14414.031	98.324622	146.596362	0.000000*	90.314610	159.598009	0.000000*	------
地铁	485.34210	163.630293	2.966090	0.003104*	161.818797	2.999294	0.002790*	1.023971
小学	2408.2544	203.178960	11.852873	0.000000*	225.677201	10.671235	0.000000*	1.028763
河湖	1842.3139	154.886273	11.894624	0.000000*	167.452118	11.002034	0.000000*	1.007704
商圈	2987.5764	185.713077	16.087055	0.000000*	216.005471	13.831022	0.000000*	1.043784

图13-2　OLS结果汇总表

- 系数：每个自变量的系数既反映它与因变量之间的关系强度，也反映它与因变量之间的关系类型。当与系数关联的符号为负时，该系数与因变量负相关；当与系数关联的符号为正时，该系数与因变量为正相关。系数的单位与其关联的自变量的单位相同。系数反映了所有其他自变量保持不变时，关联的自变量的每单位变化导致其因变量发生的预期变化量。

- t 统计量和概率：反映了系数是否可靠，较大的 t 统计量和较小的概率代表可以接受该系数，具有统计学上的显著性。具有明显统计显著性的概率，其旁边会带有一个星号 (*)。

- 稳健 Robust_t 和 Robust_pr：如果 Koenker 检验具有统计显著性，则应使用 Robust_t 和稳健概率 Robust_pr 来评估自变量的系数的统计显著性。对于具有明显统计显著性的概率，其旁边带有一个星号 (*)。图13-2 中所有变量都具有统计学上的显著性。

- 方差膨胀因子 (VIF)：VIF 用于测量自变量中的冗余。一般来说，与大于 7.5 的 VIF 值关联的自变量应逐一从回归模型中移除。

13.2　基于线性回归分析的房价影响因素解析

13.2.1　实验简介

本节通过实验示例如何利用线性回归分析解析一个或多个解释变量对因变量的影响程度。实验将某虚拟地区的房价作为因变量，将重点小学、商圈、地铁、河湖等周边因素作为解释变量，确定各个解释变量与因变量之间的变化关系，并对实验结果进行解读。

打开随书数据【chp13\ 练习数据 \ 线性回归分析数据准备 \ 回归分析 .mxd】可以看到实验数据的基本内容，如图 13-3 所示（注：实验数据为虚拟数据，仅用于示例）。

其中，点要素类【楼盘】中的【房价】属性是回归分析的因变量，【楼盘】要素类中的每个点代表一个楼盘或居住小区，每一个点都是一个观测样本点。

重点小学、商圈、地铁、河湖是模型中房价的空间影响要素，其中重点小学、地铁以点要素表示，商圈、河湖以面要素进行表示。

要进行回归分析，需要将房价的空间影响要素转换成具体的数值，一般可以用离空间要素的距离来表达。如此，最终的解释变量实际上是观测样本点离河湖的距离、离重点小学的距离、离地铁站的距离、离商圈的距离等。

但是距离对房价的影响往往是非线性的，建模分析过程会非常复杂。以重点小学为例，它对房价的影响存在一个学区门槛。学区门槛内的属于学区房，房价直接高出一个梯度；门槛外的，即使近邻学区，房价也不受影响。

因此，本实验采用更加简单直接的二分类方法，通过一系列距离门槛值将空间影响要素转换成 1/0 二值。位于距离门槛内的赋予值 1，门槛外的赋予值 0，分别代表学区房 / 非学区房、河湖景房 / 非河湖景房、地铁房 / 非

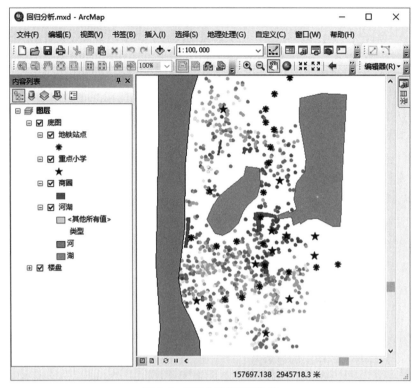

图13-3　回归分析的基础数据

地铁房、商圈房/非商圈房。统计学中将其称为虚拟变量、名义变量或哑变量。根据常识和经验，本实验将各空间影响因素的距离门槛分别设定如下：

【地铁站点】的距离门槛：500米；

【重点小学】的距离门槛：500米；

【河湖】的距离门槛：800米；

【商圈】的距离门槛：500米。

据此，本实验大致分为以下几个步骤：

➤ 准备分析数据，根据门槛距离将房价的空间影响因素转换成0/1解释变量。

➤ 利用ArcMap提供的【普通最小二乘法】工具，开展线性回归建模。

➤ 解读得到的线性回归模型。

13.2.2　准备分析数据

本实验的基础数据分散在多个要素类中，这在ArcMap中是无法开展回归分析的。我们必须把因变量、自变量的数据都合并到一个要素类中，每一个变量都是一列独立的数据，即要素的一个属性。

为此，本实验将把所有自变量转译成0/1变量，并合并到因变量要素类【楼盘】中。准备好的分析数据如图13-4所示，这是【楼盘】点要素类的属性表，其中的每个楼盘点都是一个观测点，拥有因变量【房价】和处理好的自变量【地铁】、【小学】、【河湖】、【商圈】。

具体操作步骤如下：

☞ 步骤1：启动ArcMap，加载随书数据【chp13\练习数据\线性回归分析数据准备\回归分析.mxd】。

☞ 步骤2：近邻分析，求得各楼盘到地铁站点的距离。

◆ 在【目录】中浏览到【工具箱】→【系统工具箱】→【Analysis Tools.tbx】→【领域分析】→【近邻分析】，

图13-4　准备好的分析数据

双击打开【近邻分析】窗口。

➥ 设置输入要素为【楼盘】，邻近要素选择【底图】→【地铁站点】，默认其他设置，点击【确定】（图 13-5）。

➥ 打开【楼盘】属性表，可以发现在属性表里新增了【NEAR_DIST】字段，此时的【NEAR_DIST】值就是离各楼盘最近的地铁站的距离。

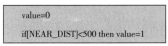

图13-5　近邻分析

☞ **步骤 3**：计算解释变量【地铁】。

➥ 打开【楼盘】属性表，新增【短整型】字段【地铁】，该字段代表是否为地铁房。

➥ 右键点击【地铁】字段，选择【字段计算器】。在弹出的【字段计算器】对话框中，设置如下：

　➥ 勾选【显示代码块】选项。

　➥ 在【预逻辑脚本代码】栏输入：

```
value=0
if[NEAR_DIST]<500 then value=1
```

　➥ 在【地铁＝】栏输入【value】。这意味着，离地铁站点 500 米距离内的楼盘要素点，其【地铁】字段的值为 1，否则为 0。

☞ **步骤 4**：类似地，为【楼盘】要素类新增【短整型】字段【小学】、【河湖】、【商圈】，分别计算近临距离，并对小学按 500、河湖按 800、商圈按 500 米的门槛值计算出最终的解释变量的值，如图 13-4 所示。

至此，我们就完成了回归分析所需要的基础数据的准备。

13.2.3 基于 OLS 的线性回归分析

紧接上一步骤或打开随书数据【chp13\ 练习数据 \ 线性回归分析 \ 回归分析 .mxd 】。

☞ **步骤 1**：添加唯一 ID 字段。

由于 ArcMap 的【普通最小二乘法】工具需要输入要素拥有唯一 ID 字段，同时该字段不能为系统内部字段【OBJECTID】。所以需要读者为【楼盘】要素新增【长整型】字段【ID】，并通过【字段计算器】工具，让【ID】的值等于【OBJECTID】。

☞ **步骤 2**：求解回归模型。

- ➡ 在【目录】面板中，点击【系统工具箱】→【Spatial Statistics Tools.tbx】→【空间关系建模】→【普通最小二乘法】，弹出【普通最小二乘法】对话框（图 13-6）。
  - ↳ 设置【输入要素类】为【楼盘】。
  - ↳ 设置【唯一 ID 字段】为【ID】。
  - ↳ 设置【输出要素类】为【chp13\ 练习数据 \ 线性回归分析 \ 房价分析 .gdb\ 分析数据 \OLS】
  - ↳ 设置【因变量】为【房价】，【解释变量】为【小学】、【地铁】、【商圈】、【河湖】。
  - ↳ 设置【输出报表文件】为【chp13\ 练习数据 \ 线性回归分析 \OLS.pdf】（当提供输出报表文件的路径时，生成诊断报表 PDF 文件，其中包含摘要报表中的所有信息以及附加图表，可帮助对模型进行评估）。
  - ↳ 点【确定】。分析完成后会把输出要素类【OLS】加载到地图中（图 13-7），这是 OLS 分析的标准残差（StdResid）分布图。

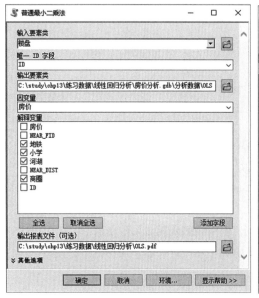

图13-6 普通最小二乘法

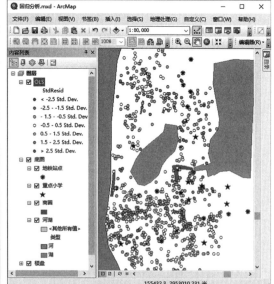

图13-7 普通最小二乘法结果

13.2.4 线性回归分析结果解读

在前述分析成果的基础上，对 OLS 分析的结果进行如下解读：

☞ **步骤 1**：查看 OLS 诊断表。

➔ 在 ArcMap 主菜单中，点击【地理处理】→【结果】，弹出【结果】对话框（图13-8）。它集中显示了对本地图文档所作的所有操作的结果。

➔ 展开【当前会话 \ 普通最小二乘法 \ 消息】，其下列出了一系列关键信息，请重点看【OLS 诊断】部分的数据。

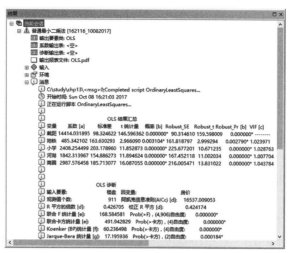

图13-8　结果对话框

➔ 首先来看校正 R 平方，它在 0.0 ~ 1.0 范围内变化，值越大代表拟合效果越好。此处该值为 0.424174，拟合效果尚可。

➔ 同时来看 Koenker（BP）统计量，Prob（概率）远小于 0.01，表示 Koenker（BP）统计量具有统计显著性，这是一个很重要的前提。表示模型有极大概率具有不稳定性。

➔ 由于 Koenker(BP) 统计量具有显著性，应该通过联合卡方统计量来确定模型的显著性，而不是联合 F 统计量。从报表中可以看出联合卡方统计量值较高，Prob 远小于 0.01，表明我们所做的回归模型具有统计显著性。

通过上述分析可以得出，此回归模型是具有统计显著性的，拟合效果尚可，但属于非稳定的回归模型，这种情况下很适合作地理加权回归分析对模型进行优化或重新选择。

☞ **步骤 2**：查看 OLS 结果汇总表。它也在【结果】对话框中，位于【OLS 结果汇总】部分。

➔ 首先来看【系数】列，它列出了截距和各自变量的系数，据此得到回归模型如下：

$$y=14414.0+485.3x_{地铁}+2408.3x_{小学}+1842.3x_{河湖}+2987.6x_{商圈} \qquad (13-3)$$

➔ 由于 Koenker（BP）统计量具有显著性，则应使用稳健概率 Robust_Pr 来评判自变量的统计学显著性。报表显示所有自变量都具有统计学显著性。数字旁的星号表示在统计学上具有显著性。

➔ 最后来看方差膨胀因子（VIF），所有自变量的 VIF 都远小于 7.5，意味着这些变量不存在冗余，没有明显的多重共线性。

至此，该模型可以解读为，该区域的房价起步大约为 14414 元。如果是学区房，房价提升 2408.3 元；如果是河湖景房，房价提升 1842.3 元；如果是商圈房，房价提升 2987.6 元；如果是地铁房，房价提升 485.3 元。可见商圈对房价的影响最大，其次是学区和河湖，地铁对房价的影响不大。

☞ **步骤 3**：残差分析。

➔ 查看【结果】对话框中的 Jarque-Bera 统计量。该指标用于指示残差（已观测 / 已知的因变量值减去预测 / 估计值）是否呈正态分布。当构建了正确的模型时，偏高预计值和偏低预计值将反映为随机噪声，并且绝大多数的残差将围绕 0 值对称分布。报表显示 Jarque-Bera 统计量具有统计学显著性，表明残差未呈正态分布，模型有偏差。

➡ 打开输出的报表文件【chp13\ 练习数据 \OLS \OLS 报表 .pdf】，浏览到标准残差直方图（图 13-9），理想情况下标准残差的直方图与正态曲线相匹配。正态曲线如图中的曲线所示，是一个钟形曲线。但图中的直方图与正态曲线之间存在一定差异，进一步表明模型是有偏差的，负残差偏多，正残差局部偏高。

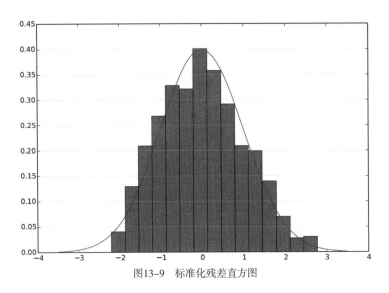

图13-9 标准化残差直方图

➡ 查看分析得到的【OLS】图层（图 13-7），看其标准残差（StdResid）分布情况。残差值大于 0 意味着实际观测值大于模型预测值；残差值小于 0 意味着实际观测值小于模型预测值。若这两种数据点间隔均匀地离散分布于某一区域中时，则意味着预测值在该区域内始终在实际值的上下波动，则预测值可信度较高；反之，若同一类残差值在某一区域呈现聚集，说明回归分析在该区域的预测值存在偏差。从图 13-7 中可以看到大部分区域的残差分布比较理想，但还是有少数区域存在残差高高集聚或低低集聚的情况。打开【OLS】图层的属性表（图 13-10），可以看到详细的预测值【Estimated】和残差数值【Residual】。

	OBJECTI	Shape	ID	房价	地铁	小学	河湖	商圈	Estimated	Residual	StdResid
▶	1	点	4	18275	0	1	1	0	18664.600361	-389.600361	-.184824
	2	点	5	15384	0	0	0	0	14414.031895	969.968105	.460148
	3	点	6	15783	0	0	0	1	17401.608353	-1618.608353	-.767859
	4	点	7	15000	0	0	0	1	17401.608353	-2401.608353	-1.13931
	5	点	8	15256	1	0	0	0	14899.373997	356.626003	.169181
	6	点	9	17026	0	0	0	0	14414.031895	2611.968105	1.239104
	7	点	10	19549	1	0	1	0	16741.687963	2807.312037	1.331774
	8	点	11	15660	0	0	0	0	14414.031895	1245.968105	.591081
	9	点	12	13865	1	0	0	0	14899.373997	-1034.373997	-.490702
	10	点	14	15261	1	0	0	0	14899.373997	361.626003	.171553
	11	点	15	13140	0	0	0	0	14414.031895	-1274.031895	-.604394

图13-10 OLS图层属性表

➡ 分析残差聚类情况。对【OLS】图层的【StdResid】字段作【空间自相关 (Moran I)】分析（参见第 12 章 12.2.2 全局 Moran's I 统计）。其结果如图 13-11 所示，存在比较明显的空间聚类。

➡ 查找残差异常聚类位置，分析成因。对【OLS】图层的【StdResid】字段作【聚类和异常值分析 (Anselin Local Moran I)】分析（参见第 12 章 12.2.4 聚类和异常值分析 Anselin Local Moran's I）。其结果如图 13-12 所示，其中黑色圆点代表高高集聚，黑色三角代表低低集聚，意味着这些区域可能漏掉了重要的解释变量。

残差分析表明所构建的模型存在一定偏差，需要进行修正，例如增加解释变量。需要特别关注标准残差集聚的区域，分析这些区域的房价影响因素，检查是否漏掉了关键解释变量。

随书数据【chp13\ 练习结果示例 \ 线性回归分析 \ 回归分析 .mxd】示例了该实验的完整结果。

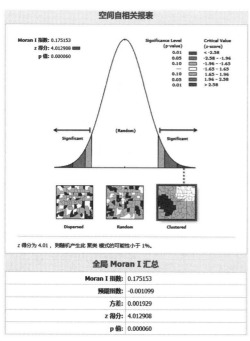

图13-11 全局Moran's I分析

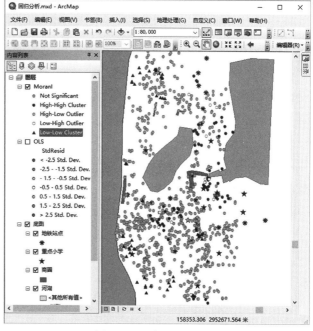

图13-12 局部Moran's I分析

13.3 空间回归分析原理

13.3.1 GWR 出现的背景

在上述线性回归分析的过程中由于全局性回归分析在分析过程中默认各区域的同质性，忽略了各区域之间差异，因而分析所得的结论往往不能适用于区域内的所有分析单元。主要问题如下：

1.空间非平稳性

随着地理位置的变化，变量间的关系或者结构会发生变化，这种因地理位置的变化而引起的变量间关系或结构的变化称为空间非平稳性。这种空间非平稳性普遍存在于空间数据中，例如，不同地点由于其自身地理、经济、社会等多方面变量因素的不同，对回归分析计算方式有不同要求。然而在全局性回归分析中对所有地点应用同一种计算方式，显然会造成回归分析结果的偏差。

2.分析方法的同质性

另一个导致全局性回归分析方式结果不尽人意的原因，是全局模型（global model）在分析之前就假定了变量间的关系具有同质性（homogeneity），从而掩盖了变量间关系的局部特性，所得结果也只有研究区域内的某种"平均"。

简而言之，全局模型不仅忽略了要素本身的特点所带来的计算方式的变化，还掩盖了变量之间的关系所引起的小区域具有的局部特征，这样导致了普通全局回归分析不可避免的偏差。

这种忽略同质性带来的问题体现在结果上往往是这样的：其分析预测在某些特定地域是符合预测结果的，其可信度甚至可以达到90%以上，而在其他地域其预测结果却往往与实际情况存在很大的偏差，可信度甚至低于10%。这种差别是如此迥异，说明我们用于进行回归分析的计算公式仅仅适用于部分地点的分析预测，而在另外的区域，它们需要更适合自身特点的独特计算方法以提高结果的可信度。

所以，在进一步的发展过程中，人们都在致力于如何根据每个地点的实际情况构建其独特的回归模型，再利用不同的回归模型进行不同区域、地点的分析预测。

13.3.2 GWR 基本原理

为了克服全局线性回归分析在应用过程中所产生的各类问题，在逐步对其进行改造的过程中产生了分区回归法、移动窗口法，以及目前得到最普遍认可的地理加权回归分析法 (GWR)。

1. 分区回归

分区回归就是根据研究区域的某类指标，将区域划分为若干个同质性的区域分别进行回归。简而言之，就是在全局回归的基础上按照每一块区域所具备的不同特点将整个区域划分为若干分区，针对每一块分区的具体特点进行回归分析，这样就在一定程度上改善了全局模型无差别式的回归分析方法，并在一定程度上减弱了由于将全部区域作为一个同质性区域所带来的误差。

然而，由于分区回归是按照所划分的区域进行分区域的内部均质分析，所以这种方式仍存在不可避免的问题：

例如图 13-13 所示是某省根据行政区域划分所呈现相关数据分区回归的具体表述。我们可以看到这种分区将整个区域按照其行政范围划分为 17 个分区，每一个区域体现出的是该区域各地点数据的平均水平。这样带来的问题是在区域与区域的交界处往往会产生断崖式的变动，即两块区域交接处的两侧产生截然不同的结果，这种变动的差值实际代表的是两个区域平均水平的差值。

而在实际状况中这种跳动是不应存在的，实际情况中很多空间关系在相邻区划交界处的变化是缓慢而连续的，整个区域范围内的分析变化应该是平缓过渡的。这说明分区回归在距离各分区中心较远地点的回归分析与其实际情况产生了有悖常理的结果。显然，这样的结果也是不够理想的。

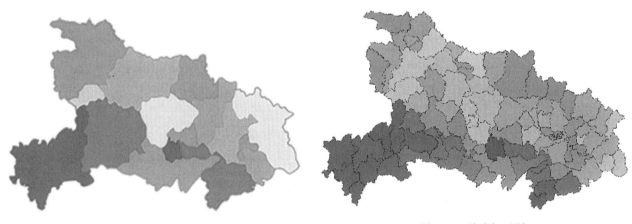

图13-13 分区回归　　　　　　　　　　图13-14 移动窗口回归

2. 移动窗口回归

针对上述分区回归的弊端，学者提出了移动窗口回归的方法：

以同样的数据为例，如图 13-14 所示，移动窗口回归在每一个样本的周边定义一个回归区域，这个区域由窗口的大小和性质决定，以窗口内的样本数据建立回归方程进行参数估计。如此，对于上述分区回归的分区边缘，移动窗口将涵盖相邻分区，回归结果将使得分区交接位置趋于平滑，远离区域中心位置的点的预测分析更加贴近它的真实情况。

虽然移动窗口回归分析的方式在一定程度上避免了在区块交界处的断崖式跳跃变化，但是依然无法完全避免相邻回归点上参数估计的跳变问题，即在整个研究区域内参数估计值的曲面依然不是连续光滑的。

因此，移动窗口回归并不能完全确定每一个位置所对应的计算方式来进行预测，其实质只是分区回归的进一步加强。因而，解决问题的关键就在于如何综合统筹考虑周边因素的影响，为每一个位置点选取仅适合于自身的回归计算方式。这样，回归计算的结果才能在整体范围内呈现平滑渐进的预测结果。

3. 地理加权回归

针对以上方法的不足，A. Stewart Fotheringham 教授在 1996 年提出了地理加权回归模型（Geographically Weighted Regression, GWR）。他将数据的空间属性嵌入到回归参数中，其中"权"是回归点所在的地理位置到其他观测点的地理空间位置之间的距离函数。

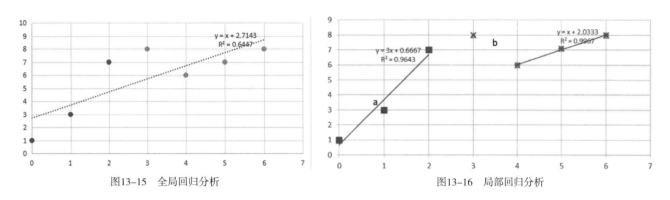

图13-15　全局回归分析　　　　　　　　　　　　图13-16　局部回归分析

下面我们来介绍一下从全局回归到局部回归，再到地理加权回归在处理方式上的演进过程。

全局回归分析：如图 13-15 所示，坐标系所描述的 7 个点代表一组数据，我们可以通过全局回归的方式处理得到这组数据的回归线，得到 R^2 的值为 0.6447（R^2 的值越接近 1 说明其与实际吻合度越高）。

局部回归分析：以相同的数据为例，将数据划分为前后两个阶段分别进行回归分析（图 13-16），得到 a、b 两条回归线，可以看到 a 曲线的 R^2 的值达到了 0.9643，比全局回归方式得到的吻合度高出 1/2；同样地，b 曲线的 R^2 也高达 0.9967。

地理加权回归分析：它继承了局部回归分析的基础思路，即区域范围内的点不应该无差异地应用同一种运算方式，每一个位置都应应用与其相适应的独特算法进行回归分析。因此，地理加权回归中引入了"权"的概念。

首先，根据至各影响要素位置的空间距离的不同计算出一个随距离的增大其受影响程度逐渐减小的一个衰减函数，例如房价距离商圈越远则受其影响程度越小（图 13-17）。

然后，分别将各个地理位置的值代入衰减函数，分别计算出它们在每一个位置的局部回归方程中所应加入的权重，得到最终的回归方程。这样就可以保证在全局范围内，每一个位置点都有与其相对应的回归分析方程。

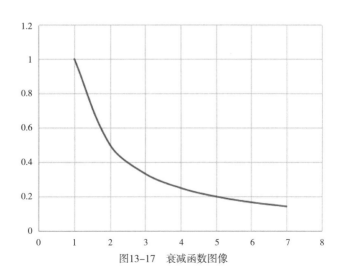

图13-17　衰减函数图像

地理加权回归（GWR）扩展了传统的回归框架，容许局部而不是全局的参数估计，扩展后模型的参数是位置 i 的函数，扩展后的模型如下：

$$y_i=\beta_0\,(u_i,\ v_i)+\sum_k \beta_k\,(u_i,\ v_i)\,X_{ik}+\varepsilon_i \qquad i=1,\ 2,\ \cdots,\ n \qquad\qquad （13-4）$$

其中 $(u_i,\ v_i)$ 是第 i 个数据点的空间坐标，$\beta_k\,(u_i,\ v_i)$ 是连续函数 $\beta_k\,(u,\ v)$ 在 i 点的值。如果 $\beta_k\,(u,\ v)$ 在空间保持不变，则 GWR 模型就变为全局模型。简言之，这里的 $\beta_k\,(u_i,\ v_i)$ 就是我们通过数据点相对于回归点的地理位置所确定的权重，也就是我们上面所述根据衰减函数所计算出来的相应数据点的权重。因此 GWR 方程认可空间变化关系可能是存在的，并且提供了一种可度量的方法。

由此可知，GWR 模型中的参数在每个回归点是不同的，就不能用最小二乘法（OLS）估计参数。Fotheringham、Brunsdon、Charlton（1996 年）依据"接近位置 i 的观察数据比那些离位置远一些的数据对 $\beta_k\,(u,v)$ 的估计有更多的影响"的思想，利用加权最小二乘法来估计参数。因此，其结果是区域性的，并非全域性的参数估计，从而能够探测到空间数据的空间非平稳性。

13.3.3 空间权函数的选择

通过以上介绍我们可以知道地理加权回归是在全局回归的基础上为每一个数据点确定一定的权重使回归分析的误差值减小，因此加权回归分析的关键就在于权重的确定，而这一确定方式利用的是空间权函数，也就是我们上面所述的衰减函数。下面介绍常用的几种空间权函数。

1. 距离阈值法

距离阈值法是最简单的权函数选取方法，它的关键是选取合适的距离阈值 D，然后将数据点 j 与回归点 i 之间的距离 d_{ij} 与其比较，若大于该阈值则权重为 0，否则为 1。

$$W_{ij}=\begin{cases}1 & d_{ij}\leqslant D\\ 0 & d_{ij}>D\end{cases} \qquad\qquad （13-5）$$

简言之，距离阈值法通过距离判定的方式排除距离回归点过远的数据点排除，从而排除它引起回归分析误差过大的情况。然而，距离阈值法只是简单地将各数据点的权重一分为二，其适应性具有一定的限制。

2. 距离反比法

距离反比法简单来说就是利用数据点与回归点的距离的倒数或其 α 次方的倒数作为权重，以此来表达距离越远的数据点其对回归点的影响程度越小。距离反比法的具体表达式如下：

$$W_{ij}=1/d_{ij}^{\alpha} \qquad\qquad （13-6）$$

这里的 α 为合适的常数，当 α 取值为 1 或 2 时，对应的是距离倒数和距离倒数的平方。这种方法简洁明了，但对于回归点本身也是样本数据点的情况，就会出现回归点观测值权重无穷大的情况，而若要从样本数据中剔除又会大大降低参数估计精度。所以距离反比法在地理加权回归模型参数估计中也不宜直接采用，需要对其进行修正。

3. Gauss 函数法

Gauss 函数法即利用高斯函数，它也是以数据点与回归点的距离为自变量，数据点的权重为因变量，其分布规律按照 Gauss 函数的正态分布规律，其因变量 W_{ij}（数据点权重）最大为值 1，最小值无限接近于 0。

$$W_{ij}=\exp\,(-(d_{ij}/\,b)^2) \qquad\qquad （13-7）$$

该公式中，b 是带宽，也就是我们选择的囊括数据的窗口大小，d_{ij} 为回归点 i 和数据点 j 的距离，W_{ij} 即为我们所获取的数据点的权重。我们可以对比带宽为 b_2 和带宽为 b_1 的两种情况下其 Gauss 曲线的区别（其中 $b_2>b_1$）。其函数图像如图 13-18 所示。显然更大的带宽有更大的数据窗口，权重衰减函数也会更平缓。

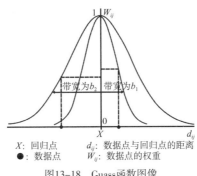

图13-18　Guass函数图像

4. 截尾型函数法

截尾型函数法是在 Gauss 函数法的基础上进一步演变的一种权重确定方法。它将距离阈值法和 Gauss 函数法进行一定程度的融合，首先判定超过带宽范围的数据点的权重为 0，然后按照 bi-square 类 Gauss 函数确定距离范围之内各数据点的权重。它的表达式如下：

$$W_{ij}=\begin{cases} [1-(d_{ij}/b)^2]^2 & d_{ij}\leqslant b \\ 0 & d_{ij}\leqslant b \end{cases} \qquad (13-8)$$

在这一函数中 b 是带宽，d_{ij} 为回归点 i 和数据点 j 的距离，W_{ij} 即为我们所获取的数据点的权重。当某一数据点 d_{ij} 大于带宽 b 时，算法默认该数据点距离回归点过远，对回归点的影响过小，默认其权重为 0。

截尾型函数相对于 Guass 函数的进步之处在于，它直接排除了超出一定临界范围，对回归分析结果没有实际意义的离散数据点。这样做一方面可以减少函数运算量，另一方面也在一定程度上提高了回归分析的可信度。其函数图像如图 13-19 所示。

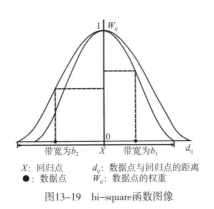

图13-19　bi-square函数图像

13.3.4　权函数带宽的优化

在实际应用，地理加权回归分析对 Gauss 函数和 bi-square 函数的选择并不是很敏感，但是对特定权函数的带宽却很敏感。带宽过大回归参数估计的偏差过大，带宽过小又会导致回归参数估计的方差过大。于是，如何对带宽进行优化并选择可信度最高的带宽进行运算就成了进行地理加权回归分析的关键。

1. 交叉验证法（CV）

所谓交叉验证（Cross-Validation），其实质就是将数据点划分为一定数量的随机分组，利用不同的带宽分别代入各随机分组，然后计算出所有分组得到回归分析结果的优劣。进行完这一步比较后，再次对数据点进行重新分组，以同样的方式进行比较。在进行多次比较后，得到比较过程中优选率最高的带宽，即为最优带宽。

2.AIC 准则

AIC 准则即赤池信息量准则（Akaike Information Criterion），是衡量统计模型拟合优良性的一种标准，是由日本统计学家赤池弘次创立和发展的。赤池信息量准则建立在熵的概念基础上，可以权衡所估计模型的复杂度和此模型拟合数据的优良性。使 AIC 值最小的地理加权回归所对应的带宽即是最优带宽。

3. 自定义带宽

以上两种方法确定最优带宽，其评价体系往往都是基于使模型的拟合效果最佳。但是我们在某些地理加权回归分析中，所考虑的判定参数并不仅仅只有拟合效果一个。在实际操作的过程中我们往往要考虑模型的稳态、方差、残差等一系列问题以选择最贴近实际状况的回归分析。

因此在实际状况中，我们往往先通过 CV 法或 AIC 法锁定最优带宽的大致范围，继而通过研究各不同带宽所对应的各项评估结果，综合选定自定义带宽的回归分析模型。这也是规划师针对具体问题分析统筹、综合评定的具体体现。

13.3.5 GWR 结果数据介绍

在 ArcGIS 中进行地理加权回归分析，其结果主要为结果报表和结果图层。

1. 结果报表

结果报表中的内容如图 13-20 所示。

图13-20 GWR分析结果

- ◆ Bandwidth：是指用于各个局部估计的带宽或相邻点数目，并且可能是"地理加权回归"的最重要参数。它控制模型中的平滑程度。如果采用 Akaike 信息准则（AICc）或交叉验证（CV），Bandwidth 是自动求得的，并用于模型参数估计的最佳带宽。

如果是用户自行设定的带宽值，该参数显示的就是用户设定值。带宽接近无穷大时，每个观测值的地理权重都将接近 1，系数估计值与全局 OLS 模型的相应值将非常接近。对于较大的带宽，局部系数估计值将具有较小的方差，但偏差将非常大。相反，带宽接近零时，每个观测值的地理权重都将接近零（回归点本身除外），局部系数估计值将具有较大方差，但偏差较低。

- ◆ ResidualSquares：指模型中的残差平方和（残差为因变量观测值与 GWR 模型所返回的估计值之间的差值）。此测量值越小，GWR 模型越拟合观测数据。

- ◆ EffectiveNumber：系数的有效数量，与带宽的选择有关。该有效数量用于计算多个诊断测量值。

- ◆ Sigma：此值为正规化剩余平方和（剩余平方和除以残差的有效自由度）的平方根。它是残差的估计标准差。此统计值越小越好。Sigma 用于 AICc 计算。

- ◆ AICc：这是模型性能的一种度量，有助于比较不同的回归模型。与 OLS 分析结果中的"阿凯克信息准则（AICc）"相同。如果两个模型的 AICc 值相差大于 3，具有较低 AICc 值的模型将被视为更佳的模型。将 GWR AICc 值与 OLS AICc 值进行比较是评估从全局模型（OLS）移动到局部回归模型（GWR）的优势的一种方法。

- ◆ R2 和 R2Adjusted：拟合度的一种度量。与 OLS 分析结果中的"R 平方的倍数"、校正的 R 平方值相同，不再赘述。

2. 结果图层

GWR 分析完成后还会生成一个结果图层，并被自动加载到地图之中（图 13-21）。这是 GWR 分析的标准残差（StdResid）分布图，用于评估模型的效果，判断是否存在残差集聚的问题区域。

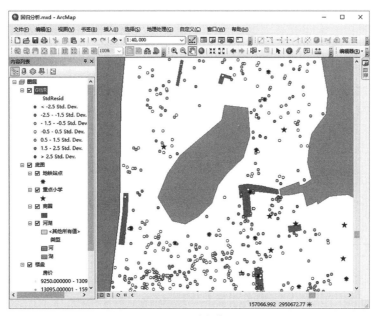

图13-21　GWR分析结果图层

实际上，更为重要的信息存放在 GWR 分析结果图层的属性表中（图 13-22）。其中存放了各个回归点的截距、自变量的系数。这就是各个回归点的 GWR 回归模型，通过符号化能够可视化显示这些参数，以便深入分析。此外还有反映各回归点回归模型效果的指标，如 LocalR2、各系数的标准误差、标准残差等。

OBJECTI	Shap	已观测	房	条件数	Local R2	已预测	系数截距	系数 #1 地铁	系数 #2 小学	残差	标准误差	标准误差截距	标准误差系数 #1 地铁	标准误差系数 #2 小学	标准残差
1	点	18275		2.8341	.400437	18719.	14544.419846	675.663132	2451.778262	-444.905	1938.31714	120.524433	188.485454	238.126089	-.229532
2	点	15384		2.7155	.514665	14593.	14593.617381	77.803093	2628.884911	790.3826	1978.95277	107.005451	168.095699	218.820811	.399394
3	点	15783		2.7359	.316252	16962.	14456.387813	1376.608573	1992.322349	-1179.00	1958.16612	162.495148	243.996935	307.329583	-.602095
4	点	15000		2.7883	.350977	17030.	14569.058338	1135.022912	2033.512177	-2030.86	1959.97794	160.116468	252.754716	283.294345	-1.036166
5	点	15256		2.9845	.413873	15453.	14776.294178	677.212301	2175.417027	-197.506	1950.69632	158.384368	250.106167	272.514614	-.101249
6	点	17026		2.4270	.406327	14356.	14356.488202	358.815688	2468.734076	2669.511	1978.94634	111.422682	196.122662	239.8894	1.348956
7	点	19549		2.6634	.462194	16421.	14571.17504	228.504332	2540.910646	3127.828	1967.08129	111.217283	171.535863	217.329993	1.590086
8	点	15660		2.3246	.400143	14328.	14328.852016	317.22066	2471.354412	1331.147	1975.73710	126.534736	201.028847	275.492556	.673748
9	点	13865		2.5279	.446032	14703.	14433.410896	270.011144	2513.962208	-838.422	1973.89359	107.187496	176.925671	226.087588	-.424755
10	点	15261		2.4808	.416502	14733.	14395.863455	337.825701	2463.757386	527.3108	1972.68691	108.321027	181.420324	231.268015	.267306
11	点	13140		2.5674	.505742	14444.	14444.500712	134.817413	2608.908404	-1304.50	1978.82459	111.086363	181.726291	231.868943	-.65923

图13-22　GWR分析结果图层属性表

13.4　基于空间回归分析的房价影响因素解析

本次实验采用地理加权回归分析方法，再次对房价影响因素进行解析，本次实验数据与本章前一实验完全相同，依然将房价作为因变量，将地铁、重点小学、商圈、河湖四个要素作为解释变量对房价进行分析。

其实验步骤如下：

➤ 准备分析数据，根据门槛距离将房价的空间影响因素转换成 0/1 解释变量。由于与前述线性回归分析的数据准备工作完全相同，此处略过具体操作，直接采用线性回归分析准备好的数据。

➤ 利用 ArcMap 提供的【地理加权回归】工具，开展空间回归建模。

　　➢ 残差分析和模型校正，找出漏掉的房价影响因子。

　　➢ 解读得到的回归模型。

13.4.1　地理加权回归

☞ **步骤1：准备分析数据。**

　　本步骤需要根据门槛距离将房价的空间影响因素转换成 0/1 虚拟变量，位于门槛距离内的赋予值 1，门槛外的赋予值 0，分别代表学区房 / 非学区房、河湖景房 / 非河湖景房、地铁房 / 非地铁房、商圈房 / 非商圈房（具体操作与本章 13.2.2 线性回归的数据准备工作完全相同，不再赘述，直接使用前述分析数据准备成果）。

　　需要说明的是，GWR 建议尽量不要使用虚拟变量，这是出于潜在的严重多重共线性的考虑。但本实验为了降低实验复杂程度，自变量均使用了虚拟变量。由于在前述 OLS 分析中，这些自变量通过了方差膨胀因子（VIF）检验，证明它们之间没有明显的多重共线性。因此，本次 GWR 分析使用虚拟变量也是可行的。

☞ **步骤2：地理加权回归**

　　➥ 打开准备好的分析数据【chp13\ 练习数据 \ 地理加权回归分析 \ 回归分析 .mxd】。

　　➥ 在【目录】中浏览到【工具箱】→【系统工具箱】→【Spatial Statistics Tools】→【空间关系建模】→【地理加权回归】，双击弹出【地理加权回归】对话框（图 13-23）。

图13-23　地理加权回归（GWR）

　　➥ 设置【输入要素】为【楼盘】,【因变量】为【房价】,【解释变量】为【重点小学】【地铁】【商圈】【河湖】。

　　➥ 设置【输出要素类】为【chp13\ 练习数据 \ 地理加权回归分析 \ 房价分析 .gdb\ 分析数据 \GWR 】。

　　➥ 设置【核类型】为【FIXED】。

　　➥ 设置【带宽方法】为【BANDWIDTH-PARAMETER】，设置【距离分析】为 3500（此处还可以选择另两种带宽自动确定方法，即 AICc、CV）（图 13-24）。如此设置意味着我们设置了 3500 米的固定带宽。这是反复对比系列典型带宽的分析结果所得到的最优带宽。本实验中带宽选择的原则是：针对每个回归点，尽量使其所有观测点的各自变量中都有 1 值。例如对于离地铁较远的回归点，选择一个较大的带宽，使其观测点中有一些是地铁房，因为如果其观测点都是非地铁房，那么求得的地铁解释变量的系数肯定是不可信的。

图13-24 带宽方法选择

➡ 点击【确定】开始运算。运算结果如图13-25所示，这是 GWR 分析的标准残差（StdResid）分布图。

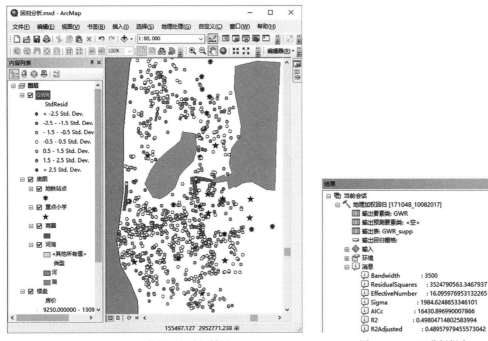

图13-25 地理加权回归分析结果　　　　　图13-26 GWR分析报表

☞ **步骤 3**：查看回归结果。

➡ 打开【结果】对话框，还可以看到分析报表（图13-26）。其中【R2Adjusted】为0.489，比 OLS 分析的【R2Adjusted】高了0.07；【AICc】为16431，比 OLS 分析的 AICc 低了106，说明 GWR 构建的回归模型明显优于 OLS。

➡ 打开输出的【GWR】图层的属性表，可以看到各个回归点的关键回归参数（图13-27）。其中：

↪ 【已观测 房价】是回归点房价的观测值。

↪ 【条件数】用于指明由于局部多重共线性而出现的不稳定性程度。一般来说，如果要素的条件数大于30、小于零或等于"空"，则结果是不可靠的。本案例的【条件数】均在3.3以下，说明未出现明显的局部多重共线性。

↪ 【LocalR2】是各回归点的回归方程的拟合优度，每个回归点都有自己的回归方程。本案例的【LocalR2】在0.2~0.6之间，拟合效果较好。

↪ 【已预测】是根据各回归点的回归方程预测出的因变量数值。

↪ 【系数截距】是各回归点的回归方程的截距系数。

↪ 【系数 #1 地铁】是第一个自变量【地铁】的系数，代表地铁要素的加入对于因变量房价的贡献值，如果此值高于其余自变量的系数说明它是该地区房价的主导因素，其余类似。

↪ 【残差】是【已观测 房价】和【已预测】之间的差值。

↪ 【标准误差】是回归点的所有观测点的样本平均数的标准差。

↪ 【标准误差 截距】是回归方程中截距系数的标准误差。

→【标准误差系数 #1 地铁】是回归方程中第一个自变量【地铁】的系数的标准误差，用于衡量系数估计值的可靠性。标准误差与系数对比值相比较小时，这些系数的估计值的可信度会更高。较大标准误差表示可能存在局部多重共线性问题。其余类似。

→【标准残差】是残差的标准方差。图 13-25 显示的就是标准残差分布。

OBJECTI	Shap	己观测	房	条件数	Local R2	己预测	系数截距	系数 #1 地铁	系数 #2 小学	系数 #3 河潮	系数 #4 商圈	残差	标
1	点	18275	2.8341	.400437	18719.	14544.419846	675.663132	2451.778262	1723.70711	2724.082793	-444.905	1938
2	点	15384	2.7155	.514665	14593.	14593.617381	77.803093	2628.884911	2030.228592	3028.75904	790.3826	1978
3	点	15783	2.7359	.316252	16962.	14456.387813	1376.608573	1992.322349	1631.900007	2505.613563	-1179.00	1958
4	点	15000	2.7883	.350977	17030.	14569.058338	1135.022912	2033.512177	2074.422129	2461.803603	-2030.86	1959
5	点	15256	2.9845	.413873	15453.	14776.294178	677.212301	2175.417307	2514.878055	2451.607528	-197.506	1950
6	点	17026	2.4270	.406327	14356.	14356.488202	358.815688	2468.734076	1563.052381	2964.79545	2669.511	1978
7	点	19549	2.6634	.462194	16421.	14571.17504	228.504332	2540.910646	1621.492239	3031.656957	3127.828	1967
8	点	15660	2.3246	.400143	14328.	14328.852016	317.22066	2471.354412	1832.216401	2923.731146	1331.147	1975
9	点	13865	2.5279	.446032	14703.	14433.410896	270.011144	2513.962208	1669.304819	3026.073623	-838.422	1974
10	点	15261	2.4808	.416502	14733.	14395.863455	337.825701	2463.757386	1536.519792	2996.327388	527.3108	1972
11	点	13140	2.5674	.505742	14444.	14444.500712	134.817413	2608.908404	2211.596444	3022.785564	-1304.50	1978
12	点	19694	2.6871	.304848	16043.	14580.209935	1463.430775	1687.050506	2055.578162	2301.05983	3650.359	1932
13	点	20259	2.7202	.217862	15964.	14602.211241	1261.484222	1754.719029	2124.807442	2314.894264	4294.204	1926

图13-27   GWR图层的属性表

13.4.2   残差分析和模型校正

从地理加权回归分析得到的残差分布图（图 13-25）中可以看出，有些区域存在比较明显的高高集聚或低低集聚。而理想的结果应该是残差在空间上随机分布，高残差或低残差在统计学上的显著聚类表明错误地指定了 GWR 模型，通常的原因是至少丢失了一个关键解释变量。

☞ **步骤 1**：分析全局残差聚类情况。

对【GWR】图层的【StdResid】字段作【空间自相关 (Moran I)】分析（参见第 12 章 12.2.2 全局 Moran's I 统计 ）。其结果如图 13-28 所示，表明存在比较明显的空间聚类，但相比 OLS 得到的模型，残差聚类要明显好转。

☞ **步骤 2**：分析局部残差聚类情况，查找残差异常聚类位置，分析成因。

对【GWR】图层的【StdResid】字段作【聚类和异常值分析 (Anselin Local Moran I)】分析【（参见第 12 章 12.2.4 聚类和异常值分析 (Anselin Local Moran's I)】。其结果如图 13-29 所示，其中黑色圆点代表高高集聚，黑色三角代表低低集聚，意味着这些区域可能漏掉了重要的解释变量。

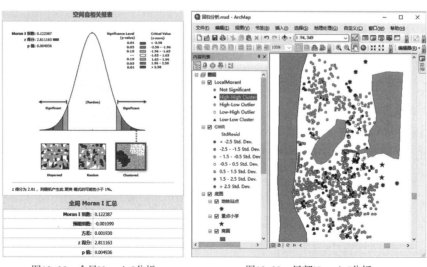

图13-28   全局Moran's I分析   图13-29   局部Moran's I分析

☞ **步骤3:补充漏选因子。**

在高高集聚的区域,残值为正,说明观测值高于预测值,可能是漏掉了一个正向作用的因子。相反在低低集聚的区域,可能漏掉了一个负向作用的因子。

通过仔细分析图 13-30 中东部的两处高高集聚的区域,发现这两处区域政府机关云集,其中的住区大多数是政府机关小区,生活人群素质较高、治安好,备受购房人青睐,因此也助长了房价。所以需要加入【政府机关密集区】这一房价影响因子。

➜ 加载预先准备好的【房价分析.gdb\ 基础数据\ 政府机关密集区政府机关密集区】面要素类。

➜ 在【楼盘】要素属性表新建【短整型】字段【行政机关】,利用字段计算器令所有【行政机关】字段的值等于【0】。

➜ 令位于【政府机关密集区】中的楼盘的【行政机关】字段等于【1】,意味着行政楼盘。

    ➜ 点击 ArcMap 主菜单上的【选择】→【按位置选择】。

    ➜ 勾选【目标图层】为【楼盘】,选择源图层为【政府机关密集区】(图 13-31)。点击【确定】。这样就选择出了【政府机关密集区】内的所有【楼盘】要素。

图13-30 政府机关密集区中的楼盘

图13-31 按位置选择楼盘

    ➜ 打开【楼盘】要素的属性表,可以看到我们选中的要素,右键点击【行政机关】→【字段计算器】,令【行政机关】=1,点击【确定】,可以看到所有被选中的要素被赋值为1。

☞ **步骤4:模型校正。**

➜ 按照前述地理加权回归的计算方法,以【房价】为因变量,【小学】、【商圈】、【地铁】、【河湖】、【政府机关密集区】5 个要素为解释变量重新进行地理加权回归分析,得到的结果如图 13-32 所示。可以看到模型校正后结果中的【R2Adjusted】的值为 0.51,相比之前的模型,新模型到了一定的优化,说明【行政机关】要素的加入增加了地理加权回归模型的拟合度。

    Bandwidth   : 3500
    ResidualSquares : 3373729978.8415575
    EffectiveNumber : 17.483187606094592
    Sigma   : 1943.1386752799322
    AICc   : 16393.578097634523
    R2   : 0.51955914706537742
    R2Adjusted   : 0.51069619496116747

图13-32 校正后的地理加权回归结果

➡ 对校正后的模型重新进行全局和局部残差聚类分析，会发现聚类情况明显好转（图13-34、图13-33）。全局聚类指标从非常显著降低为显著，政府机关密集区的高高集聚已经消失。

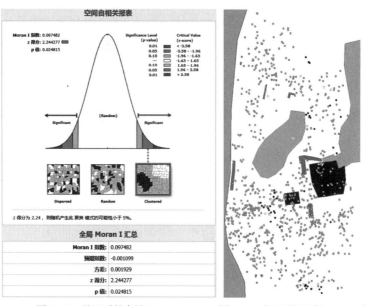

图13-33 校正后的全局Moran's I 图13-34 校正后的局部Moran's I分析

本节通过残差分析，找到了新的房价影响因子，提高了模型的准确性。但是，由于房价的影响因素众多，从残差分析图中显然还可以找出一些异常区域，从 R^2 来看，上述 5 个因子只能解释 52% 左右的房价变化，因此还需要从房屋质量、小区环境、居住人群、区位等方面去进一步完善模型。

13.4.3 地理加权回归结果解读

☞ **步骤 1**：局部拟合效果分析。

对【GWR】图层按照【LocalR2】进行分级色彩符号化（图 13-35），从中可以看到中东部区域颜色较深，其【LocalR2】的值较高，在 0.4~0.6 之间，说明在地理加权回归的分析中，该区域的预测值与实际情况的拟合程度较高。

此外，北部的【LocalR2】的值较低，在 0.2 左右，说明拟合效果较差，要谨慎采信模型得到的各类系数。

☞ **步骤 2**：重点小学对房价的影响分析。

由于不同区域得到的回归模型均不一样。为了可视化模型的区域差别，可以对各个自变量的系数进行符号化，从而反映出同一因子对不同区域房价的差异化影响。

对【GWR】图层按照【系数 #1 小学】进行分级色彩符号化（图 13-36），从中可以看到南部区域的数值明显高于其他区域，介于 [1900, 2150] 之间，说明重点小学对该区域房价贡献了 2000 元左右。对比重点小学的分布可以得知，这一区域的重点小学数量明显高于其他区域，这说明重点小学这一要素对这一区域的房价攀升起到了重要的推动作用。

☞ **步骤 3**：其他因子对房价的影响分析。

按照同样的方式分别对地铁、商圈、河湖、行政机关 4 个自变量的系数进行符号化（图 13-37），从中可以分析各个影响要素在不同区域对房价的贡献程度。

➡ 地铁对房价的影响分析。

符号化地铁自变量的系数，结果如图 13-37 左上所示，可以看出其在北部区域的数值明显较高，位于区间 [1300, 2485]，而在中、东部区域的值较低，只有 [200, 430]。对比房价影响因素可知，中、东部地铁站点的分布较密，

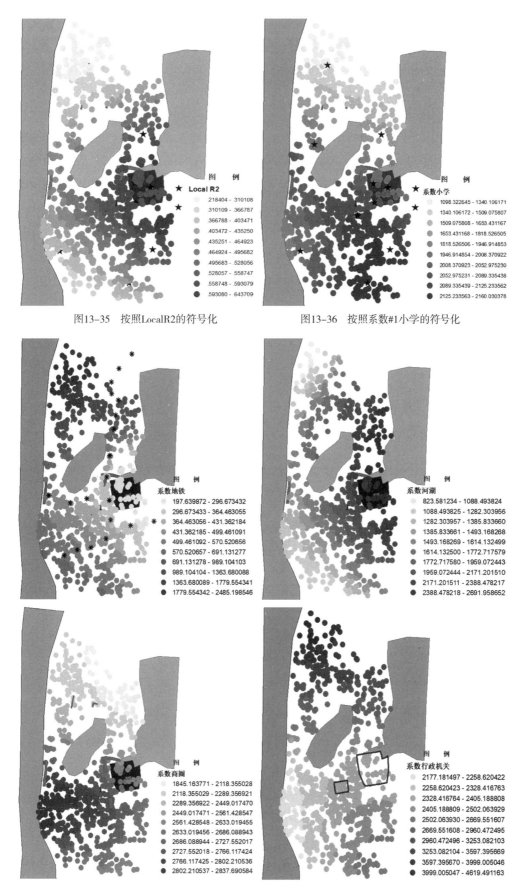

图13-35 按照LocalR2的符号化 图13-36 按照系数#1小学的符号化

图13-37 各系数的符号化结果

且各种条件都很优越，地铁的作用就相对较弱了，而北部地区不仅缺乏地铁站点，而且还缺乏各种设施，所以地铁的潜在影响就非常大。如果在北部区域相应地增加地铁站点，其房价会得到较大幅度的提高。但是要注意的是，北部区域的【LocalR2】的值较低，模型的拟合效果不佳，同时该地区本无地铁房样本作为校核，所以其结论不一定准确。

➡ 河湖对房价的影响分析。

符号化河湖自变量的系数，结果如图 13-37 右上所示。可以看出东部区域，尤其是位于两个湖泊之间的区域的数值较高，位于区间 [2000，2700]，说明河湖因素对该地区的房价贡献了 2000 多元；而西侧滨河区域的数值较低，只有 [800，1400]。这说明湖泊要素对房价的攀升具有显著推动作用，而西侧的河流资源并没有得到有效的利用，其对房价的影响并不显著。该地区在以后的开发建设中应注重对河流等环境要素的挖掘和品质提升。

➡ 商圈对房价的影响分析。

符号化商圈自变量的系数，结果如图 13-37 左下所示。可以看出南部区域，尤其是临河区域的数值较高，在 2800 元左右；而北部区域整体数值相对低一些，在 2000 元左右。考虑到南部区域没有商圈，说明如果在其增设商业中心，会对房价有较大拉升作用。

➡ 行政机关对房价的影响分析。

符号化行政机关自变量的系数，结果如图 13-37 右下所示。可以看到行政机关密集区的数值在 2300 左右，说明该要素对房价贡献较大。而其他区域，目前没有，以后也不会有很多政府机关，所以尽管数值更高，但没有实际意义。

这样我们就完成了以房价为因变量，以小学、地铁、商圈、湖泊、行政机关为解释变量的回归分析，大致摸清了它们之间的关系、作用强度和影响区域。随书数据【chp13\练习结果示例\地理加权回归分析\回归分析.mxd】示例了该实验的完整结果。

关于城市中其他要素之间的空间影响分析，都可以采用地理加权回归方法来开展。总体而言，GWR 具有以下优点：

➢ 能更好地模拟城市复杂系统的内部影响机制。其关键是将基于距离变化的解释变量的影响程度纳入分析模型中，这符合各类设施点及服务要素在城市中的运行特点。

➢ 模型对于城市空间结构解释因子的运用比较灵活：一方面，多因子的综合分析更适合复杂的城市状况；另一方面，良好的结果反馈能帮助我们迅速发现模型的问题区域，便于进一步的模型优化（如实验中行政机关因子的加入）。

➢ 模型对于不同区域间同类解释变量的定量比较，能够帮助认识地区间发展引导模式的差异。针对不同的区域，就可以制定相应的政策导向，使地区间发展更趋科学。

13.5　本章小结

本章结合实验介绍了利用回归分析解释城市要素之间相互作用的一些基本方法：

首先应该采用普通线性回归方法对模型进行初步判定。其中最常用的是普通最小二乘法（OLS），它可以对模型进行初步的诊断，包括模型拟合的效果、自变量的显著性、自变量之间的共线性、地理空间和数据空间上的稳定性等。而对于因子之间的空间作用，往往采用要素之间的距离来表达。

然后，对于用 OLS 诊断出来的稳定性较差的模型，以及需要探明因子作用的区域差异的研究，需要进一步采用地理加权回归（GWR）的方法。在相同解释变量及因变量的前提下，GWR 的拟合度往往会得到明显提高，因为它会针对不同区域构建不同的模型去拟合，而 OLS 则只能对全部区域进行无差异的全局拟合。

　　对于 GWR 的拟合结果，需要对其残差的聚类情况进行检验，对存在残差高高聚类和低低聚类的地区，需要进一步分析是否漏掉了重要的解释变量，据此可以不断优化和完善模型。

　　不论是 OLS，还是 GWR，最终都会得到一个或一组多元一次方程，即回归模型。方程中自变量的系数表示了解释变量与因变量之间的关系强度和类型，当关系为正时，系数的符号也为正，反之为负。如果关系很强，则系数也相对较大；如果关系较弱，则关联系数接近于零。

本章技术汇总表　　　　　　　　　　　　　　　　　　　　　　　表 13-2

规划应用汇总	页码	信息技术汇总	页码
找出最临近的要素并求得和它之间的距离	211	近邻分析	212
构建城市要素之间空间影响强度的线性回归模型	214	普通最小二乘法（OLS）	214
构建城市要素之间空间影响强度的地理加权回归模型	222	地理加权回归（GWR）	222
解释城市要素对另一要素的影响强度和类型	223	空间自相关 (Moran's I) 分析	226

第 14 章　规划大数据空间分析

数据是规划分析的前提，但由于统计、调查等传统数据获取方法成本高、时效性低、精度差，数据一直都掣肘着规划分析的开展。随着信息技术的发展和大数据时代的到来，规划师有了手机定位、公交刷卡、社交网络等新的大数据来源。这些大数据具有数据量大、更新快、价值高和真实可靠等诸多特点，并且为城市规划提供了新的理解、分析、量化城市问题的思路。通过这些数据可以高效、全面、准确地掌握城市人口分布、出行分布、交通拥堵、突发事件、社会关注、社会结构等城市状态。这些信息是规划师特别需要掌握的，但同时也是传统方式难以获取的，因此大数据备受规划师们的关注。

不同于其他领域的大数据分析，规划领域特别关注大数据的空间分析。因此本章以目前最为常用的微博签到数据和手机定位数据为例，介绍一些最常用的规划大数据空间分析方法，包括密度分析、规则网格分析、出行轨迹分析、道路流量分析、客源地分析、交通出行 OD 分析等。

本章所需基础：

➤ ArcMap 基础操作（详见第 2 章）
➤ 关于属性表的各类操作（详见第 3 章）
➤ 空间叠加分析（详见第 3 章）

14.1　规划大数据简述

14.1.1　大数据的概念

大数据（Big Date）是指那些数据量巨大到无法通过目前的主流软件工具在合理时间内达到提取、存储、搜索、共享以及分析处理的海量且复杂的数据集合。

大数据的 5V 特点：Volume（数据体量巨大）、Varity（数据类型繁多）、Value（价值密度低，却又非常珍贵）、Velocity（数据增长速度快，处理速度也要快）、Veracity（数据的准确性和可信度高）。

大数据具有广泛性、迅捷性、真实性的特征，与城市规划学科复杂性、动态性、综合性、公开性的特点不谋而合。因此，将大数据分析方法纳入城市规划分析体系的理念在近期备受瞩目。对于城市大数据全样本的分析，对推动城市规划朝着精细化、准确化、科学化方向发展具有革新性的意义。

14.1.2　规划大数据的类型

城市规划常用的大数据主要有以下类型，并且还在不断扩充之中。

1. 通信定位数据

主要是指基于移动通信设备的用户动态定位数据，例如移动手机信令数据、通讯软件移动定位数据、社交软件签到数据等。它能动态记录大量用户在一定时间段内的运动轨迹，对于城市居民迁徙活动及城市空间结构等方面的研究具有重要价值。

它是规划大数据的重要方面，具有用户量大、时效性强、涵盖面广、精细度高的特点，优势在于它反映人们的生活习性，同时也体现了城市的功能。

2. 实时感知监测数据

通过交通、气象、土地管理等诸多部门的智能检测、传感设备进行采集、取样及汇总得到的检测数据，例如城市交通运行状况实时监测数据、空气质量实时监测数据、城市土地使用情况监测管理数据等。

此类数据往往具有实时性、动态性，其处理技术涵盖高清图像采集、实时卫星定位、温度监测、空气质量实时监测等诸多层面。

3. 业务运营数据

主要是金融、商业服务、公共交通、医疗卫生等设施在运行过程所得到的用户使用数据，例如公交车 IC 刷卡数据、银行业务办理数据、商业设施刷卡数据、就医数据、出租车运行轨迹数据等。

此类数据往往涵盖量较大且具有复杂性。因此在利用过程中一方面需要针对不同的情况进行分类，区分不同种类的数据，另一方面需要对不同时段的同类数据进行比较，分析数据随时间变动的规律。

4. 社交网络数据

主要指基于互联网的社交网络数据，包含微博数据、论坛数据等。

此类数据一般具有实时性和簇群性的特点。其独特之处在于可以区分不同兴趣爱好和价值观念的人群，可以借此进行不同生活簇群用户的分类研究。

5. 开放的地图信息数据

主要是指对公众开放的基于地图信息的城市道路交通、公共设施、商业服务设施等的布局数据，例如 POI（Point of Interest，兴趣点）数据、城市交通网络数据。

目前利用较多的是通过爬取获得的 POI 兴趣点数据，它可以全面反映某一地区各类设施或网点的布局状况。相较之前，目前此类数据的精准性和动态性得到了较大程度的提高。这一类数据对于地区性服务设施布局的优化、城市用地布局的优化、城市交通布局的优化等城市研究课题能提供很好的技术支撑。

利用上述这些实时的大数据并不仅仅是为了理解城市，实际上更是为了控制和管理城市。通过数据的海量获取与综合分析对于提高城市规划的综合性、科学性、公共性具有重要的意义。

14.1.3 规划大数据的应用

就目前的应用来看，主要集中在以下领域，并且还在迅速拓展过程中。

1. 空间热点分析

对 POI 数据、定位数据或签到数据进行空间化，将其转化为空间要素，就可以对其进行空间热点分析。

分析结果可以反映数据源在空间内的分布形态、分布密度、分布变化，从而进行相应的城市空间要素的分布规律的研究。例如对微博签到数据进行空间热点分析就可以反映微博用户在城市内的分布密度，从而映射城市居民在城市内的活动情况。

2. 职住空间关系分析

通过对城市内居民在工作时段和休闲时段的位置分析，可以确定城市各片区内职住空间结构，继而评判城市内居住地点及工作地点空间分布的合理性，为进一步优化城市用地布局提供支撑。

3. 交通流量分析及预测

通过对定位数据的运行轨迹进行分析，可以确定城市各段道路的交通流量，以及居民出行规律，结合城市交通系统的综合分析，可以为道路交通系统的优化提供建议。

4. 空间评价及空间优化分析

通过对社交网络数据（包含用户地理位置数据、社交话题文本数据）的挖掘，可以将包含用户情感的评价信息进行汇总分析。从而确定实体空间的合理性及其后续优化建议，是空间大数据结合文本大数据的独特分析方法。

5. 城市空间关联度分析

利用交通流数据、手机数据等可以对地区间人员、信息相互联系的特征进行分析，用于确定不同地区间关联度的强弱、各自影响范围以及体系结构，进而支持区域空间结构的优化。

6. 服务设施优化布局

基于服务设施的 POI 数据和服务人群的分布数据，可分析服务设施在空间中的布局特征及服务范围，评价服务设施布局的合理性，并对设施点的布局优化提出建议。

14.1.4　规划大数据的分析技术

大数据分析技术是指从各种类型的大数据中快速获得有价值信息的技术。大数据与传统数据的基本处理流程差异不大，但大数据环境下数据来源非常丰富且数据类型多样，存储和分析挖掘的数据量庞大，对数据展现的要求较高，并且很看重数据处理的高效性和可用性。因此也产生了一系列专门针对大数据的技术，主要包括大数据采集与预处理技术、大数据存储技术、大数据挖掘技术和大数据可视化技术。

规划大数据分析是一类重要的大数据分析类型。不同于一般的大数据分析，规划大数据分析特别关注空间特性的挖掘分析和可视化，因此通常都会将大数据技术与地理信息管理和分析技术结合起来，解决规划的问题。由于 ESRI 的 ArcGIS 在这方面支持较好，所以现在大多数的规划大数据分析都是结合 ArcGIS 平台来开展的。

ArcGIS 本身对大规模数据的支持比较好，当数据量不太大时（例如 TB 级以下），可以使用传统的 ArcGIS 直连 Orale 或其他数据库的方式，利用 Orale 来管理大数据，用 ArcGIS 来开展空间分析，甚至还可以直接使用 ArcGIS 自身的文件地理数据库或个人地理数据库（这也是本章采用的策略）。当然其代价是每步分析都需要漫长的等待，但优势是读者不需要去掌握额外的技术。当对分析的时效性要求不高时，或者数据量不太大时（规划师获取的往往是二手大数据，已经经过了筛选和初步处理，数据量并不是非常大），可以采用该策略。

当面对的是海量大数据或实时大数据时，就需要使用一些专门的大数据技术了。其主要策略就是分而治之，利用分布式存储和分布式计算，将大任务转变为若干小任务，化整为零，平行处理，最后再将结果汇总呈现。目前这方面的主流技术就是 Hadoop。Hadoop 实现了分布式文件系统（简称 HDFS）。HDFS 有高容错性的特点，并设计用来部署在低廉的硬件上。而且它提供高吞吐量来访问数据，适合那些有着超大数据集的应用程序。Hadoop 最核心的组成是 HDFS 和 MapReduce。HDFS 为海量的数据提供了存储，MapReduce 则为海量的数据提供了计算。

ArcGIS 针对 Hadoop 提供了 Esri GIS Tools for Hadoop 空间数据分析工具包（包含 Esri Geometry API for Java、Spatial Framework for Hadoop、Geoprocessing Tools for Hadoop），以及 ArcGIS GeoEvent Extension for Server 流式大数据连续处理工具。由此建立了大数据和空间分析之间的桥梁，可以形成若干解决方案。

下面简单介绍一种典型的解决方案。该方案包含 Hadoop 的 HDFS、Hive、Sqoop、ArcSDE 空间 SQL、Spark SQL、Esri GIS Tools for Hadoop。首先用 Hadoop 的 HDFS 建立分布式存储，用 Hive 建立数据仓库。然后用 Sqoop 和 ArcSDE 空间 SQL 从 ArcSDE 空间数据库中抽取空间数据并存储在 Hive 数据仓库中，以备分析。最后，使用 Esri GIS Tools for Hadoop 中的 Spatial Framework for Hadoop 编写用于空间分析的用户扩展函数 UDF，通过 Spark SQL 访问 Hive 中已经定义好的 UDF，开展并行空间分析操作。

由于本章的重点不是介绍复杂的大数据存储、分析、挖掘等技术，所以还是以最简单的 ArcGIS 自带功能为例介绍规划大数据的分析方法，其思路也可以移植到上述基于 Hadoop 的解决方案之中。

14.2　微博签到大数据分析

微博签到数据是我国为数不多的、较早开放出来供民间使用的大数据。签到数据中，完整记录了包括微博用户的地理信息（经纬度坐标）、时间信息、文本信息等相关内容，因而反映了微博用户的时空分布。规划界据此开展了大量研究，包括人口流动、人群分布、活动分布等，提供了传统统计和问卷方法难以获得的视角和成果。这些成果为城市交通、商业、文化等各类设施的布局优化、城市空间结构的优化调整提供了支撑。

本节将以一个简单的分析让读者初步感受大数据的魅力。

14.2.1 实验简介

本次实验的基础数据为虚拟的某城市 2014 年全年的微博签到数据。考虑到读者的计算机处理能力和学习体验，为避免过长时间的运算，本实验只提供了 86000 余条虚拟记录。但分析的方法是基本相同的。此外，为避免侵权，本实验对数据爬取技术不作介绍，读者可以自行学习。

首先来看微博签到数据的基本形式。用户从微博平台爬取的数据一般包含用户编号、签到 POI 编号、签到时间、用户注册地等。其中 POI 编号就是离签到地最近的 POI 编号。POI 是"Point of Interest"的缩写，亦称为"兴趣点"，是用户使用电子地图时关心的各类酒店、旅馆、公园、小区、建筑、景点、机关等的地理信息。

微博签到数据使用的是高德地图的 POI，因此用户还需要爬取这一关键数据。由于每个 POI 都包含名称、类别、经度、纬度四方面信息的。因此将高德地图 POI 数据关联到微博签到数据上，就可以使签到数据拥有签到地的经度、纬度，使之空间化。之后就可以开展各类空间分析了。

本实验虚构了上述 2 部分数据，分别是【CheckingData.txt】和【POI.txt】。【CheckingData.txt】是签到数据，含有三个字段：【POI INDEX】是 POI 唯一编号，【UserID】是微博用户的 ID，【Checking_Time】是签到时间（图 14-1）。

【POI.txt】POI 数据（图 14-2），包含三个字段：【POIINDEX】是 POI 点的唯一编号，与【CheckingData.txt】中的【POI INDEX】内容完全一致，【Longitude】是 POI 的经度，【Latitude】表示的是 POI 的纬度（注：其坐标系已转为通用的【GCS_WGS_1984】地理坐标系，而高德原始数据是"火星坐标系"）。

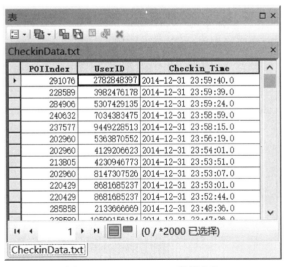

图14-1 CheckingData.txt数据内容

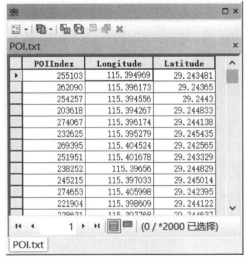

图14-2 POI.txt数据内容

本实验的基本步骤如下：

➤ 对签到数据进行空间化处理，将其转变为空间数据，为后续分析作准备。

➤ 分时段对签到数据进行空间密度分析，掌握用户的时空分布情况。

➤ 对签到数据进行规则网格分析，分区块统计签到数据。

14.2.2 签到数据的空间化

由于爬取的微博签到数据是文本数据格式，我们需要首先将其转换为空间数据，之后才能开展空间分析。数据空间化的主要依据就是 POI 的经纬度信息。

应用技术提要	表 14-1
规划问题描述	解决方案
➢ 如何把城市规划大数据根据其自带的位置信息转换成空间对象，以方便各类空间分析	√ 以图层的形式添加含有 x、y 字段的数据

☞ **步骤 1**：加载签到数据。

→ 启动 ArcMap，在工作目录【chp14\ 练习数据 \ 微博签到数据空间化】下新建一个空白地图。

→ 加载【CheckingData.txt】和【POI.txt】。对于格式化的 txt 文本数据，ArcMap 可以直接将其作为数据表加载，加载后如图 14-3 所示。

图14-3 加载签到数据

☞ **步骤 2**：连接【CheckingData.txt】和【POI.txt】。

→ 在【内容列表】面板中，右键点击【CheckingData.txt】→【连接和关联】→【连接】，弹出【连接数据】窗口，设置连接内容为【某一表的属性】，连接图层基于的字段为【POIIndex】，要连接到的图层为【POI.txt】，连接基础字段为【POIIndex】（图 14-4），点击【确定】。

这样就通过共同编号字段【POIIndex】将 POI 的地理位置数据连接到了签到数据上。

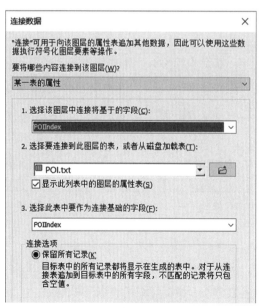

图14-4 微博签到数据关联

☞ **步骤3**：数据空间化。以图层的形式添加含有 x、y 字段的数据。

➥ 在【内容列表】面板中,右键点击连接后的【CheckinDate.txt】→【显示 XY 数据】,设置【X 字段】为【POI. txt.Longitude】,设置【Y 字段】为【POI.txt.Latitude】（图 14-5）。

➥ 点击【编辑】按钮,设置【输入坐标的坐标系】为【地理坐标系】→【World】→【WGS 1984】,点击【确定】,显示如图的地理坐标系。

➥ 点击【确定】,会弹出【表没有 Object_ID 字段】对话框,忽略并点击【确定】。接下来,数据会以点要素的形式加载至地图,如图 14-6 所示,【txt_txt 个事件】即空间化后的要素。同时地图文档的坐标系也会自动与之匹配为【WGS 1984】坐标系。

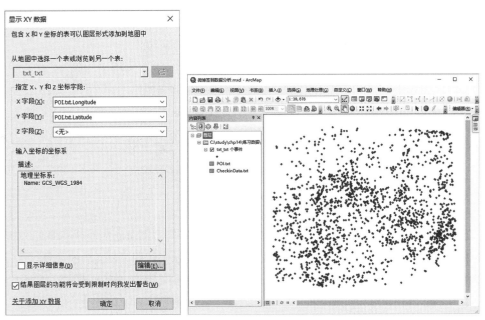

图14-5　显示XY数据对话框　　　　　图14-6　空间化的数据点

☞ **步骤4**：转换显示的坐标系。

➥ 此时的地图文档和【txt_txt 个事件】坐标系均为【WGS_1984】地理坐标系,为了方便之后的分析和距离量算,需要将经纬度格式的【WGS 1984】坐标转换为 X、Y 格式的【WGS_1984_World_Mercator】投影坐标系来显示。两者可以无损互转。

➥ 在【内容列表】双击顶部的【图层】项,弹出【数据框 属性】对话框,切换到【坐标系】选项卡,选择数据框坐标系为【投影坐标系】→【World】→【WGS_1984_World_Mercator】。

➥ 切换到【常规】选项卡,将【单位】更改为【米】,方便量取距离。

➥ 点击【确定】。可以发现转换坐标系后,地图发生一定的形态变化,同时右下角的坐标从经纬度变为了【米】。

☞ **步骤5**：导出数据。由于【txt_txt 个事件点】没有 Object_ID 字段,对后续分析产生较大影响,需将【txt_txt 个事件点】导出为 Shapefile（注：Shapefile 在负担大数据量的分析时,相对更加稳定,推荐使用）。

➥ 在【目录】面板中找到并启动工具【工具箱 \ 系统工具箱 \Conversion Tools.tbx\ 转出至地理数据库 \ 要素类至要素类】,按照图 14-7 所示进行设置。

　➥ 设置输入要素为【txt_txt 个事件点】。

　➥ 设置输出要素类为【微博签到点 .shp】。

　➥ 之后会看到【字段映射】栏中的字段名发生了变化,点击字段名前的【+】号,可以看到其对应的本来名称。这主要是由于 Shapefile 只支持最长 10 个字符的字段名。其中【CheckinDat】为【txt_txt 个事件点】的【POIIndex】,【CheckinD_1】为【UserID】,【CheckinD_2】为【Checkin_Time】。

→ 点击【CheckinDat】字段名,进入字段名编辑状态,将其改名为【POIIndex】。类似地,将【CheckinD_1】改为【UserID】,【CheckinD_2】改为【ChkIn_Time】(注:新字段名也不能超过 10 个字节)。

→ 删掉除【POIIndex】、【UserID】、【ChkIn_Time】之外的其他字段,如此可以缩小导出文件的大小(注:对于大数据而言,每减少一个字段就可以节省大量存储空间,并减少加载和运算时间)。

→ 点【确定】开始导出。导出成功后会被自动加载。

图14-7 导出微博签到数据

至此,就完成了数据空间化的全部内容,接下来就可以利用各类空间分析工具进行空间分析了。随书数据【chp14\练习结果示例\微博签到数据空间化\微博签到数据分析 .mxd】示例了该实验的结果。

手机信令数据也可以采用上述方法实现空间化。手机信令数据中有基站编号,而基站数据中有编号和坐标,采用本实验的方法可以将各条信令定位到空间上,精度取决于基站的分布密度和当时的信号强弱,精度最高可达 100 米左右。

14.2.3 核密度分析

城市规划特别关注人群在城市中的时空分布情况,这是配套各类设施、配置城市资源的前提。传统的统计调查方法既费时费力,还不能实时获得,数据也不够精细。现在有了微博签到大数据,尽管还是有偏差,但优点是容易获取,数据的时间粒度和空间粒度都非常精细,目前已成为这类研究的热门数据。

应用技术提要   表 14-2

规划问题描述	解决方案
➤ 如何清洗大数据中的冗余数据 ➤ 如何空间可视化城市规划空间大数据,将其转变为容易解读的图形	√ 按属性选择兴趣数据 √ 分类汇总剔除重复数据 √ 核密度分析

下面,实验将分工作日 9:00~17:00 工作时段、18:00~24:00 休闲时段,制作签到用户分布图,以此间接映射该城市人群分布情况。

紧接上述操作,或者打开随书数据【chp14\练习数据\微博签到数据核密度分析\微博签到数据分析 .mxd】。

☞ **步骤 1:**筛选指定时段的数据。打开【微博签到点】的属性表。

→ 对时间进行数值化处理,以便于后续分析。

- ↪ 添加【文本型】的【weekday】和【双精度】的【timevalue】字段。
- ↪ 打开字段计算器（图 14-8、图 14-9），分别计算【weekday】和【timevalue】的值，输入代码分别为：

weekday =weekday(Left([ChkIn_Time] ,10),2)
timevalue =timevalue(Mid([ChkIn_Time] ,12,8))

图14-8　计算weekday字段　　　　　图14-9　计算timevalue字段

- ↪【weekday】计算公式的含义是：从签到时间【ChkIn_Time】中提取左侧 10 个字符，得到的是签到日期，然后将其换算成一周 7 天对应的天数。计算结果是 1~7 之间的整数，对应周一到周日，从而可以识别出工作日。
- ↪【timeValue】计算公式含义是：从签到时间【ChkIn_Time】中第 12 个字符开始提取 8 个字符，得到的是签到时间，然后将该时刻换算成在一天 24 小时中的比例，得到的是 0~1 之间的浮点小数（例如对于 18:00，将得到 18/24 对应的小数 0.75 ）。
- ➜ 选择不同时段的签到点。
  - ↪ 在【微博签到点】属性表中点击 🖳，打开【按属性选择】对话框，输入选择代码为：

  “weekday”<=5 and “timevalue”> 18/24

  - ↪ 意味着选择周一到周五（即工作日）18:00 之后休闲时段的微博签到点。
  - ↪ 将选择的微博签到点导出为【chp14\ 练习数据 \ 微博签到数据核密度分析 \ 工作日闲时微博签到点 .shp 】。
  - ↪ 用同样的方式选取工作日 9:00~17:00 工作时段的数据点，其输入代码为：

  “weekday” <='5' and “timevalue”.> 9/24
  and “timevalue”<= 17/24

  - ↪ 将选出的微博签到点导出为【chp14\ 练习数据 \ 微博签到数据核密度分析 \ 工作日工作时微博签到点 .shp 】。

☞ **步骤 2**：清洗大数据，删除重复签到数据。

　　爬取得到的签到点中存在某一用户在同一时段、同一位置多次签到的情况，这将会对后续分析造成误差，因此需要剔除重复的签到点数据。这里采用【汇总统计数据】工具对相同用户和相同位置的点进行归一汇总，可以使用多重分类条件。

➜ 在【目录】面板中浏览到【工具箱】→【系统工具箱】→【Analysis Tools.tbx】→【统计分析】→【汇总统计数据】, 双击打开 (图 14-10)。

　　↳ 设置【输入表】为 :【工作日闲时微博签到点】。

　　↳ 设置输出表为 :【chp14\ 练习结果示例 \ 微博签到数据核密度分析 \ 数据空间化 .mdb\ 闲时微博签到校正表】。

　　↳ 设置【统计字段】为【FID】,【统计类型】为【FIRST】。

　　↳ 设置【案例分组字段】为【UserID】和【POIIndex】。

　　↳ 点击【确定】。

图14-10　汇总统计数据

➜ 汇总结果如图 14-11 所示, 其中的【FREQUENCY】字段代表的是重复点的个数。【FIRST_FID】是【工作日闲时微博签到点】中的相同【UserID】在相同【POIIndex】上的第一个签到点。至此已经完成了多余签到点的过滤工作, 接下来需要将过滤得到的点进行定位。

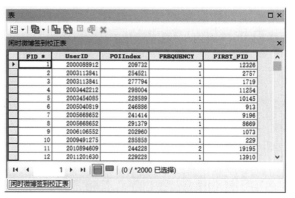

图14-11　闲时微博签到校正表

➜ 基于【闲时微博签到校正表】的【FIRST_FID】字段和【工作日闲时微博签到点】的【FID】字段, 将【闲时微博签到校正表】连接到【工作日闲时微博签到点】(图 14-12)。注意连接时选择【仅保留匹配记录】, 如此可以排除不在【闲时微博签到校正表】中的其他签到点。

➜ 将连接后的【工作日闲时微博签到点】导出为 Shapefile 文件进行存储, 存储路径为【chp14\ 练习数据 \ 微博签到数据核密度分析 \ 闲时微博签到校正点 .shp】。

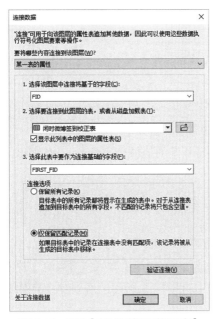

图14-12　连接【闲时微博签到校正表】

➜ 运用同样的方式对【工作日工作时微博签到点 .shp】进行校正，导出为【chp14\ 练习数据 \ 微博签到数据核密度分析 \ 工作时微博签到校正点 .shp】。

至此就完成了数据的分类校正工作，接下来对校正的数据进行核密度分析，通过判断用户签到的密度判断居民在各区域的分布情况。

📝 **步骤 3：核密度分析。**

➜ 在【目录】面板浏览到【工具箱】→【系统工具箱】→【Spatial Analyst Tools.tbx】→【密度分析】→【核密度分析】，双击弹出【核密度分析】窗口。

　➥ 设置【输入点或折点要素】为【闲时微博签到校正点】。

　➥ 设置【输出栅格】为【chp14\ 练习数据 \ 微博签到数据核密度分析 \ 核密度分析 .mdb\ 闲时核密度分析】（图 14-13）。

　➥ 默认其他选项点击【确定】。

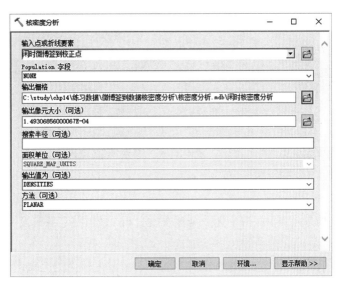

图14-13　核密度分析 对话框

➔ 利用同样的方式输入【工作时微博签到校正点】进行核密度分析,【输出栅格】为【chp14\ 练习数据 \ 微博签到数据核密度分析 \ 核密度分析 .mdb\ 工作时核密度分析】。

➔ 为了保证图面内容的可比性(例如颜色深浅代表的密度值相同),需要保证两幅栅格图使用完全相同的符号化设置,具体操作如下:

　➔ 首先比较【闲时核密度分析】和【工作时核密度分析】的值域区间,以值域范围最大的作为符号化标准。打开【工作时核密度分析】的属性对话框,在【源】选项卡中可以看到其最大值为 152736048(图 14-14)。同时查得【闲时核密度分析】的值域区间为 [0,141424816],因此以【工作时核密度分析】的符号系统作为符号化标准。

　➔ 对【工作时核密度分析】进行【已分类】符号化,类别为【15】类,分类方法为【自然间断点分级法】。符号化结果如图 14-16 所示。

　➔ 然后对【闲时核密度分析】进行符号化,打开其属性对话框,切换到【符号系统】选项卡。

　➔ 点击右上角的【导入…】图标 ，弹出【导入符号系统】对话框(图 14-15)。在对话框中选择【工作时核密度分析】选项,点击【确定】。之后可以看到符号范围和色带都与【工作时核密度分析】一致。符号化后的结果如图 14-17。

图14-14　查看栅格值域区间

图14-15　导入符号系统对话框

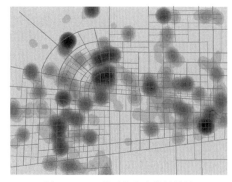
图14-16　工作时核密度分析结果

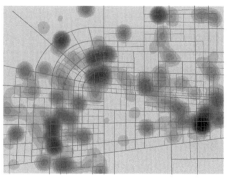
图14-17　闲时核密度分析结果

　　随书数据【chp14\ 练习结果示例 \ 微博签到数据核密度分析 \ 微博签到核密度分析 .mxd】示例了本实验的结果。比较两个时段的密度图,可以分析得出以下结论。

　　两图的共同点:区域的中北部、西南部和东部存在三个人群密度较高的区域,说明这是三个工作、居住集中的区域。相应地,这些地区的路网也相对密集,说明这些地区是城市的中心。

两图的差异：

（1）中北部密集区工作时段比休闲时段人群密集，说明其是就业中心，同时也容纳了大量休闲设施，在夜间也充满活力；

（2）东部密集区休闲时段比工作时段人群密集，说明其主要是商业娱乐区域。

14.2.4　规则网格分析

之前的密度分析得到的是一个相对值，而且密度值会随着搜索半径的增大而减小，因此有些情况下，规划师还希望得到各区块人数的绝对值，这时可以采用规则网格分析，规则网格分析将研究区域分割成规则的正方形或者六边形（图 14-19），将其与目标要素叠加，分别统计各个网格中的目标要素的属性，例如人口、建筑量、经济产出、碳排放等。规则网格分析也是规划中常用的分析方法。

应用技术提要	表 14-3
规划问题描述	解决方案
➢ 如何分区块精细地统计规划大数据？	√ 构建规则网格 √ 利用【交集制表】，按规则网格对规划数据进行分类统计

下面还是使用上一节的实验数据，用规则网格分析的方法，统计工作时段和休闲时段的微博用户空间分布。

紧接上述操作,或者打开随书数据【chp14\ 练习数据 \ 微博签到数据规则网络分析 \ 微博签到数据分析 .mxd 】。

☞ 步骤 1：创建渔网。

➡ 在【目录】面板浏览到【工具箱】→【系统工具箱】→【Date Management Tools.tbx 】→【常规】→【创建渔网】。弹出【创建渔网】对话框，设置输出要素类如图 14-18 所示。

- ↪ 设置【模版范围】为【与图层 微博签到点 相同 】。
- ↪ 设置【像元宽度】和【像元高度】均为【200】，代表网格的大小。
- ↪ 取消勾选【创建标注点】，否则会在每个网格中间创建一个点要素，这里不需要。
- ↪ 设置【几何类型】为【Polygon 】。
- ↪ 点击【确定】完成操作。生成的渔网如图 14-19 所示。

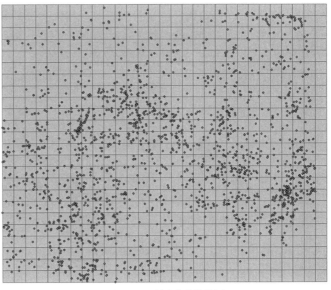

图14-18　创建渔网对话框　　　　图14-19　创建完成的渔网

☞ **步骤2**：使用【交集制表】工具进行规则网格分析，统计工作时微博签到人群分布。

➘ 在【目录】面板浏览到【工具箱】→【系统工具箱】→【Analysis Tools.tbx】→【统计分析】→【交集制表】，双击打开【交集制表】对话框（图14-20）。

　↪ 设置输入区域要素为【渔网】。

　↪【区域字段】为【OID】。

　↪【输入要素类】为上一实验得到的【工作时微博签到校正点.shp】。

　↪ 输出表为【chp14\练习数据\微博签到数据规则网格分析\签到数据分析.gdb\工作时渔网交集制表】。

　↪ 点击【确定】开始计算。上述设置的含义是将【渔网】与【微博签到点】关联，计算各网格内微博签到点的数量及其在所有签到点中所占比例。

➘ 打开输出的【工作时渔网交集制表】，如图14-21所示。其中的【OID】是网格的编号，【PNT_COUNT】是各网格中所包含的微博签到点的数量，【PERCENTAGE】是单元网格中的微博签到点的占比。

图14-20　交集制表对话框　　　　图14-21　交集制表输出结果

☞ **步骤3**：符号化网格数据。

➘ 基于【OID】字段将【工作时渔网交集制表】连接到【渔网】（图14-22）。

➘ 打开连接后的【渔网】属性表（图14-23），可以看到新增了【PNT_COUNT】和【PERCENTAGE】两个字段，部分行的这两个字段的值为空，这意味着该单元格内部没有微博签到点。

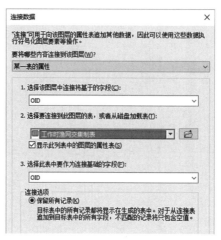

图14-22　连接数据选项

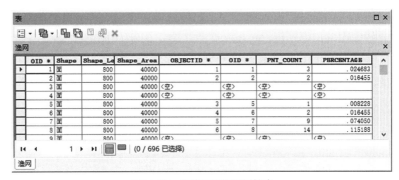

图14-23 连接后的渔网属性表

➜ 符号化网格数据。

    ➜ 基于【PNT_COUNT】字段（单元格内的签到点数量）对【渔网】要素进行【分级色彩】符号化，分为
        【10】类，分类方法为【自然间断点分级法】。

    ➜ 基于【PNT_COUNT】字段（单元格内的签到点数量）对【渔网】要素进行标注。

   ➜ 最后的结果如图 14-24 所示。

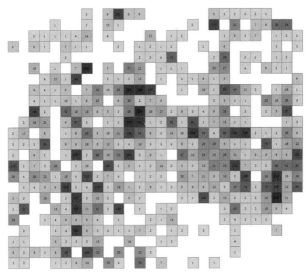

图14-24 工作时签到点符号化

☞ **步骤 4：**用同样的方法统计闲时微博签到人群分布。

    对比规则网格分析图和密度分析图，可以看出规则网格分析图提供的数值更加丰富而直观，但图面效果不及密度图。随书数据【chp14\ 练习结果示例 \ 微博签到数据规则网络分析 \ 规则网络分析 .mxd】示例了该实验的结果。

14.3　手机定位大数据分析

    现在手机已经成为人们不可或缺的随身物品，这些手机基本上都具备 LBS（Location Based Service）定位服务功能，它能通过电信移动运营商的无线电通信网络或手机内部的 GPS 获取移动终端用户的位置信息。同时许多手机应用（例如高德地图、微信、QQ、京东）都会要求手机用户赋予它们使用 LBS 的权限，这些企业就能大规模、持续地采集到用户的位置信息。该方式获取的用户位置信息精度很高，可达到"米"级，采集对象众多，样本覆盖面比较全，并且信息连贯，可以长时间获取移动终端的连续移动信息，因此具有非常高的商用价值和科研价值。

本节将以一个虚拟的手机定位大数据为例，完成一些常规分析，包括生成移动用户的出行轨迹、统计路段流量、分析就业中心工作人员的居住分布、汇总城市交通小区之间出行的 OD 图表。

14.3.1　实验简介

本次实验的基础数据为虚拟的某城市一个早高峰时段的手机定位数据，约有 2000 多个用户、4 万条定位数据。尽管达不到大数据的规模，但除了采用的分析技术不同，其分析思路和大数据分析是一致的。

打开随书数据【chp14\ 练习数据 \ 手机定位数据基础分析 \ 定位大数据 .mxd】，可以看到本实验提供的基础数据如图 14-25 所示。

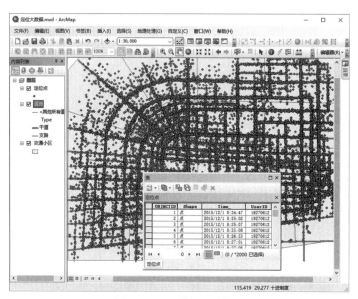

图14-25　GPS数据的时态化

基础数据包括三个要素：

（1）【定位点】：点状要素类，是通过 LBS 采集到的移动终端的位置点。打开其属性表可以看到，它包含定位时间【Time_】和设备 ID【UserID】。实验针对的时间区段为 7:00~9:00 AM，共涉及 2000 多个用户，对每个用户每隔一定随机时间间隔采集一次位置信息生成定位点，当用户位置未发生明显变化时不采集位置信息。

（2）【道路】：线状要素类，是包含了【干道】和【支路】两种道路类型的道路网格。

（3）【交通小区】：面状要素类，是统计交通出行的基本用地单元。

本实验的基本步骤如下：

➤ 对定位数据进行时态化处理，可以查看和追踪各个用户的时空动向。

➤ 将每个用户定位点系列转换成轨迹线，以方便后续分析。

➤ 分析轨迹的密度，粗略掌握市民出行的空间分布情况。

➤ 统计各城市干道在早高峰时段的流量。

➤ 客源地分析。针对某就业中心，分析其就业者的居住地分布。

➤ 按交通小区汇总统计早高峰交通出行的 OD 图表。

14.3.2 手机定位数据的时态化

ArcMap 能够让具有时态属性的要素动态地显示出来，从而可以使用户更加直观地认知研究对象在时空上的动态变化。

应用技术提要	表 14-4
规划问题描述	解决方案
➢ 对于手机定位大数据，如何按照时间顺序动态显示用户的行动路径	√ 利用【Tracking Analyst】进行轨迹分析

☞ **步骤 1：数据时态化。**

➜ 打开随书数据【chp14\ 练习数据 \ 手机定位数据基础分析 \ 轨迹分析 .mxd】。

➜ 加载【Tracking Analyst】扩展模块。在主菜单上点击【自定义 \ 扩展模块…】，弹出对话框中勾选【Tracking Analyst】。

➜ 右键点击工具栏任何位置，弹出菜单中勾选【Tracking Analyst】，调出【Tracking Analyst】工具栏（图 14-26）。

图14-26 Tracking Analyst工具栏

➜ 点击【Tracking Analyst】工具栏中的⊕【添加时态数据向导】，弹出【添加数据时态向导】对话框（图 14-27）。

  ↪ 设置【数据源】为【chp14\ 练习数据 \ 手机定位数据基础分析 \ 手机定位数据 .mdb\ 基础数据 \ 定位点】。

  ↪【日期】栏选择【Time】字段，标识轨迹的字段设为【UserID】。

  ↪ 单击【下一步】，不构建查询设置，点击【完成】。之后【内容列表】会自动加载新生成的【定位点】事件，定位点会按照时间顺序依次显示在地图窗口中。

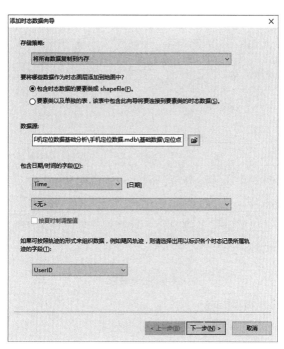

图14-27 添加数据时态向导

➜ 符号化【定位点】事件,使之以轨迹线的形式动态显示。双击新生成的【定位点】事件,打开其【图层属性】对话框（图14-28）。

　　➵ 切换至【符号系统】选项卡。

　　➵ 在【显示】部分取消【事件】的勾选。

　　➵ 勾选【追踪】选项,点击【确定】完成操作。

图14-28　时态图层的属性设置

➜ 动态显示轨迹。点击【Tracking Analyst】工具栏中的⊙,弹出【回放管理器】,点击其右下角的⌄按钮,展开全部设置（图14-29）。

　　➵【设置回放速率】设置为10秒每1秒,意味着10倍速度回放。

　　➵ 取消勾选【累积】。

　　➵ 拖动播放条,构建一个播放时区。只有时区内的轨迹才会显示在地图中,如此可以减少图中轨迹数量。

　　➵ 点击播放按钮▶,可以看到地图窗口中逐渐出现一些轨迹,这些轨迹在不断游走,最终消失,同时又有新的轨迹产生,形成一幅生动的画面（本步骤计算量较大,建议采用配置较高的计算机运行）。

图14-29　回放管理器

14.3.3　生成轨迹和密度分析

　　许多时空动态分析都是对研究对象轨迹的分析,例如轨迹密度分析。尽管上述方法生成了轨迹,但只能用来临时显示,不能够用于空间分析。

　　因此,接下来我们将本实验提供的定位点数据分不同的用户生成一条条轨迹,并绘制轨迹密度图,从中可以全盘掌握早高峰市民出行的分布情况。

应用技术提要　　　　　　　　　　　　　　　　　　　　　　　　　　　　　　　表 14-5

规划问题描述	解决方案
➢ 对于手机定位大数据,如何将散乱的定位点按照时间顺序连接成用户的行动轨迹	√　点集转线
➢ 如何图示化分析市民出行的整体分布情况	√　线密度分析

☞ **步骤1**：生成轨迹。

➔ 紧接上一步骤，在【目录】面板浏览到【工具箱】→【系统工具箱】→【Date Management Tools.tbx】→【要素】→【点集转线】，双击打开【点集转线】对话框（图14-30）。

⤷ 设置输入要素为：【定位点】。

⤷ 设置输出要素类为：【chp14\ 练习数据 \ 手机定位数据基础分析 \ 手机定位数据 .mdb\ 分析数据 \ 轨迹】。

⤷ 设置线字段为【UserID】，设置排序字段为【Time_】。如此将按照不同的【UserID】分别构建线要素，这些点转线的顺序是【Time_】中的定位时间，这样得到的线即用户的行动轨迹。

⤷ 点击【确定】。转换完成后的【轨迹】如图14-31所示。

图14-30 点集转线对话框　　　　　图14-31 转换完成后的轨迹

☞ **步骤2**：密度分析。

上述轨迹重重叠叠，难以看出出行的疏密情况，这时可以使用【线密度分析】工具，将其转换为轨迹密度图，从而直观反映出市民出行的整体分布情况。

➔ 线密度分析。在【目录】面板中浏览到【工具箱】→【系统工具箱】→【Spatial Analyst Tools.tbx】→【密度分析】→【线密度分析】，双击该工具，弹出【线密度分析】窗口（图14-32）。

⤷ 设置【输出折线要素】为【轨迹】。

⤷ 设置【输出栅格】为【chp14\ 练习数据 \ 手机定位数据基础分析 \ 轨迹密度图 .tif】。

⤷ 点击【确定】。

输出后的【轨迹密度】栅格如图14-33所示，从中可以清楚直观地发现交通流量较密集的地区。轨迹密度分析可为城市交通管制及后续的城市交通体系优化提供信息支持。随书数据【chp14\ 练习结果示例 \ 手机定位数据基础分析 \ 轨迹分析 .mxd】示例了该实验的结果。

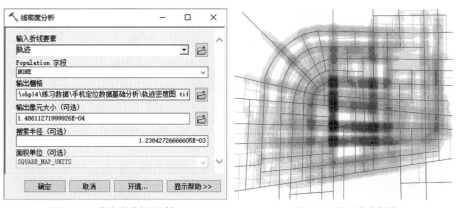

图14-32 线密度分析对话框　　　　　图14-33 轨迹密度栅格

14.3.4 流量统计

对城市道路的流量统计是开展交通规划的前提，传统人工或拍照计数方法成本很高，并且覆盖面也比较窄。而基于手机定位大数据，流量统计变得十分简便易行、比较精准，且可以实现全部道路覆盖，因而成为当下较为重要的交通分析方法之一。

	应用技术提要	表 14-6
规划问题描述	解决方案	
➤ 基于手机定位大数据，如何分析得到各路段的交通流量	√ 提取兴趣对象、兴趣时段的定位点，将其转换成轨迹线 √ 自动在道路中部生成一个截面 √ 将各道路截面与轨迹相交，求得通过各个截面的轨迹数量，即截面流量 √ 以截面的流量代表整个路段的流量，对干道进行符号化	

下面还是以同样的实验数据为例，统计 7:00~9:00 之间各干道的流量。紧接上述操作，或者打开随书数据【chp14\ 练习数据 \ 手机定位数据高级分析 \ 流量统计 .mxd 】，其中已经准备好了用户出行轨迹。

☞ 步骤 1：生成道路截面。

➡ 选择干道要素。在 ArcMap 主菜单中点击【选择】→【按属性选择】，设置【图层】为【道路】，输入代码 [Type] = '干道'。点击【确定】。所有的干道将被选中（图 14-34）。

图14-34 按属性选择干道

➡ 将道路要素转点作为道路截点。

↳ 在【目录】面板浏览到【工具箱】→【系统工具箱】→【Date Management Tools.tbx】→【要素】→【要素转点】，双击弹出【要素转点】对话框（图 14-35）。

↳ 设置【输入要素】为【道路】。

↳ 设置【输出要素类】为【chp14\ 练习数据 \ 手机定位数据高级分析 \ 手机定位数据 .mdb\ 分析数据 \ 道路截点】。

↳ 勾选【内部】选项，保证生成的点在道路上。

↳ 点击【确定】。

图14-35 要素转点对话框

→ 更改道路标识字段名称，以方便后续表连接。

- → 在【目录】面板浏览到【工具箱】→【系统工具箱】→【Date Management Tools.tbx】→【字段】→【更改字段】。
- → 设置【输入要素】为【道路截点】。
- → 设置要改名的【字段名】为【ORIG_FID】（注：这是道路转点时带过来的道路标识），【新字段名称】为【道路 ID】（图 14-36）。
- → 点击【确定】。

图14-36 更改字段对话框

→ 生成道路横截面。

- → 在 ArcMap 主菜单中选择【地理处理】→【缓冲区】，弹出【缓冲区】窗口。
- → 设置【输入要素】为【道路截点】，输出要素为【chp14\ 练习数据 \ 手机定位数据高级分析 \ 手机定位数据 .mdb\ 分析数据 \ 道路截面 】。
- → 设置【距离 \ 线性单位】为【40】，单位改为【米】（图 14-37）。
- → 点击【确定】。生成的【道路截面】如图 14-38 所示。

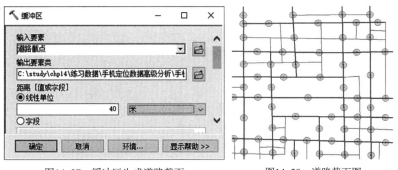

图14-37 缓冲区生成道路截面　　　　图14-38 道路截面图

☞ **步骤2**：截取道路截面上的轨迹。

➡ 在 ArcMap 主菜单中选择【地理处理】→【相交】，弹出【相交】窗口。

↪ 设置【输入要素】为【道路截面】、【轨迹】。

↪ 设置【输出要素类】为【chp14\ 练习数据 \ 手机定位数据高级分析 \ 手机定位数据 .mdb\ 分析数据 \ 道路截面轨迹】（图 14-39）。

↪ 点击【确定】开始分析。结果如图 14-40 所示，道路截面上的轨迹的数量代表着这一段时间内道路的交通流量。

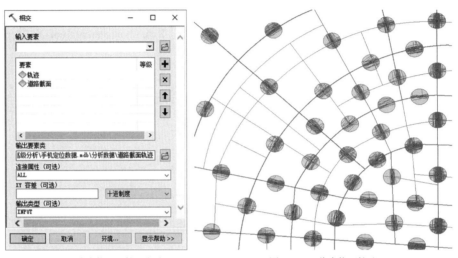

图14-39　道路截面和轨迹相交　　　　　　　图14-40　道路截面轨迹

☞ **步骤3**：统计道路上的轨迹数量。

➡ 打开【道路截面轨迹】的属性表，其中的【道路 ID】是道路的原始 ID，【FID_ 轨迹】是【轨迹】要素的原始 ID。

↪ 右键点击【道路 ID】字段→【汇总】（图 14-41）。

↪ 设置【指定输出表】为【chp14\ 练习数据 \GPS 定位大数据分析 \ 大数据 .mdb\ 路段流量表】。

➡ 点击【确定】。上述设置意味着对【道路 ID】进行分类计数，亦即各路段中轨迹的数量。汇总后的输出表格如图 14-42 所示，表中的【Count_ 道路 ID】即各条道路上的轨迹流量，【道路 ID】是道路唯一标识。

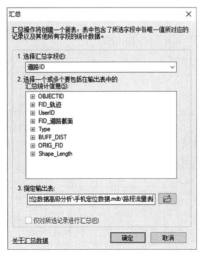

图14-41　汇总道路流量　　　　　　　图14-42　路段流量表

☞ **步骤 4**：符号化道路流量。

➡ 基于【路段流量表】的【道路 ID】字段和【道路】的【OBJECTID】字段,将【路段流量表】连接到【道路】,选择【保留所有记录】,点击【确定】。连接后的【道路】图层新增了【Cnt_ 道路 ID】字段,即道路流量字段。

➡ 基于值【Cnt_ 道路 ID】对【道路】要素类进行【数量 \ 分级符号】符号化,其效果如图 14-43 所示。

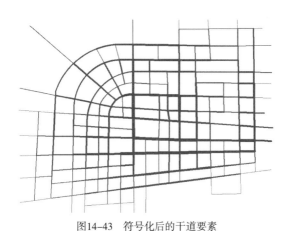

图14-43 符号化后的干道要素

随书数据【chp14\ 练习结果示例 \ 手机定位数据高级分析 \ 流量统计 .mxd】示例了该实验的完整结果。

14.3.5 客源地分析

应用技术提要	表 14-7
规划问题描述	解决方案
➤ 基于手机定位大数据,如何分析得到城市商业中心或就业中心的客户来源地,以分析其辐射范围	√ 提取兴趣对象、兴趣时段的定位点,将其转换成轨迹线 √ 利用【要素折点转点】提取所有轨迹的终点和起点 √ 从轨迹终点中提取出位于城市商业中心或就业中心范围内的点 √ 根据提取出的轨迹终点,找出其轨迹起点,并符号化成通向城市商业中心或就业中心的客源 OD 线

针对城市商业中心或就业中心,规划师需要了解其客户的来源地,以分析其辐射范围。本节针对某就业中心所在的交通小区,分析其就业者的居住地分布。打开随书数据【chp14\ 练习数据 \ 手机定位数据高级分析 \ 客源地分析 .mxd】,其中已经准备好了用户轨迹。开始实验如下:

☞ **步骤 1**:提取轨迹的终点和起点。

➡ 在【目录】面板浏览到【工具箱】→【系统工具箱】→【Date Management Tools.tbx】→【要素】→【要素折点转点】,双击弹出【要素折点转点】对话框(图 14-44)。

图14-44 提取轨迹终点

↳ 设置【输入要素】为【轨迹】。

↳ 设置【输出要素类】为【chp14\练习数据\手机定位数据高级分析\手机定位数据.mdb\分析数据\轨迹终点】。

↳ 选择【点类型】为【END】。

↳ 点击【确定】。这样就得到了所有【轨迹】的终点【轨迹终点】要素类，其【ORIG_FID】属性代表了轨迹的原始ID。

➜ 运用同样的方法求得轨迹的起点。其中选取【点类型】为【START】，【输出要素类】为【轨迹起点】。

☞ **步骤2：计算起点坐标。**

➜ 打开【轨迹起点】属性表，添加双精度类型的【起点X】和【起点Y】字段。

➜ 右键点击【起点X】字段，选择【计算几何…】，打开【计算几何】对话框，【属性】栏选择【点的X坐标】，点击【确定】。

➜ 以同样的方式计算【起点Y】字段，在【计算几何】对话框中，属性选择为【点的Y坐标】。

☞ **步骤3：将起点坐标连接到【轨迹终点】要素上，为之后生成客源线作准备。**

➜ 在【目录】面板浏览到【工具箱】→【系统工具箱】→【Date Management Tools.tbx】→【连接】→【连接字段】，双击启动该工具（图14-45）。

↳ 设置【输入表】为【轨迹起点】，【输入连接字段】为【ORIG_FID】（这是所属轨迹的ID）。

↳ 设置【连接表】为【轨迹终点】，【输出连接字段】为【ORIG_FID】。

↳ 勾选【起点X】、【起点Y】。

↳ 点击【确定】。打开【轨迹终点】属性表发现新增了【起点X】、【起点Y】字段。

图14-45 连接起止点坐标

☞ **步骤4：从【轨迹终点】中提取位于目标交通小区中的点，并导出为【客源点】。**

➜ 如图14-46所示，选中我们要进行分析的就业中心交通小区。

↳ 在ArcMap主菜单中选择【选择】→【按位置选择】（图14-47）。

↳ 设置【选择方法】为【从以下图层中选择要素】，【目标图层】为【轨迹终点】。

↳ 设置【源图层】为【交通小区】，并勾选【使用所选要素】，意味着只用源图层中选中的要素进行选择。

↳ 选择方法为【与源图层要素相交】。

↳ 点击【确定】。这样，所选目标交通小区内的【轨迹终点】要素会处于选中状态。

➜ 右键点击【轨迹终点】图层，选择【数据】→【导出数据】，输出要素类为【chp14\练习数据\手机定位数据高级分析\手机定位数据.mdb\分析数据\客源点】。点击【确定】开始导出。

如此，我们得到了去向目标交通小区的所有客源点，客源点中存储了其起点 X、Y 坐标，下面将其起点 X、Y 坐标与目标交通小区的中心点相连生成客源 OD 线，就可以直观地显示出目标交通小区的客户来源地。

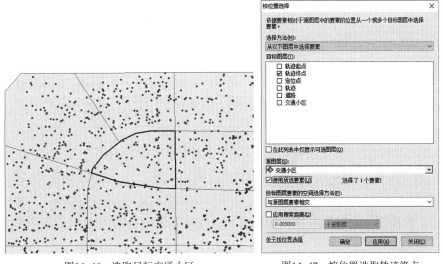

図14-46　选取目标交通小区　　　　　図14-47　按位置选取轨迹终点

☞ **步骤 5**：生成客源 OD 线。

→ 确定目标交通小区中心点坐标。将鼠标移动到目标交通小区内大致的中心点位置，然后记录窗口右下角的坐标。例如本例的中心点坐标为 X:115.414，Y:29.267（如图 14-46 右下角框选所示）。

→ 打开【客源点】属性表，添加【双精度类型】的【终点 X】【终点 Y】字段，右键点击【终点 X】，打开【字段计算器】，令【终点 X】=115.414；同样地，设置【终点 Y】的值为 29.267。

→ 连接客源线。

　　→ 浏览【目录】面板，点击【工具箱】→【系统工具箱】→【Date Management Tools.tbx】→【要素】→【XY 转线】，弹出【XY 转线】对话框。

　　→ 设置【输入表】为【客源点】。

　　→ 设置【输出要素类】为【chp14\ 练习数据 \ 手机定位数据高级分析 \ 手机定位数据 .mdb\ 分析数据 \ 客源 OD 线】。

　　→ 起点 X、Y 和终点 X、Y 设置如图 14-48 所示。

　　→ 点击【确定】，其输出结果如图 14-49 所示，可以清晰地看出目标小区的客流量来源及各个来源的流量大小。

随书数据【chp14\ 练习结果示例 \ 手机定位数据高级分析 \ 客源地分析 .mxd】示例了该实验的结果。

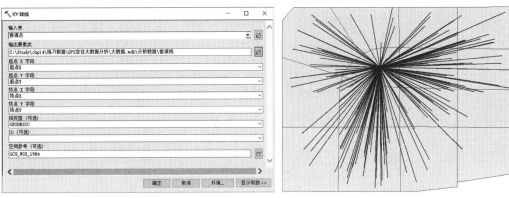

図14-48　XY转线对话框　　　　　　　　図14-49　客源OD线

14.3.6 OD分析

应用技术提要	表14–8
规划问题描述	解决方案
➤ 基于手机定位大数据，如何分析得到交通小区之间的出行量，以便于开展交通规划	√ 提取兴趣时段的定位点，将其转换成轨迹线 √ 通过空间连接，使轨迹起点和终点拥有所属交通小区的编号 √ 连接轨迹起点和终点，生成以交通小区为统计单元的交通出行表 √ 汇总交通出行表，得到以交通小区为单元的OD汇总表 √ 根据OD汇总表生成OD连线，并符号化生成OD图

本节的目的是统计各个交通小区之间相互来往的交通流量，并将其符号化，生成交通OD图。紧接上述操作，或者打开随书数据【chp14\ 练习数据 \ 手机定位数据高级分析 \ OD分析.mxd】，这时已经求得了所有轨迹的起点和终点。开始实验如下：

☞ **步骤1**：利用【要素折点转点】工具提取【轨迹】的终点和起点，生成【轨迹终点】和【轨迹起点】要素类，方法同前，不再赘述。

☞ **步骤2**：通过空间连接，使轨迹起点和终点拥有所属交通小区的编号。

➤ 浏览【目录】面板到【工具箱】→【系统工具箱】→【Date Management Tools.tbx】→【连接】→【空间连接】，双击打开【空间连接】窗口（图14–50）。

  ↳ 设置【目标要素】为【轨迹起点】。

  ↳ 设置【连接要素】为【交通小区】。

  ↳ 设置【输出要素类】为【chp14\ 练习数据 \OD分析 \OD分析数据库.mdb\ 分析数据 \ 轨迹起点带TAZ】。

  ↳ 删除不需要的字段，只保留【UserID】、【ORIG_FID】、【TAZID】，其中【TAZID】是交通小区的编号。

  ↳ 点击【确定】，将会生成新要素类【轨迹起点带TAZ】。

➤ 运用同样的方法将【轨迹终点】与【交通小区】进行空间连接，输出要素为【chp14\ 练习数据 \OD分析 \OD分析数据库.mdb\ 分析数据 \ 轨迹终点带TAZ】。

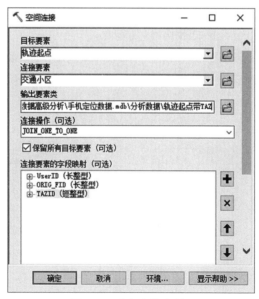

图14–50 空间连接对话框

☞ **步骤3**：连接轨迹起点和终点，生成以交通小区为统计单元的交通出行表（图14–51）。

➡ 基于【ORIG_FID】字段将【轨迹终点带TAZ】连接到【轨迹起点带TAZ】。如此【轨迹起点带TAZ】就拥有了各轨迹的起点交通小区编号和终点交通小区编号，即交通出行表。

UserID	ORIG_FID	TAZID	OBJECTID *	Join_Count	TARGET_FID	UserID	ORIG_FID *	TAZID
10008784	1	1002	1	1	1	10008784	1	1008
10013230	2	1001	2	1	2	10013230	2	1003
10022309	3	1011	3	1	3	10022309	3	1002
10030599	4	1001	4	1	4	10030599	4	1010
10055581	5	1006	5	1	5	10055581	5	1008
10080384	6	1001	6	1	6	10080384	6	1003
10106271	7	1014	7	1	7	10106271	7	1003
10120823	8	1014	8	1	8	10120823	8	1009

图14–51 交通出行表

☞ **步骤4**：汇总得到OD表。

通过【汇总统计数据】工具可以基于多个字段对数据进行分类统计，这里我们要基于轨迹起点TAZID和终点TAZID，对轨迹数量进行分类汇总。

➡ 在【目录】面板中浏览到【工具箱】→【系统工具箱】→【Analysis Tools.tbx】→【统计分析】→【汇总统计数据】，双击打开（图14–52）。

➡ 设置【输入表】为【轨迹起点带TAZ】。

➡ 设置输出表为【chp14\ 练习数据 \OD 分析 \OD 分析数据库 .mdb\OD 汇总表】。

➡ 设置【统计字段】为【轨迹起点带TAZ.OBJECTID】。

➡ 设置【统计类型】为【COUNT】，意味着对轨迹计数。

➡ 设置【案例分组字段】为【轨迹终点带TAZ.TAZID】、【轨迹起点带TAZ.TAZID】。

➡ 点击【确定】。

图14–52 汇总统计数据对话框

➡ 打开输出的【OD 汇总表】，可以看到其包含了两个【TAZID】字段。右键点击字段查看属性可知其名称分别为【轨迹起点带TAZ_TAZID】、【轨迹终点带TAZ_TAZID】。此外还有【FREQUENCY】和【COUNT_轨迹起点带TAZ_OBJECTID】字段，其数值相同，均是同类OD点的计数，即OD点对之间的交通出行数量。

➦ 将上述两个【TAZID】字段的别名分别命名为【终点 TAZID】与【起点 TAZID】，以便区分。最终如图 14-53 所示，这就是以交通小区为统计单元的交通出行 OD 汇总表。

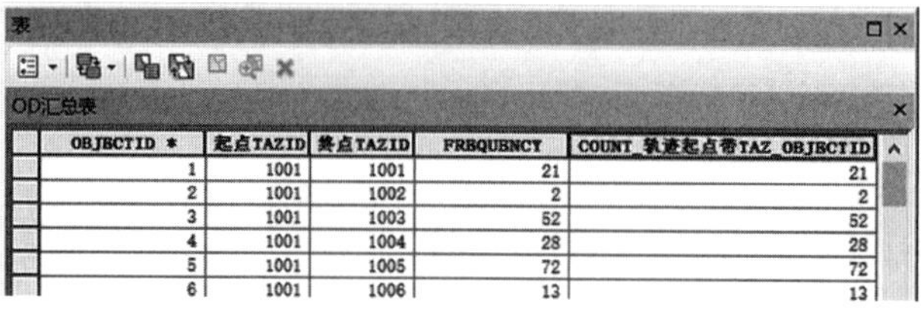

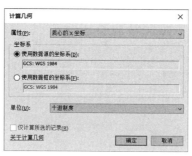

图14-53 OD汇总表

☞ **步骤 5**：根据 OD 汇总表生成 OD 连线，并符号化。

首先求得各交通小区质心的坐标，然后将其与 OD 汇总表连接，使 OD 汇总表拥有起点和终点交通小区的质心坐标，最后将这些坐标空间化，转换为 OD 线，由于 OD 线上带有出行量数据，据此符号化 OD 线，生成 OD 图。

➦ 求取【交通小区】质心坐标。

　➥ 打开【交通小区】的属性表。

　➥ 为【交通小区】属性表添加双精度类型的【交通小区 _X】和【交通小区 _Y】字段。

　➥ 右键点击【交通小区 _X】→【计算几何】，弹出【计算几何】对话框，按图 14-54 所示进行设置，将会把【质心的 X 坐标】赋予字段【交通小区 _X】。

　➥ 用同样的方式把【质心的 Y 坐标】赋予字段【交通小区 _Y】。

图14-54 计算几何求质心X坐标

➦ 将【交通小区】质心坐标连接到【OD 汇总表】。

　➥ 在【目录】面板中浏览到【工具箱 \ 系统工具箱 \Data Management Tools\ 连接 \ 连接字段】，双击打开，按图 14-55 所示进行设置，点【确定】。即利用【轨迹起点带 TAZ_TAZID】字段把起点所在交通小区的质心坐标连接到了【OD 汇总表】。

图14-55 连接起点坐标数据

↪ 同样地，利用【轨迹终点带 TAZ_TAZID】字段，将终点所在交通小区的质心坐标连接到【OD 汇总表】，连接的坐标字段由于和之前的重名，已自动改为【交通小区 _X_1】、【交通小区 _Y_1】。完成后的【OD 汇总表】如图 14-56 所示。

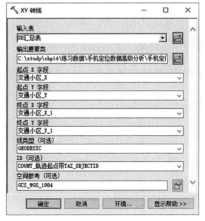

图14-56　连接起始点坐标后的【OD汇总表】

↪ 把【OD 汇总表】转换为 OD 线。
  ↪ 在【目录】面板，点击【工具箱 \ 系统工具箱 \Date Management Tools.tbx\ 要素 \XY 转线】，双击弹出【XY 转线】对话框（图 14-57）。
  ↪ 设置【输入表】为【OD 汇总表】。
  ↪ 设置【输出要素类】为【chp14\ 练习数据 \ 手机定位数据高级分析 \ 手机定位数据 .mdb\ 分析数据 \ 交通小区 OD 线】。
  ↪ 设置【起点 X 字段】为【交通小区 _X】，【起点 Y 字段】为【交通小区 _Y】，【终点 X 字段】为【交通小区 _X_1】，【终点 Y 字段】为【交通小区 _Y_1】。
  ↪ 设置【ID】为【COUNT_ 轨迹起点带 TAZ_OBJECTID】。【ID】栏设置的原始用途是把源表中的编号字段传递给输出要素类，用于在之后连接两个表。但我们这里传输的是之前汇总得到的 OD 点对之间的交通出行数量。
  ↪ 点击【确定】生成【交通小区 OD 线】。

↪ 对生成【交通小区 OD 线】，按【COUNT_ 轨迹起点带 TAZ_OBJECTID】进行【数量 \ 分级符号】符号化，得到 OD 图。最后结果如图 14-58 所示。

可以看到，符号化后的 OD 线以粗细代表交通流量的大小，可以直观反映各交通小区间的出行频次，综合反映出该时段各交通小区间交通流的走向。对于城市交通流量的分布、城市片区通勤比例、城市人居空间的结构等多方面的研究具有直接的指导意义。随书数据【chp14\ 练习结果示例 \ 手机定位数据高级分析 \OD 分析 .mxd】示例了该实验的结果。

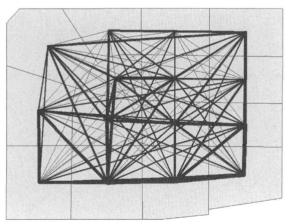

图14-57　连接OD线　　　　　　　　　图14-58　生成后的OD图

14.4　本章小结

本章重点介绍了和城市规划密切相关的微博签到大数据和手机定位大数据，以及这些大数据的典型的空间分析方法，由易到难包括大数据的空间化、核密度分析、出行轨迹生成和动态显示、出行分布的密度分析、道路交通流量统计、商业中心的客源地分析、交通小区的 OD 统计等。这些空间分析是 ArcGIS 分析工具的综合应用。

从这些实验中可以看出，对规划大数据的分析应该首先从数据筛选和清洗开始，通过筛选兴趣数据减少数据量，通过数据清洗清除冗余的、错误的、不需要的数据，其中大量用到的是数据库分析技术。然后需要对这些数据进行空间化，通过坐标、POI 点、移动通信基站等将其转换成空间点或线，这是开展空间分析的前提。最后根据分析任务设计技术路线，开展空间分析，其中需要综合应用 GIS 各类空间分析技法。

随着 ICT 技术（信息和通信技术）的发展和智慧城市的建设，大数据来源会越来越丰富，大数据分析也会日益成为规划分析的重要类型。

本章技术汇总表　　　　　　　　　　　　　表 14-9

规划应用汇总	页码	信息技术汇总	页码
规划大数据的空间化	236	显示 XY 数据	237
空间大数据的密度分析	238	多重分类条件的数据汇总统计	239
空间大数据的规则网格分析	243	核密度分析	241
规划大数据的时态化和动态显示	247	创建渔网	243
行动轨迹生成及其密度分析	248	交集制表	244
道路流量统计	250	Tracking Analyst 分析	247
商业中心的客源地分析	253	点集转线	249
交通小区的 OD 分析	256	线密度分析	249
		要素转点	250
		缓冲区分析	251
		字段改名	251
		相交分析	252
		数量\分级符号 符号化	253
		要素折点转点	253
		XY 转线	255
		计算几何（点的 X、Y 坐标）	255
		空间连接	256
		汇总统计数据	257
		计算几何（质心的 X、Y 坐标）	258

附录一：GIS 规划应用索引

附录二：GIS 技术索引

参考文献

[1] Bafna S. Spacesyntax: A Brief Introduction To Its Logic and Analytical Techniques[J]. Environment and Behavior, 2003,35（1）.

[2] David Freedman，等．统计学 [M]. 魏宗舒，施锡铨等译．北京：中国统计出版社，1997.

[3] Geertman S. C. M., Van Eck J. R. R.. GIS and Models of Accessibility Potential: An Application in Planning[J]. International Journal of Geographical Information Science, 1995, 9.

[4] Laurini, R. Information Systems for Urban Planning: A hypermedia co-operative approach[M]. New York: Taylor & Francis, 2001.

[5] Michael J de Smith, Michael F Goodchild, Paul A Longley. 地理空间分析——原理、技术与软件工具（第二版）[M]. 北京：电子工业出版社，2009.

[6] 陈驰，任爱珠．消防站布局优化的计算机方法 [J]. 清华大学学报（自然科学版），2003（10）.

[7] 陈述彭．城市化与城市地理信息系统 [M]. 北京：科学出版社，1999.

[8] 牛强．城市规划大数据的空间化及利用之道 [J]. 上海城市规划，2014（5）.

[9] 牛强，彭翀．基于现实路网的公共及市政设施优化布局模型初探 [J]. 交通与计算机，2004（5）.

[10] 钮心毅，宋小冬．基于土地开发政策的城市用地适宜性评价 [J]. 城市规划学刊，2007（2）.

[11] 宋伟轩，吴启焰，朱喜钢．新时期南京居住空间分异研究 [J]. 地理学报，2010（6）.

[12] 宋小冬，叶嘉安，钮心毅．地理信息系统及其在城市规划与管理中的应用（第 2 版）[M]. 北京：科学出版社，2010.

[13] 宋小冬，钮心毅．再论居民出行可达性的计算机辅助评价 [J]. 城市规划汇刊，2000（3）.

[14] 王劲峰，廖一兰，刘鑫．空间数据分析教程 [M]. 北京：科学出版社，2010.

[15] 伍端．空间句法相关理论导读 [J]. 世界建筑，2005（11）.

[16] 谢宇．回归分析 [M]. 社会科学文献出版社，2010.

[17] 杨涛，过秀成．城市交通可达性新概念及其应用研究 [J]. 中国公路学报，1995（2）.

[18] 叶嘉安，宋小冬，钮心毅，黎夏．地理信息与规划支持系统 [M]. 北京：科学出版社，2008.

[19] 余明，艾廷华．地理信息系统导论 [M]. 北京：清华大学出版社，2009.

[20] 张松林，张昆．局部空间自相关指标对比研究 [J]. 统计研究，2007（7）.

[21] 张松林，张昆．全局空间自相关 Moran 指数和 G 系数对比研究 [J]. 中山大学学报（自然科学版），2007（4）.

[22] 张愚，王建国．再论"空间句法"[J]. 建筑师，2004（6）.

[23] 周劲松．城市规划信息资源管理模式初探 [J]. 建筑管理现代化，2006（6）.